KB148082

우리의 더 나은 반쪽

여성의 유전학적 우월성에 대하여

우리의 더 나은 반쪽

여성의 유전학적 우월성에 대하여

초판 1쇄 펴낸날 | 2020년 7월 10일
초판 2쇄 펴낸날 | 2022년 12월 12일

지은이 | 샤론 모알렘
옮긴이 | 이규원
펴낸이 | 고성환
펴낸곳 | (사)한국방송통신대학교출판문화원
03088 서울시 종로구 이화장길 54
전화 1644-1232
팩스 02-741-4570
홈페이지 http://press.knou.ac.kr
출판등록 1982년 6월 7일 제1-491호

출판위원장 | 이기재
편집 | 박혜원 · 이강용
본문 디자인 | 티디디자인
표지 디자인 | 플러스

ISBN 978-89-20-03748-1 03470

값 17,000원

이 도서의 국립중앙도서관 출판예정도서목록(CIP)은 서지정보유통지원시스템 홈페이지(http://seoji.nl.go.kr)와 국가자료종합목록 구축시스템(http://www.nl.go.kr/kolisnet)에서 이용하실 수 있습니다.(CIP제어번호: CIP2020026359)

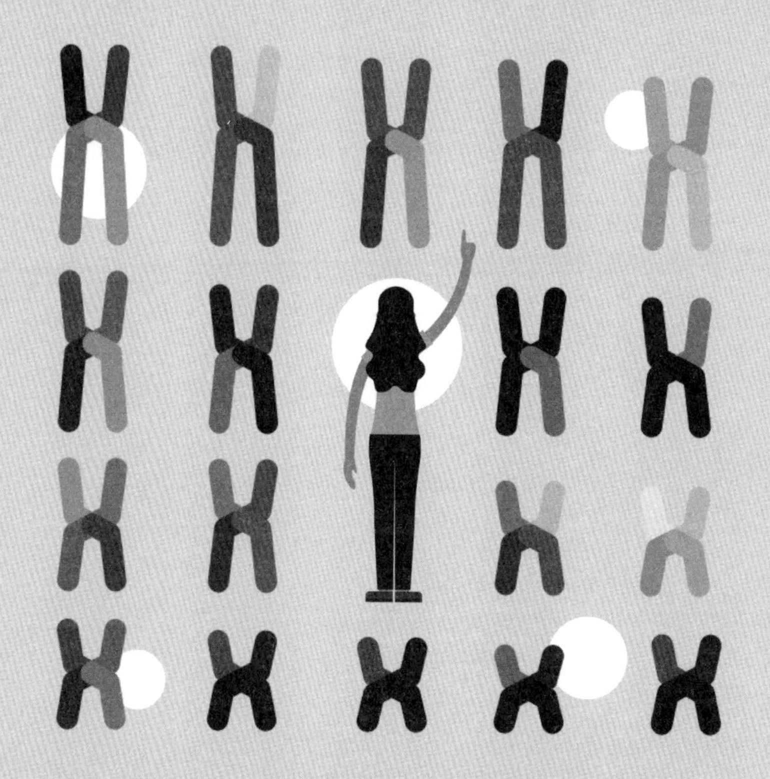

샤론 모알렘 지음 | 이규원 옮김

우리의 더 나은 반쪽

여성의 유전학적 우월성에 대하여

지식의날개

The Better Half: On the Genetic Superiority of Women
by Sharon Moalem, MD, PhD

This Korean edition was published by Korea National Open University Press in 2020 by arrangement with Farrar, Straus and Giroux, New York through KCC (Korea Copyright Center Inc.), Seoul.

나의 더 나은 반쪽에게

저는 무시의 대상이었지만 진실과 결코 다르지 않은 주제,
즉 여성의 고결함과 탁월함에 관해 최대한 대담하게
그러나 수치스럽지 않게 다루어 왔습니다.•

－1529년 4월 16일, 안트베르펜, 헨리쿠스 코르넬리우스 아그리파

• Agrippa, Henricus C. (2007). *Declamation on the Nobility and Preeminence of the Female Sex*. Edited and translated by Albert Rabil. Chicago: University of Chicago Press.

일러두기

이 책에 등장하는 환자, 동료, 지인, 친구, 그리고 가족의 비밀을 보호하기 위해 이름, 증례의 세부, 신원을 파악할 수 있는 특징의 일부를 변경했다. 경우에 따라서는 익명성을 높이고 개념이나 진단을 명료하게 전달하기 위해 내용과 표현을 바꾸거나 합치기도 했다.

이 책은 어디까지나 참고용일 뿐, 의료용 지침서가 아니다. 따라서 실제 의사의 처방이나 치료를 대체할 수 없다. 만약 건강상의 문제가 있다면 의사에게 검진을 받을 것을 권고한다.

차례

머리말

여성에게만 주어진 유전학적 선택지

이런 사실이 있다. 여성은 남성보다 오래 산다.[1] 여성은 면역계가 더 강력하다.[2] 여성은 발달장애의 가능성이 더 낮고,[3] 세상을 더 다양한 색채로 볼 수 있으며,[4] 대체로 암을 더 잘 극복한다. 여성은 그야말로 생의 모든 단계에서 남성보다 강하다. 왜인가?

내가 이러한 의문에 사로잡히게 된 것은 어느 여름날 밤, 교통사고를 크게 당하고 병원으로 내달리는 구급차 안에 누워 있을 때였다. 들것에 실려 여러 의료 장비를 몸에 부착한 채, 나는 과거의 두 가지 사건을 생생하게 떠올리고 있었다. 하나는 신생아집중치료실NICU에서 미숙아를 돌보던 의사였을 때, 다른 하나는 그보다 10년 전에 종말기 환자를 대상으로 신경유전학적 연구를 하고 있을 때였다. 그 두 가지 사건이 어떤 식으로든 관련되는 것 같았지만, 뭐라 딱 꼬집어 내지는 못했다.

구급차 안에서 분초를 다투는 처치가 한창인 가운데 불현듯 깨달음이 왔다. 우리 모두는 그러한 삶의 사건들을 통해 어떤 근본적인 추정에 이르게 된다. 그 여름밤 떠올렸던 두 사건과 뒤이어 구체화된 생각이 내가 이 책에서 펼칠 이야기로 이어졌다. 여성은 남성보다 유전학적으로 우월하다. 이것이 그 명제다.

내가 신경유전학자(신경퇴행성 질환의 유전학적 원리를 전문적으로 파고드는 사람)로서 연구를 처음 시작했을 때, 뜻밖에 마주친 복병이 연구에 참여할 건강한 노년층을 충분히 모집하는 일이었다. 아무리 연구 주제가 완벽하고 재정 지원이 넉넉해도 자주 곤경에 빠져 지체될 수밖에 없었다. 연령과 성별에 맞는 건강한 노년층 자원자를 찾을 수 없었기 때문이다. 심지어 모집에 몇 년씩 걸리기도 했다.

물론 세라는 예외다. 80대 후반에 양쪽 고관절이 티타늄이지만, 세라는 보행 보조기만 있으면 어디든 갈 수 있다. 그녀의 한 주는 수채화 강좌, 수영, 유산소운동 교실로 시작되어 정기적으로 열리는 댄스 모임으로 마무리된다. 그걸로도 부족한지 도시 전역의 노인복지관을 거의 매일 돌며 행사에 참가한다. 입원한 독거노인을 찾아가는 자원봉사 단체의 회원이기도 하다. 세라는 나의 할머니다.

가족들은 그런 할머니에게 느긋하게 지내시라고 직접 말 좀 해달라고 내게 부탁하곤 한다. 너무 바쁘게 지내서 다들 걱정이다. 내 대답은 늘 똑같다. "원래 아주 활동적이시고 자신의 일과와 역할에 큰 의미를 두고 계신 거니까 걱정 붙들어 매라"고. 그런데 무엇보다 나로서는 할머니가 사람들과 어울리지 않으면 연구에 참여할 노년층 자원자가 금방 끊기고 말 것이다.

할머니가 내 연구에 필요한 자원자 모집을 처음 도와주신 게 거의 20년 전이다. 조언도 거침없이 해주셨다. "그 무시무시한 흰색 가운과 명찰 때문에 아무도 네 연구에 도움을 주지 않을 거다. 나라면 벗어 버리겠다. 간호사도 마찬가지야. 겁나거든. 수술한 기억이 눈앞에 아른거리는데 누가 해주고 싶겠냐? 그것만 안 입으면 그냥 보통 사람처럼 보일 텐데 말이다. 결국 자신의 일부를 포기하라고 요청하는 꼴이니 그게 문제야. 알고 보면 도움을 주고 싶어 하는 사람은 많단다."

그 말을 듣고 연구실 가운을 없앴다. 과연 효과가 있었다. 민간인처럼 차려입고 모집 설명을 하자 필요한 인원보다 더 많은 연구 참가자를 구할 수 있었다. 유일한 문제는 설명회에 모인 사람 전원이 참가해도 어느 특정 집단이 항상 확연하게 부족하다는 것이다. 바로 남성이다.

평균적으로 노년의 여성은 동년배 남성보다 4~7년 더 오래 산다.[5] 이러한 수명의 차이는 인간 수명의 극한에 다다를수록 더욱 두드러진다. 85세 이상이면 여성 인구가 남성의 2배가 된다. 100세를 넘기면 여성의 생존력이 훨씬 더 우세해진다. 오늘날 100세 이상의 인구를 100명이라 하면 80명이 여성이고, 남성은 겨우 20명이다.•

• 성별 간의 수명 차이를 설명하는 요인은 사실상 행동이라고 생각하는 경향이 있었다. 예컨대 남성은 보통 군에 복무하거나 더 위험한 직종에 종사하면서 비명횡사한다는 것이다. 하지만 이제는 생물학적 요인 때문에 여성이 유전학적으로 장수한다는 사실이 알려져 있다.

그로부터 10년 후, 단풍이 막 들기 시작한 초가을 저녁의 일이다. 나는 병원의 호출을 받아 신생아집중치료실로 향했다. 당직 간호사 리베카는 세면대 옆에서 조용히 며칠 전에 들어온 두 명의 미숙아에 대해 보고했다. 쌍둥이 남매 조던과 에밀리는 예정일보다 3개월 이상 빨리 겨우 25주 만에 태어났다. 나는 깨끗한 가운을 걸치고 파란 니트릴장갑을 끼고 마스크를 썼다. 호출기가 울리기 직전까지 병원 안뜰에 앉아 있었는데, 거기서 무심코 묻혀 왔을지도 모르는 것에 아기들이 노출되면 안 되기 때문이다.

리베카는 30년 이상 그 병원에서 일해 왔다. 신생아집중치료실에서 아주 고된 일을 오래 겪었는데도 60세인 실제 나이보다 훨씬 젊어 보였다. 그녀의 목소리와 거동은 아무리 심각한 상황일지라도 사람들을 안심시켰다. 병원에서 가장 작은 소아 환자들의 치료계획을 변경하려 할 때, 의사를 포함한 스태프 대부분이 으레 그녀의 의견에 따랐다. 레벨 4 신생아집중치료실의 고참 간호사 리베카는 진정 미숙아의 마스터였다. 그리고 그날 밤 내게 건넨 말이 내 연구뿐만 아니라 인생의 진로까지도 바꾸었다.

갓 난 미숙아들이 하루를 버텨 내기 위해 치르는 고군분투를 아는 사람은 거의 없다. 아주 작고 연약한 그들은 비좁고 반투명한 공간에 홀로 누워 살아남기 위해 싸워야 한다. 인큐베이터는 흡사 생명체를 거칠게 품고 있는 인공자궁이며, 아기들이 더 이상 의지하지 않아도 될 만큼 충분히 자라고 튼튼해질 때까지 통제된 환경을 제공한다.

레벨 4 신생아집중치료실은 보통 미숙아 중에서도 가장 어리고 약한 아기들을 받아들인다. 여기서 사용되는 인큐베이터는 대부분 공기정화시스템을 갖추고 아기들을 바깥세상으로부터 보호함으로써 감염의 위험을 낮춘다. 또 습도를 적정하게 유지한다. 너무 빨리 태어난 아기의 피부는 완전히 형성되지 않은 상태이기 때문에 탈수 방지를 위해 필요한 장벽의 역할을 다할 수 없다.

이 플렉시 유리에 갇힌 소수의 소중한 아기들에게 어마어마한 양의 기술과 인적 자본이 투입된다. 아기의 생존과 성장을 위한 치열한 분투에 간호사, 의사, 그리고 가족이 휘말린다.

신생아집중치료실의 장비에서 나는 소리에 익숙해지기란 쉽지 않다. 팬이 윙윙거리고 모니터가 지직거리고 때때로 알람이 울리는데, 알람 소리는 단련된 의료진조차 혼란에 빠지게 할 정도로 크다. 현대의료에 동반되는 빛과 소리가 미숙아의 건강에 악영향을 미칠 수 있다는 연구결과는 놀랍지도 않다(근래에 이를 바로잡으려는 움직임이 있다).[6] 내가 의대생 때, 그리고 의사가 되어 처음 경험한 신생아집중치료실은 힘들고 급박하게 돌아가는 곳이었다. 나는 순수한 경외심과 가없는 두려움 사이에서 동요했고, 대개 그 두 감정을 연달아, 때로는 동시에 경험하곤 했다.

하지만 무엇보다 대기시간이 길다. 의학이 오랜 세월 발전해 왔지만, 이 미숙한 몸들이 가장 필요로 하는 것은 여전히 시간이다.

생물학적 발생과정에 필요한 시간만큼 가능한 오래 버텨 내야 한다. 이들이 신생아집중치료실 신세를 지는 이유는 물론 아주 다양하지만, 많은 경우 다른 장기보다 더 오랜 시간을 들여 발달하는 뇌와 폐가 조산으로 인해 위태로워지기 때문이다.

아주 어린 미숙아들이 직면하는 가장 힘든 시련이자 생존율을 좌우하는 것은 폐의 미발달이다.[7] 미숙아의 폐는 예정보다 훨씬 빨리 태어난 생명에 적합한 속도로 산소를 흡입하고 이산화탄소를 배출해야 한다. 미숙아의 출생 이유는 아직 다 밝혀지지 않았지만, 다행히도 경험이 축적되면서 생존율을 높이는 치료법이 개발되었다.[8]

손쉬운 표적을 호시탐탐 노리는 엄청난 수의 병원체를 억제하는 것뿐만 아니라 체온을 유지하는 것까지 일부 미숙아에게는 모든 것이 너무 버거운 일일 수 있다. 이러한 아기들이 외부의 도전에 맞닥뜨릴 준비가 되기 전에 자궁의 보호막에서 벗어나 예정일까지 몇 달 동안 살아남는 건 그야말로 기적이다. 그러나 그들은 살아남고야 만다. 재태在胎 연령부터 뜻밖의 사소한 문제에 이르기까지 온갖 것들이 미숙아의 생사에 궁극적으로 영향을 미칠 수 있다. 그리고 놀랍게도 생의 험난한 역경에 맞서 성공적인 대처를 가늠하는 가장 중요한 지표 중 하나는 내가 막 발견하려던 단순한 사실에 달려 있다.

조던과 에밀리가 진찰을 끝내자 리베카는 나를 긴 복도 너머 아기들의 부모가 기다리는 조용한 방으로 안내했다. 대개 병원에는 환자 가족이 편히 대기할 수 있는 공간이 없다. 우리는 다행히도 이야기를 나눌 만한 방이 있었다.

나는 샌드라와 토머스 곁에 앉아 쌍둥이의 치료계획을 상의했다. 그들은 곧 출산까지의 과정을 이야기하기 시작했다. 아무리 노력해도 아이가 생기지 않자 호르몬주사도 여러 번 맞고 체외수정까지 시도해 봤지만 모두 허사여서 임신을 거의 포기했었다고 한다.

그러던 중 바람이 이루어졌다. 임신 사실에 미칠 듯이 기뻤지만 처음에는 너무 들뜨지 않으려고 했다. 좋은 소식이 갑자기 나쁜 소식으로 바뀔 수 있다는 것을 개인적인 경험을 통해 알고 있었기 때문이다. 하지만 시간이 흐르면서 이 임신이 행복으로 이어질 거라 점차 믿게 되었다. 초음파검사 결과 쌍둥이라는 것을 알게 되었을 때, 가족을 이루는 꿈이 마침내 이루어지는 것 같았다.

이제 한숨 돌리나 싶을 때 다시 일이 터졌다. 브루클린의 조용한 아파트가 두 아이의 활기 넘치는 소리로 가득하면 어떤 기분일까 상상하다가 이제 쌍둥이가 살아남기만을 바라고 기도하게 되었다.

어느 날 밤늦게 리베카가 나를 호출했다. 조던의 용태가 심상치 않아 보였기 때문이다. 그녀는 오랜 경험을 통해 자신의 직감이 거의 항상 들어맞는다는 것을 알고 있었다. 나는 쌍둥이를 쭉 돌보아 오면서 마주할 날을 고대했다. 아기들은 입원한 첫날부터 하루가 다르게 변화하고 있었다. 그렇기에 리베카가 알려온 소식을 듣고 낙담이 컸다. 에밀리와 조던이 신생아집중치료실에서 2주만 버티면 다행히도 스스로 숨을 쉬게 되겠지만, 아직 고비를 넘기지 못하고 있었다.

조던의 인큐베이터로 향하는 길에 이 아이를 돕는 기계에 연결된 많은 전선에 걸리지 않도록 주의했다. 리베카도 내가 들어갈 때마다 하는 일들—손 씻기, 가운 입기, 장갑과 마스크 착용하기—을 어김없이 지키며 병상으로 왔다. 이토록 어린 환자가 위태롭다는 것을 우리 둘 다 알고 있었다. 리베카는 최악의 사태에 대비해야 한다고 다짐을 두었다. 그리고 그녀의 말이 맞았다. 12시간 후에 조던은 세상을 떠났다.

그로부터 몇 년 후, 병원 구내식당에서 리베카와 마주쳤다. 나는 다른 병원으로 이직했다가 강의 때문에 돌아온 참이었다. 오랜 세월을 헌신한 리베카는 월말에 퇴직을 앞두고 손주 일곱 명과, 두 명의 증손주와 더 많은 시간을 보내리라 기대하고 있었다. 그날 밤 신생아집중치료실에서의 경험이 지금도 생생하다고 그녀에게 말했다.

"그래요, 뇌리에서 떠나지 않을 거예요. 저도 아기들 얼굴 하나하나 다 기억하고 있어요." 그녀는 그렇게 말하고 커피 한 모금을 마셨다.

"계속 묻고 싶은 게 있었는데, 그날 밤 조던이 그렇게 될 걸 어떻게 아셨죠? 버티지 못할 거라고 생각한 이유가 있었나요?"

"글쎄요…. 이 일을 오래 하면 어떤 감이 생겨요. 그리고 늘 판단을 내려야 하죠. 때로는 실험 결과나 검사로는 알 수 없는 것들도 있어요. 아마 직감일 거예요. 그런데 한 가지는 분명해요. 신생아집중치료실에서는 거의 항상 남자아이가 여자아이보다 훨씬 취약해요. 신생아집중치료실에서만 그런 건 아닐 거예요…. 나만 봐도 남편을 잃은 지 12년이 되었고, 친구들도 대부분 과부거든요."

리베카가 방금 들려준 말을 조용히 곱씹어 보았다. 나의 할머니가 떠올랐고, 인간의 노화 궤도 맨 끝에 남자가 없다는 생각을 하지 않을 수 없었다. 내가 여태껏 연구하고 임상적으로 경험해 온 모든 것이 바로 그때 하나로 합쳐져 수년간 이어진 안개 속에서 또렷한 물음을 형성하고 있었다.

"저는 늘 남성이 더 강한 성별이라고 배웠어요. 그렇지만 제가 임상과 유전학 연구를 통해 보아 온 것과 정반대네요." 그리고 이렇게 물었다. "실제로는 왜 남성이 더 약한 걸까요?"

"올바른 질문이 아닌 것 같은데요." 그녀는 사려 깊게 말하며 남은 커피를 휘저었다. "남성이 약하다는 게 아니라, 선생님이 하고 싶은 질문은 '왜 여성이 더 강할까'가 아닐까요?"

리베카의 질문에 대한 답을 얻은 것은 6년 후 해변으로 드라이브 가기 딱 좋은 어느 아름다운 여름날이었다. 아주 긴 겨울과 아주 습한 봄을 보낸 끝에 마침내 햇볕이 내리쬐고 있었다. 나는 아내 에마Emma에게 둘만의 오붓한 시간을 약속했다. 그날은 비상대기도 없었기 때문에 휴대폰도 꺼놓았다. 기억나는 것은 그녀의 손을 잡고 거의 텅 빈 도로를 서쪽으로 달리면서 처음 함께 춤을 출 때 들었던 레너드 코언Leonard Cohen의 「사랑이 끝날 때까지 함께 춤춰요

Dance Me to the End of Love」를 따라 부른 것이다.

목격자들이 나중에 알려 준 바에 따르면, 신호를 무시하고 시속 72킬로로 돌진한 차량에 측면을 정통으로 들이받혔다. 우리 차는 두 번 굴렀다. 극심한 충격으로 지붕이 함몰되었고, 에어백도 터지지 않았다. 차가 워낙 크게 파손되었기 때문에 응급의료요원은 끔찍한 외상에 대비하고 있었다. 우리는 다행히 살아 있었다.

차가 뒤집혔을 때 산산조각이 난 강화유리가 비 오듯 쏟아져 우리 둘 다 타박상을 입고 출혈이 있었다. 상황을 고려하면 우리의 부상은 꽤 경미한 편이었다. 에마의 부상이 조금 더 심각했지만. 이제 병원으로 돌진하는 구급차 안에서 들것에 묶인 채 내가 무슨 생각을 했는지 아는가? 에마가 X염색체를 2개 가진 유전학적 여성[저자는 넓은 의미의 젠더 및 간성intersex과 혼동되지 않도록 '여성'과 '남성' 앞에 종종 '유전학적'이라는 수식어를 붙였으나 수식어가 없어도 기본적으로 '여성'은 'XX염색체를 가진 생물학적 여성'을, '남성은 'XY염색체를 가진 생물학적 남성'을 뜻한다는 것을 밝혀 둔다 – 옮긴이]이라는 것에 얼마나 감사했던지.

삶의 시작과 끝에서 왜 여성이 더 강한지 질문해 보라는 리베카의 제안이 떠올랐다. 아내의 부상 정도가 나와 똑같을지라도 나보다 더 잘 그리고 더 빨리 회복할 것이라는 사실을 나는 임상과 연구의 경험을 통해 알고 있었다.[9] 그녀의 상처는 더 빨리 아물 것이고 우월한 면역계 덕분에 감염의 위험성도 더 낮을 것이다. 대체로 그녀의 예후가 나보다 나으리라는 것은 확실했다.

그녀의 몸은 X염색체 2개를 사용하지만 내 몸은 하나밖에 쓰지 못하기 때문이다.[10] 두 성별 간의 기본적인 염색체 차이를 잠깐 살펴보면, 모든 유전학적 여성의 세포에는 X염색체가 2개 있지만, 남성의 경우는 X염색체와 Y염색체가 하나씩 있다.• 부상을 치유하는 문제에 관한 한 유전학적 여성은 옵션을 가지고 있다. 유전학적 남성은 그렇지 않다.

2개의 성염색체는 태어나기 전에 생물학적 부모에 의해 주어진다. 내 아내의 유전학적 우월성은 우리가 만나기 훨씬 전부터 시작되었다. 그녀가 모친의 자궁 속에서 겨우 20주 자랐을 때 이미 나보다 생존에 유리한 조건을 갖추고 있었고, 이는 평생에 걸쳐 삶의 모든 면에서 유지된다. 직업적 위험과 자살 같은 행동적 위험인자와 다른 삶의 방식을 고려했을 때조차 마찬가지다. 우리가 어떤 삶을 살든 애초부터 그녀는 나보다 더 오래 살 것으로 기대되는 것이다.

전반적인 장수에 관해서만 유리한 것이 아니다. 예컨대 나와 공통으로 갖고 있는 장기에 암이 발생할 위험도 나보다 낮다. 그리고 설령 암에 걸렸을지라도 생존율이 더 높다. 연구 결과에 따르면 여성이 남성보다 치료효과가 더 크기 때문이다. 물론 유방암 환자는 여성이 더 많지만, 전체적으로 남성이 여성보다 암으로 더 많이 죽는다.

침입한 병원체와 악성세포 모두에 더 잘 맞서 싸우는 공격적인

• 대부분의 인간은 46,XX와 46,XY라 표기되는 2개의 성염색체를 물려받는다. 45,XO, 47,XXX, 47,XXY, 47,XYY처럼 조금 다른 형태로 물려받을 수도 있다.

면역계를 갖추기 위해 여성은 '자기비판적'이 되는 대가를 치른다. 즉 유전학적 여성의 면역계는 자신을 공격할 가능성이 훨씬 크며, 그 때문에 낭창이나 다발성경화증 같은 질병에 잘 걸린다.[11] 따라서 유일하게 내가 더 유리한 점은 자가면역질환에 걸릴 확률이 낮다는 것이다.

병원으로 내달리던 그날 밤, 나는 아내의 세포가 이미 분열을 시작하여, 당시의 충격으로 그녀의 몸 안으로 들어갔을 병원체와 상대하기 위해 세포 선택의 과정에 돌입했다는 것을 알고 있었다. 세포는 이미 집단의 유전학적 지혜를 이용하여 생체조직의 복구작업에 착수한 것이다. 그리고 신체의 각 부위에서 면역계의 일부인 백혈구든 피부를 구성하는 상피세포든 자율적이고 유연한 유전학적 선택과정을 거칠 것이다. 유전적으로 동일한 세포로 구성된 내 몸에는 이러한 옵션이 없다.

유전학적 여성의 모든 세포는 2개의 X염색체를 갖고 있지만 그 중 하나만을 사용한다. 아내의 세포는 아버지에게서 물려받은 X염색체와 어머니에게서 물려받은 X염색체 중 하나만을 사용한다. 나의 세포는 그런 사치를 누리지 못한다. 나의 모든 세포는 어머니에게서 물려받은 똑같은 X염색체를 사용해야 하며, Y염색체는 사고를 겪어도 많은 일을 할 수 없어 무력하게 지켜볼 따름이다.

서로 다른 X염색체를 사용하는 능력은 아내가 유전학적으로 우월한 주요 원인 중 하나다. 우리의 병실이 회복을 기원하는 풍선으로 가득 찼을 때, 그녀의 세포는 서로 다른 X를 이용하여 재빨리 분열하고 있었다. 처음에는 어머니 유래의 X를 사용하는 세포와 아버지 유래의 X를 사용하는 세포로 절반씩 갈렸다가 이제 어느 쪽이든 필요한 일을 더 효과적으로 할 수 있는 한쪽의 X를 사용하는 것으로 태세가 재빨리 전환된다.[12]

심지어 구조대원이 도착하기 이전부터 수많은 백혈구가 어느 한쪽의 X를 사용하여 분열하고 있었다. 그리고 치유의 과제를 처리하기 위해 최상의 X만을 사용하려는 위와 같은 세포 경쟁이 그녀의 신체 모든 곳에서 일어나고 있었을 것이다. 같은 일을 기대하고 나의 혈액 속을 들여다봤자 실망만 할 뿐이다.

여성은 2개의 X염색체를 사용하기 때문에 유전적으로 더 다양해진다. 다양한 유전학적 지식에 기댈 수 있기 때문에 여성은 늘 유리하다. 신생아집중치료실에 입원한 여아의 생존력, 감염과 싸우는 여성의 능력, 유전학적 여성이 X염색체 연관 지적장애를 겪을 위험의 감소, 이 모든 것이 여성은 남성과 달리 유전학적 유연성을 갖추고 있다는 단순한 사실에서 비롯된다.

두 성별이 동일한 생물학적 종에 속하고 서로 다른 점보다 비슷한 점이 더 많지만, 여성은 타고난 유전학적 우월성을 갖고 있다는 중요한 차이가 있다. 인류의 생존은 수백만 년 동안 그러한 점에 달려 있었다. 유전학적으로 더 강하기 때문에 여성은 자손의 생존, 결국 우리 모두의 생존을 보장할 만큼 오래 살 수 있었다.

나의 독창적인 유전학적 연구와 임상적 발견, 내 삶의 경험, 동료들의 획기적인 업적, 그리고 당대의 학설에 도전하는 선구적인 과학자들의 발견으로 인해 이 명백한 사실이 도출되었다. 즉 여성이야말로 더 강한 성별the stronger sex[보통 남성을 지칭하는 말로 쓰여 왔다 – 옮긴이]이다.

이 책에서는 평생을 두고 나타나는 생의 주요 도전들을 탐색하고, 수명, 회복력, 지적 능력, 스태미나에서 남성을 능가하는 유전학적 여성이 그 모든 도전과 싸워 이기는 과정을 그릴 것이다. 그리고 의학과 그 밖의 모든 것들이 이 사실을 어떻게 묵살해 왔는지 다룰 것이다.

나는 의대생 시절에 여성 환자가 처방 약물에 대해 더 많은 부작용을 보일 것이라고 배웠다. 그 이유가 여자가 어떤 문제에 대해서든 더 시끄럽고 일반적으로 남자보다 병원에 더 자주 가는 행동적인 측면 때문이라고도 배웠다.

하지만 그것이 단지 보고 바이어스[의료와 연관된 과거력이 감추어지거나 과장된 경우에 발생하는 오차 – 옮긴이]에 불과하다면, 왜 많은 여성이 중요한 의료적 처치가 필요한 심각한 부작용을 겪고 있는가? 미국 회계감사원의 보고서에 따르면, 판매가 중단된 약물 열 가지 중 여덟 가지는 여성에게 위험하다고 판명되었기 때문이었다.[13] 게다가 의사는 여성에게 약물을 과다복용시키는 경향이 크다.

최근 수년간 의학적인 측면에서 여성이 알코올 같은 화합물에 더 민감하다고 밝혀졌지만, 여전히 우리는 양쪽 성별에 대해 마치 서로 동일한 성별인 것처럼 약물을 처방한다. 이 같은 관행은 바뀌어야 한다. 거의 20년 전에 국립과학원 산하 의학연구소는 한 보고서에서 다음과 같이 주장했다. “성별은 고려해야 할 중요하고 근본적인 변수다.”[14] 그러니 이에 대해 살펴보자.

산부인과 이외의 분야에서, 우리가 혜택을 입고 있는 현대의학의 놀라운 발전은 거의 전적으로 남성 참여자, 수컷 실험동물, 그리고 남성의 조직 및 세포만을 대상으로 한 연구를 통해 이루어졌다. 전임상 약물시험에서 암컷 실험동물과 여성의 조직 및 세포가 배제됨으로써 생겨난 구멍 때문에 의사 대부분이 여성 환자에게 처방할 약물의 적정 투여량이나 치료법을 추정하거나 최악의 경우 대충 짐작할 수밖에 없다.

내가 거의 20년 전에 발견한 항체의 살균력을 시험하기 위해 연구를 설계했을 때, 기초연구와 임상연구에 여성을 포함시키는 문제에 관해 얼마나 순진했는지 기억한다. 내가 발견한 약물의 효과를 추가로 시험하기 위해 독립적인 실험을 전문적으로 실시하는 어떤 회사와 계약했다. 이를 통해 나의 발견을 입증하거나 부정할 수 있었다. 그 회사에 의뢰할 연구를 설계하면서 암수 실험용 쥐가 같은 수만큼 이용될 것이라 생각했다.

하지만 틀렸다. 수컷 쥐만이 사용되었다. 알고 보니 그 회사만 그런 게 아니었다. 모두 한결같이 수컷만을 사용했다. 그 이유를 묻자 당시 수컷을 쓰는 게 더 쉽고 더 저렴하기 때문이라고 했다. 이후에 발견한 것이지만, 흥미롭게도 암컷 쥐는 훨씬 더 강력한 면역계를 가질 수 있어서 양쪽 성별에 똑같이 듣는 감염치료제를 개발하기 위한 실험 결과를 더 복잡하게 만들 공산이 있었다.

정말이지 우리는 너무나 오랫동안 여성의 신체적 능력을 잘못 이해하고 유전학적 강력함을 무시해 왔다. 이 책에서는 우리의 인식, 의료, 그리고 연구 문화가 바뀌어야 한다는 것을 논의할 것이다. 의학의 미래와 인류의 생존이 그에 달려 있다.

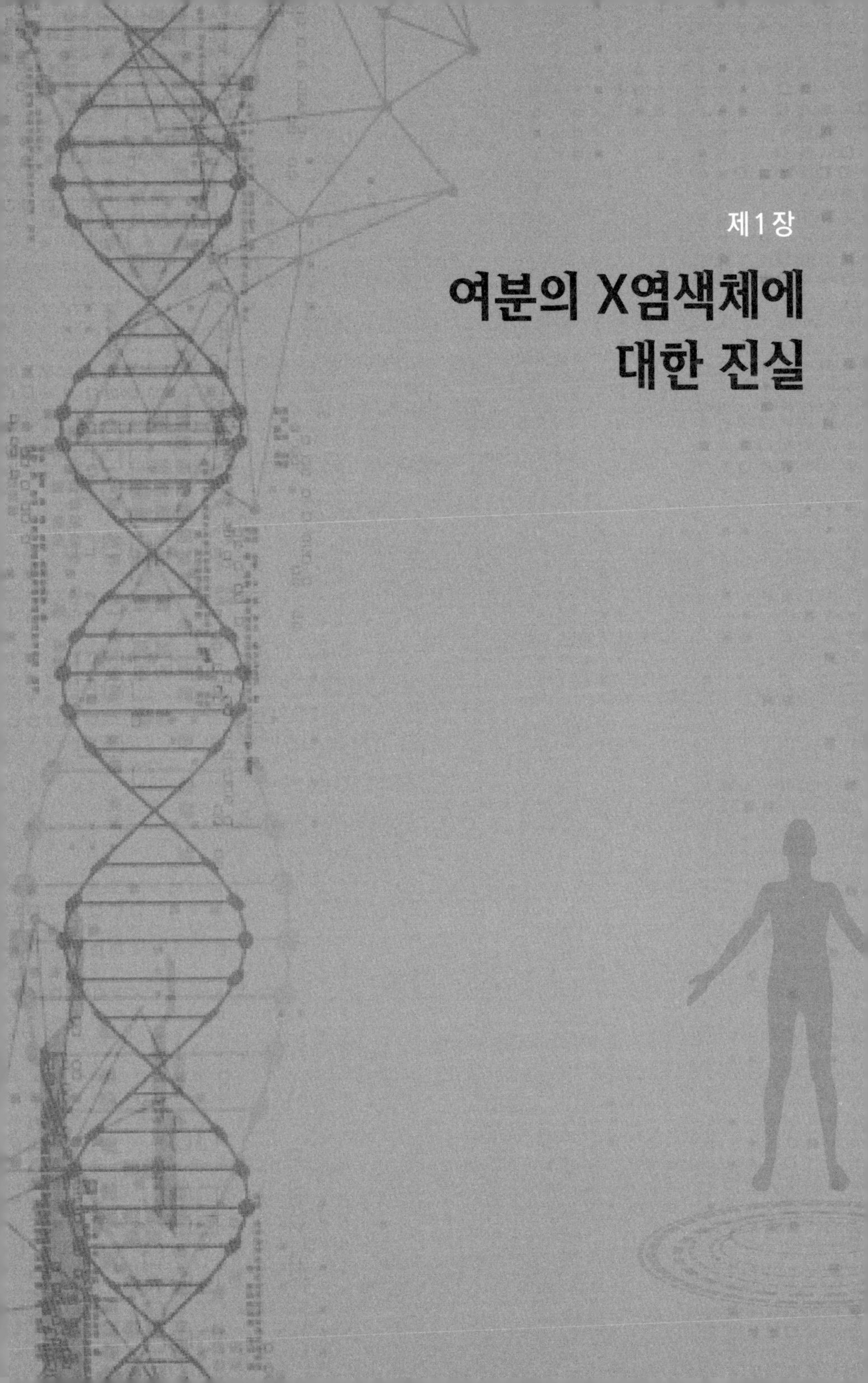

제 1 장

여분의 X염색체에 대한 진실

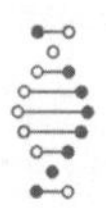

이 책은 선택에 관해 이야기한다. 우리가 매일 의식적으로 하는 선택이 아니라, 모든 유전학적 여성에게서 매 순간 이루어지는 생물학적인 선택을 뜻한다. 이러한 현상은 모친의 난자가 부친의 정자를 받아들여 수정이 시작되는 순간부터 나타난다.

여기에서 전개되는 논의에는 다음과 같은 기본적인 생물학적 지식이 전제된다.[1] 즉 인간을 이루는 각각의 세포는 총 46개의 염색체를 갖는다. 그중 2개는 성염색체인데, XX 쌍을 물려받았다면 유전학적 여성, XY 쌍을 물려받았다면 유전학적 남성이다.•

마치 교육용 백과사전 세트처럼 23쌍의 염색체에는 유전자가 들어 있으며 각 유전자는 우리의 생을 가능케 하는 유전정보를 제공

• 머리말에서 언급했듯이, 성염색체는 다양한 형태로 물려받을 수 있다. 드물기는 하지만 터너증후군이라 불리는 45,XO, 삼중X증후군[XXX증후군, 트리플X증후군이라고도 불린다 - 옮긴이]이라 불리는 47,XXX, 클라인펠터증후군이라 불리는 47,XXY, 야콥증후군이라 불리는 47,XYY, 사중X증후군이라 불리는 48,XXXX, 오중X증후군이라 불리는 49,XXXXX 등이 포함된다.

한다. 약 2만 개의 유전자가 23쌍의 염색체 전역에 퍼져 있다고 생각된다. 염색체마다 포함하는 유전자 수는 다르지만, 모든 염색체는 똑같이 중요하다.

23가지의 염색체 각 쌍은 보통 동일한 유전자의 여러 버전을 공유하지만, 유전학적 남성이고 X와 Y를 물려받았다면 예외다. X염색체는 거의 1,000개의 유전자를 포함하지만, Y염색체는 주로 정자를 만드는 데 관여하는 70개 정도의 유전자밖에 없다.•

임신 내내 이루어지는 모든 과학적 과정을 이해하지 않고서도 우리는 종으로서의 진화 속에서 자손을 남기는 데 성교가 더 이상 필요하지 않은 지점까지 도달했다. 우리는 임신을 다루는 기술을 순조롭게 마스터해 가고 있다.[2] 공상과학소설에나 나올 법했던 무균상태의 실험실에서 인간의 난자를 체외수정시키는 보조생식기술ART이 이제는 흔한 일이 되었다. 훨씬 더 많은 일들도 가능하다. 세 명의 부모로부터 채취한 유전물질과 세포를 이용하여 아이를 창조하거나 우리 자신의 DNA를 편집할 수도 있다.

하지만 이른바 '자연적' 과정은 결코 단순하지 않다. 약 5억 마리의 정자가 난자로의 여행을 시작하여 모친의 생식기관을 놀라운 속도로 거슬러 오른다. 자궁경부와 자궁을 통과하여 마침내 두 개의

• 최근에는 Y염색체에 포함된 유전자의 새로운 건강상의 함의가 밝혀지고 있다. 유전학적 남성에게는 불행하게도 연구 결과의 대부분이 긍정적이지 못하다. Y염색체에는 염증의 심화에서 방어성 적응 면역반응의 억제, 그리고 심장동맥 질환의 위험성 증대에 이르기까지 좋지 않은 모든 것과 연관된 유전정보가 수록되어 있다.

나팔관 중 한 곳으로 들어간다. 거기서 난자와 만난다. 그리고 난자의 외막을 성공적으로 뚫고 들어간 한 마리의 정자가 가져온 성염색체가 X냐 Y냐에 따라 생물학적 운명이 결정된다. 알츠하이머병 같은 신경질환이나 평생에 걸친 암의 발병 위험부터 바이러스 감염을 물리치는 능력에 이르는 모든 것이 물려받은 성염색체가 XX(여성)냐 XY(남성)냐에 따라 바로 그 순간에 결정되는 것이다.

생물학적 성별이 늘 젠더와 일치하는 것은 아니다.[3] 젠더를 좌우하는 것은 성염색체가 아니라, 남성성, 여성성, 혹은 그 중간이나 밖에 있는 것에 대한 지각이다. 젠더는 개인의 자기 개념이자 자기 동일시이며, 개인이 사회에서 맡을 수 있는 역할이기도 하다. 젠더는 보통 성염색체와 외부생식기에 기초하여 태어날 때 부여받는다. 태아의 초음파검사나 모친의 혈액을 통한 태아의 염색체검사 등을 통해 태어나기 훨씬 이전에 알 수도 있다.

개인은 인생행로의 어느 시점에서든 스스로 간주한 젠더와 맞지 않는 경우 자신의 젠더를 불안정하게 받아들이거나 바꿀 수 있다. 하지만 성염색체와 그것이 삶에 미치는 엄청난 영향에 관한 한 선택의 여지는 없다. 유전된 성염색체가 XY든 XX든 아니면 X와 Y의 어떤 조합이든 개인이 선택할 수 있는 것이 아니다.

인간의 성 분화와 관련하여 신체발달의 향방을 바꾸는 유전자 내에 변이가 일어날 수 있다. Y염색체에서만 발견되는 *SRY* 유전자는 양쪽 성으로 분화 가능한 태아의 생식샘에서 고환을 생성하는 과정을 촉발함으로써 성 분화에 결정적인 역할을 한다. *SRY* 유전자는 또한 이러한 세포발달의 단계적 반응을 일으켜 남성의 외부생식기도 만들어 낸다. 그러나 XY염색체를 가진 개인의 세포가 테스토스테론testosterone에 반응할 수 없는 드문 일이 발생하면, 외부는 여성으로 발달하지만 내부에는 자궁, 나팔관, 자궁경부 대신 고환이 생긴다. 이것이 안드로겐 수용체, 즉 *AR* 유전자의 돌연변이로 발생하는 완전형안드로겐불감성증후군complete androgen insensitivity syndrome(CAIS)이다. 발병 사실을 모르고 지내다가 사춘기 때 월경이 시작되지 않아서 알게 되는 경우가 대부분이다.

XX염색체를 갖고 태어난 아기가 유전학적 남성의 발생 경로에 따라 성장하는 일도 드물게 있다.[4] *SRY* 유전자가 위치한 Y염색체의 작은 부분을 2개의 X염색체와 함께 물려받으면 일어날 수 있다. 흔치는 않지만 *SRY* 유전자나 Y염색체가 없어도 외부와 내부 모두 남성으로 성장할 가능성도 있다. 나는 성 발달의 경로가 바뀐 극히 드문 사례를 발견한 일에 관여한 적이 있는데, 이선Ethan이라는 이름의 소년은 생물학적 남성으로 태어났지만 XX염색체를 갖고 있었고, *SRY* 유전자도 성전환을 일으킬 만한 유전적 요인도 전혀 없었다. 유전학적으로 불가능하다고 여겨지는 일이다. 우리가 이선에게서 발견한 것은 *SOX3* 유전자 중복이다. 그의 경우 이 때문에 유전학적 여성이 신체적으로는 남성으로 바뀐 것이다. *SOX3* 유전자는 *SRY* 유전자의 유전학적 전구체로 생각되며, 둘 다 성 분화에 중요한 역할을 한다.

인간의 성 발달은 복잡하다. 유전학자와 발생생물학자는 끝이 없어 보이는 성 분화 경로를 밝히려고 아직도 애쓰고 있다. 우리는 염색체상의 성별과 그에 기초한 차이가 생물학적이라는 것을 알고 있다. 이유는 이렇다. 인간 여성의 난자는 단 하나의 X염색체를 갖고 있기 때문에 아기의 생물학적 성별을 결정하는 것은 남성의 정자다. 정자가 Y염색체를 가져오면 대개 유전학적 남자아이로 자라날 것이다. 그리고 그 아이의 모든 세포는 모친에게 물려받은 완전히 동일한 X염색체를 사용하게 될 것이다. 반면 정자가 X염색체를 가져오면 수정란은 사전에 짜인 유전학적 경로에 따라 여자아이로 자라날 것이다.

인류는 역사의 대부분을 아이의 성별이 어떻게 결정되는지 모른 채 살아왔다. 아니면 적어도 과학적으로 성 분화를 증명할 수단이 없었다. 많은 설이 존재했고, 많은 문화에서 존경받는 인물이 신의 계시에 기대거나 태음력을 고안했다. 아직도 인도에서는 아들을 낳으려고 고대의학인 아유르베다를 신봉하는 사람들이 있다. 심지어 신앙심 깊은 여성들은 성교를 할 때 성자의 이미지에 집중해야 성스러운 아들을 잉태할 확률이 극대화된다고 내게 말한 적도 있다.

역사적으로 (특히 지위와 재산이 오로지 남성 후계자를 통해서만 상속되는 부계사회에서) 남아가 선호되었기 때문에 사람들은 XY를 낳기 위해서라면 무엇이든 시도했다.[5] 2,000년도 더 된 일이지만, 아리스토텔레스도 이 문제로 관심을 돌렸는데, 반드시 남성 후계자를 얻으려고 하는 일부 나이 든 남성 후원자들의 명령에 따른 것으로 보인다. 그는 동물의 발생학적 기원에 금방 매료되어 배아를 닥치는 대로 수집하고 해부하게 되었다. 가축으로 길러진 흔한 가금류, 즉 닭의 수정란이 크기가 적당하고 쉽게 얻을 수 있어서 특히 풍부했다.

아리스토텔레스가 발견한 것은 기원전 4세기 중반에 출간된 『동물발생론*Περὶ ζῴων γενέσεως*』에 기록되어 있다.[6] 그는 생명이 시작되면서 나타나는 변화의 일부를 오늘날의 과학적 기준에 따라 정확하게 기술했다. 그리고 그가 해부한 닭처럼 어떤 동물은 알에서 태어나지만, 태반을 가진 포유류는 출산을 통해 이 세상에 발을 딛고, 상어 같은 동물은 알을 체내에서 부화시킨다는 올바른 이론을 제시했다. 아리스토텔레스는 태반과 탯줄의 목적을 이해한 최초의 인간이라 생각된다.

하지만 그의 이론도 남성과 여성의 발생이 어떻게 분기되는지는 제대로 설명하지 못했다. 그는 성교할 때 남성 파트너가 전달하는 열의 양에 따라 아이의 성별이 결정된다고 상정했다. 일정량의 열은 모든 아기가 발생하는 데 필요한 에너지 물질이라 여겨졌다. 부친이 배아에 더 많은 열을 전달할수록 남자아이로 자라날 가능성이 높다. 열이 충분하지 못하면 딸을 낳을 것이다. 당시 여성은 결국 '덜 구워진' 남성에 불과한 것이었다. 정열의 불길이 뜨겁게 타올라야 아들의 출산을 기대할 수 있다는 것이다.

정열이 충분히 샘솟지 않거나, 너무 늙어서 흥분이 여의치 못한 남자가 아들을 바란다면 어떻게 해야 하는가? 아리스토텔레스의 해결책은 간단하다. 일 년 중 따뜻한 달에 아이를 갖도록 시도하면

된다. 물론 여름이 이상적이다. 이것이 완전히 엉터리라고 밝혀지기에 앞서, 아리스토텔레스는 아이의 성별을 결정하는 데 '열'이 중요한 역할을 한다는 생각을 통해 실제 무언가를 발견했다. 인간의 이야기는 아니지만.

악어, 거북, 도마뱀을 비롯한 몇몇 척추동물의 경우, 수정란의 부화 온도가 새끼의 성별에 영향을 미칠 수 있다. 뉴질랜드 고유종인 살아 있는 화석 투아타라tuatara['가시 돋힌 등'이라는 뜻의 옛도마뱀목 파충류 - 옮긴이]와 악어는 온도가 높을수록 수컷으로 자라는 경향이 있다. 반면 유럽연못거북이나 며느리발톱거북처럼 부화 때 온도가 높으면 암컷으로 자라는 척추동물도 많이 있다.

남성을 '굽는다'는 생각은 오래 지속되었고, 초기 기독교에도 받아들여졌다. 믿기 어렵겠지만, 여성이 열에 많이 노출되면 수정될 때뿐만 아니라 임신 기간 내내 아들을 낳을 가능성이 높아진다고 생각하는 사람들이 지금도 있다.

나는 임신 중의 열을 둘러싼 믿음에 관해 애나라는 임신부 환자로부터 처음 들었다. 이미 딸 셋이 있었지만 남편이 집안의 외아들이라 넷째 아이는 아들이어야 한다는 희망을 놓지 않고 있었다.

그녀는 임신이 썩 내키지는 않는다고 했다. 애나는 엄청난 압박감을 느끼고 있었다. 시어머니는 많은 열이 사내아이를 만들어 낸다고 철석같이 믿었고, 며느리에게 아유르베다 요법을 받게 하여 체내 온도를 높이려고 했다.

불행히도 임신과 그러한 약초요법은 어울릴 수 없다.[7] 팅크

(tincture, 알코올에 혼합하여 약제로 쓰는 물질 - 옮긴이]와 차가 자연에서 유래된 것일지라도 마찬가지다. 애나는 몇 달 후에 정말 아들을 낳았다. 하지만 복합적인 선천적 기형이 나타났는데, 분명 그녀가 복용하던 '특효약' 때문이었을 것이다.

아리스토텔레스 이후 1,000년이 넘는 세월이 흘러(거의 전적으로 남성이 이끈) 의과학의 발달 덕분에 여러 중요한 현상을 이해할 수 있게 되었다. 예컨대 17세기에 잉글랜드의 의사 윌리엄 하비William Harvey가 혈액순환을 설명했고, 18세기에 에드워드 제너Edward Jenner가 두창(천연두)에 대해 백신을 처음 이용했으며, 19세기 말에는 노벨상 수상자 빌헬름 콘라트 뢴트겐Wilhelm Conrad Röntgen이 엑스선 영상을 발견하고 사용했다. 하지만 여전히 성 결정의 과정에 관해서는 과학적 합의에 도달하지 못했다. 남성과 여성의 유전적 역사 대부분이 남성에 의해 기록되고 개정되었기 때문에 의학적 관점에서 두 개의 성을 다루는 방식에 부정적인 영향이 미친 것 같다.

남성과 여성의 기원과 차이를 편협한 시각에서만 바라보다가 마침내 20세기 초, 염색체에 기초한 성의 이해가 구체화되기 시작했다. 이는 선구적인 여성 과학자들의 발견이 있었기에 가능했다. 네티 스티븐스Nettie Stevens가 그중 한 명이었다.[8]

스티븐스는 갈색거저리 유충의 염색체를 연구하면서 오랫동안 알려지지 않았던 사실을 발견했다. 갈색거저리는 암컷과 수컷 모두 20개의 염색체를 갖고 있었다(기억하겠지만 인간은 총 46개의 염색체를 가진다). 그러나 수컷의 염색체는 20개 중 1개가 유난히 작았다.

스티븐슨이 발견한 것은 Y염색체였다.

1905년에 낸 획기적인 논문에서 그녀는 성이 염색체에 의해 결정된다고 가정하고 서술했다. 성염색체로 여성은 XX를, 남성은 XY를 가진다는 최초의 설명이었다. 그녀는 이 차이 때문에 두 성이 각기 고유의 발생과정으로 진입한다고 생각했다.

나는 대학 시절에 스티븐스에 관해 배운 적이 없다. 우리가 성염색체를 알게 된 것은 다른 사람, 즉 에드먼드 비처 윌슨Edmund Beecher Wilson 덕분이라는 것이다. 스티븐스의 동시대인이자 선배 유전학자였던 그는 염색체 성 결정 개념의 창시자로 칭송받았다. 비처가 스티븐스의 연구 결과를 간행되기 전에 알 수 있었다는 사실은 교과서에 언급되지 않았다. 게다가 스티븐슨의 결과와 비슷해진 그의 논문은 1905년 8월, 공교롭게도 그 자신이 편집위원을 맡고 있는 『실험동물학저널*Journal of Experimental Zoology*』에 신속하게 출판되었다.

정당한 평가를 받지 못하는 또 한 명의 여성 과학자는 잉글랜드의 유전학자 메리 F. 라이언Mary F. Lyon이다.[9] 그녀의 연구는 중요하고 이 책에서 내내 주목할 만한 것이다. 라이언은 1961년, 『네이처*Nature*』에 낸 논문으로 유전학계를 뒤흔들었다. 달랑 한 쪽짜리 논문은 유전학에 대한 우리의 생각과 이해를 영원히 바꾸었고, 그녀의 가설과 발견이 함의하는 것은 오늘날에도 여전히 연구되고 있다. 라이언은 실험용 생쥐의 털 색깔을 연구함으로써 남성과 여성이 유전학적으로 어떻게 다른지 이해할 근거를 제공했다. 이른바

'X염색체 불활성화'라는 것으로, 여성의 세포에 있는 2개의 X염색체 중 1개가 '무작위로' 불활성화되어 발생 초기 단계 동안, 모친이 임신 사실을 알아채기도 전에 활동이 중지된다는 것이다.

라이언의 통찰력 있는 논문이 나온 지 50년이 넘었지만, 놀랍게도 우리는 X염색체 불활성화나 활동 중지의 과정을 아직껏 다 알지 못한다. 생명이 시작될 때 세포는 2개의 X염색체 중 1개를 어떻게 선택하는가? 경쟁인가? XY를 가진 유전학적 남성에게서는 X염색체 불활성화가 어떻게 억제되는가?

이러한 불가사의한 과정이 눈에 띄지 않는다는 점은 문제를 어렵게 만든다. 이는 수정란이 자궁에 착상한 후 세포가 20개밖에 없는 단계에서 일어난다고 생각된다. 이 수수께끼를 풀 방법 가운데 하나는 인간 배아를 생체 조건에서 연구하는 것이지만, 윤리적 문제가 수반된다.

훗날 아기를 만들어 낼 세포 무리는 임신의 가장 초기적인 단계에서 이미 XX 또는 XY의 성염색체를 갖고 있다.[10] 그렇지만 XX를 가진 여성의 세포 내에서만 X염색체 불활성화 과정이 시작된다. 그리고 여성의 세포는 과학의 시선이 닿지 않는 자궁에서 X염색체 불활성화 작업을 전부 처리한다. 이 때문에 인간 세포의 X염색체 불활성화에 관해서는 여전히 많은 것이 베일에 가려져 있다.

우리가 아는 것은 인간 세포가 'X 불활성 특이 전사물*X inactive specific transcript*', 즉 *XIST*라 불리는 RNA 유전자를 이용한다는 것이다. *XIST*는 X염색체에 존재하며 곧 활동이 중지될 X염색체를 완전히 덮기 위한 구조체를 만들어 낸다. 이러한 발생 초기 단계에서 X염색체는 2개 다 활성화되어 있고 *XIST*를 발현시키지만, 결국 그 중 하나만이 억제되어 활동이 중지된다. 남성의 세포는 보통 1개의 X염색체를 가지므로 X염색체 불활성화 과정이 필요 없다.

그럼 여성의 경우 2개의 X염색체 중 어떤 것이 불활성화되는가? 대개 우월한 쪽이 *XIST*를 따돌리고 활동을 유지한다. 손상되었거나 비정상적인 X염색체를 가진 여성 환자들을 본 적이 있는데, 그들의 세포에서 손상된 X염색체는 항상 우선적으로 불활성화되어 활동이 중지되었다. *XIST* 구조체는 X염색체를 압축하여 활동이 멈춘 '바소체Barr body'로 만든다.•

마치 종합격투기 경기처럼 각 세포마다 오직 하나의 X염색체만이 남게 된다. 만일 이 X염색체 불활성화 대전에서 각 X염색체가 대등하다면, 활동이 중지되는 쪽은 동전 던지기 결과처럼 무작위로 선택된다고 생각된다. 이러한 과정을 거쳐 불활성화된 X염색체나 형성된 바소체는 세포에 영향을 미칠 수 없게 된다. 혹은 그렇게 생각된다.

라이언의 X염색체 불활성화 관련 논문 이후 약 50년간, 여성 세포의 유전학적 장치는 바소체에 접근할 수 없다고 추정되었다(활동

• 최근 여성의 세포에서 활동 중지된 X염색체나 바소체에 의사상동염색체 영역(pseudoautosomal region)이라 불리는, X염색체 끝부분에 위치한 단 2곳의 작은 영역이 여전히 활성화되어 있다는 사실을 알게 되었다. 이 영역은 커다란 X염색체의 나머지 부분에 비하면 매우 작은데, 30개 정도의 유전자, 즉 유전물질의 극히 일부밖에 들어 있지 않다.

이 중지된 X염색체임을 기억하라).[11] 그런데 라이언이 100퍼센트 옳지는 않았다는 것이 밝혀졌다. 활동이 중지된 X염색체가 기능을 완전히 멈춘 것이 아니었던 것이다. 오히려 여성은 조 단위의 세포 각각에서 X염색체 2개를 모두 이용한다. 즉 활동이 중지된 X염색체도 계속해서 세포의 생존에 도움을 주고 있었다. '활동이 중지된' X염색체의 유전자 가운데 약 4분의 1이 실은 여전히 활성화되어 있고 세포에 영향을 미치고 있는 것이다. 이러한 현상은 'X염색체 불활성화 회피'라 불린다.

앞으로 살펴보겠지만, X염색체가 하나 더 있으면 각 세포에 유전학적 능력이 추가로 제공된다. 이 때문에 여성이 남성보다 유리한 위치에 있다. 진실은 이렇다. 만일 당신이 지구상 35억 명의 여성과 마찬가지로 2개의 X염색체를 물려받은 여성이라면, 당신의 세포는 선택권이 있다. 그리고 힘든 상황에 직면했을 때 그러한 선택권은 생존에 도움이 된다.

앞서 언급한 유전체genome 백과사전 세트의 각 권처럼, 각 염색체는 날마다 생의 지침이 되는 유전적 지시를 제공한다. 방금 먹은 피스타치오 젤라토 속의 지방을 분해하기 위해 췌장(이자) 리파아제가 필요한가? 문제없다. 췌장세포가 10번 염색체에 있는 *PNLIP* 유전자의 지시를 받아 더 만들어 낼 것이다. 그 젤라토 속의 젖당은? 역시 문제없다. 소화관을 이루는 세포가 2번 염색체에 있는 *LCT* 유전자의 지시에 따라 락타아제(젖당, 즉 우유에 들어 있는 당을 분해하는 효소)를 필요한 만큼 만들어 내어 속이 거북해지지 않을 것이다.

그렇다면 X염색체가 우리의 생에 특별히 중요한 이유는 무엇인가? 그것이 없으면 생명 자체가 불가능하기 때문이다. 최소 하나의 X염색체 없이는 그 누구도 태어날 수 없다. X염색체는 생명을 가능하게 할 뿐만 아니라, 뇌의 형성과 유지, 그리고 면역계의 구축에 필요한 토대를 마련해 준다. X염색체의 방대한 유전적 지시가 있기에 발생과정이 조직되고 인체의 여러 중대한 기능이 마련되는 것이다.

인간이 염색체를 이용하여 성을 결정하는 지구상 유일한 생명체인 것은 아니다. 20년도 더 된 일이지만, 나는 다음과 같은 아주 단순한 의문에 촉발되어 꿀벌 연구를 시작했다. 꿀벌이 병에 걸리면 어떻게 되는가?

꿀벌은 많은 꽃을 찾아다니면서 꽃가루와 꿀을 모아야 하며, 벌집에서 멀리 떨어진 곳까지 갈 때도 있다. 그리고 이동하는 동안 모든 유형의 병원체에 노출된다.

인간을 비롯한 척추동물과 달리 꿀벌은 병원체가 침입했을 때 맞서 싸울 항체 단백질을 만들지 않는다. 대신 화학전에 상당히 능하다. 병원체에 감염되면 개인 맞춤형 약국처럼 고유의 항생물질을 만들어 스스로 치료한다. (아피데신apidaecin 같은 일부 항생물질은 우리가 먹는 벌꿀로도 흘러 들어갈 수 있다.) 나의 연구 목표는 꿀벌이 만들어 내는 항생물질을 인간의 감염증 치료제로 쓸 수 있는지 밝히는 것이었다.

유전학자인 나는 꿀벌의 생식과 유전에 매료되었다.[12] 다른 많은 동물, 예컨대 XX/XY 체계와 유사한 것을 채용하는 조류와 달리 꿀벌은 독특한 방식으로 성을 결정한다. 이것을 떠올린 것은 어느 날 벌집을 열고 여왕벌이 열심히 알을 낳는 모습을 보고 있을 때였다. 여왕벌은 하루에 약 1,500개의 알을 낳는 놀라운 번식력의 소유자다.

자손의 성을 결정하는 데 관여할 수만 있다면 무엇이든 하려는 아리스토텔레스의 후원자들과 달리, 여왕벌은 이미 수백만 년 전에 성 선택의 요령을 터득했다. 여왕벌은 일벌 암컷을 낳을지 밥벌레 수컷을 낳을지 몸소 결정할 수 있다.

방법은 이렇다. 여왕벌은 16개의 염색체를 가진 알을 낳는데, 알을 그대로 두면 수벌로 자란다.• 그러나 여왕벌이 암벌을 원하면 몸 안에 저장해 두었던 정자를 알 위에 조금 뿌린다. 정자와 섞인 알은 수정된다. 이때 정자가 16개의 염색체를 가져와 수정란의 염색체는 총 32개가 된다. 이것이 암벌을 탄생시키는 데 필요한 염색체의 개수다. 인간 여성은 X염색체 1개를 여벌로 갖고 있지만, 꿀벌 암컷은 훨씬 넓은 유전학적 선택권을 제대로 누린다. 16개의 여벌 염색체 하나하나가 암벌에게 수벌보다 많은 유전학적 선택을 가

• 건강한 벌집의 경우 산란이 한창인 여름철에 수벌은 5만에서 7만 5,000마리에 이르는 벌집 전체 개체 수의 115퍼센트 정도를 차지할 수 있다.

능케 하는 것이다.

잠시 상상해 보라. 인간 여성이 남성에 비해 X염색체 단 하나만 많은 데 반해, 꿀벌 암컷은 한 세트가 통째로 더 있다. 암컷 일벌에게 일임된 모든 의무를 감안하면 유전물질이 훨씬 더 많은 것도 놀라운 일은 아니다. 일례로 암벌은 벌집을 최대한 무균상태로 유지하기 위해 막대한 시간과 에너지를 쏟는다. 포식자에게 위협을 받으면 목숨을 바쳐 벌집의 입구를 지키는 파수꾼의 역할도 한다.

꿀벌 암컷은 또한 생존에 필요한 모든 영양분을 찾아내는 임무도 맡는다. 그러고 나서는 놀랍게도 화밀을 벌꿀로 변환시키는데, 이는 며칠간 집중적인 노력을 요하는 작업이다. 벌꿀 제조의 첫 번째 단계는 효소를 첨가하여 화밀을 소화시키는 것이다. 이 과정을 돕기 위해 암벌은 분당 1만 1,400회의 날갯짓을 해야 한다. 이러한 특유의 날갯짓이 있어야 액상 과밀을 건조시켜 벌꿀로 만들 수 있다. 지금까지 이룩한 과학적 진보를 총동원해도 인간은 이러한 과정을 따라할 수 없다.

벌집에서 청소도 하고 경비도 서던 암벌은 꽃가루와 꿀을 찾아 긴 여행을 떠나기도 한다. 8만 9,000킬로미터를 비행하여 꽃을 200만 번 찾아가야 약 454그램의 벌꿀이 나온다. 그러한 수집과정에서 천적을 피해 다니며 미국에서만 과일, 채소, 씨앗을 생산하는 농작물의 80퍼센트를 수분시키는 것은 말할 것도 없다. 그것도 모자라 정교한 춤을 통해 동료 암벌에게 좋은 먹거리가 있는 곳을 알려 주기도 한다. 또한 암벌이 곤충 세계에서는 뛰어난 수학자라는 것도 밝혀져 있다.[13] 호주와 프랑스의 연구자들이 암벌에게 덧셈과 뺄셈 같은 산술 연산을 가르친 바 있다. 이러한 능력은 복잡한 인지과정의 처리를 필요로 하기 때문에 곤충에게는 무리라고 생각된다. 하지만 암컷 꿀벌은 예외다.

그렇다면 수벌은 무얼 하는가? 답은 간단하다. 아무것도 하지 않는다.

밥벌레들은 벌집을 관리하지도 않고 식량 생산도 불가능하며 암컷 일벌에 의해 생명과 청결이 유지된다. 심지어 벌집을 지킬 수도 없다. 그들의 유일한 쓸모인 짝짓기에 이용하기 위해 암컷과 달리 침 대신 음경 구조를 갖추고 있다.

암컷을 만들어 내는 정자는 보통 비행하면서 여왕벌과 짝짓기를 마친 다른 벌집 출신의 수벌 무리에서 유래한다. 여왕의 혼인비행은 일생에서 단 한 번 이루어지며, 그때 무려 50마리의 수컷과 짝짓기를 한다. 정자는 저정낭이라 불리는 특수 기관에 저장된다. 여왕벌은 정자를 수년간 산 채로 보존하며, 암컷을 만들고 싶을 때만 사용하는 것으로 알려져 있다.

벌집에 있는 수벌은 겨울이 오기 전에 쫓겨나는데, 이는 놀랄 일은 아니다. 암컷 일벌은 혹독한 계절에까지 수벌을 돌보고 싶어 하지 않는다. 쫓겨난 수벌 대부분은 벌집 밖에서 오래 버티지 못하고 결국 굶주리거나 체온이 떨어지거나 포식당하여 죽게 된다.

왜 유전학적 선택지가 암벌의 부지런하고 복잡한 삶에 필수적인지 쉽게 이해할 수 있다. 암벌은 성별이 있는 그들 세계의 명백한 챔피언이다.

다시 인간 세계로 돌아오자. 여성이 가진 여분의 X염색체는 유전학적 다양성의 이점을 제공하여 건강상의 문제에 더욱 효과적으로 대처할 수 있게 해준다. 여성은 궁극의 생물학적 문제 해결사다. 더구나 여성의 유전학적 도구에는 더 많은 해결책이 있다. X염색체에 있는 약 1,000개의 유전자 각각에 대해 서로 다른 버전을 이용하는 세포들에 기댈 수 있기 때문이다.

보통 그것은 X염색체 유전자 각각의 완전한 백업이 아니라 판이한 버전이다. 이렇게 생각해 보자. 오래된 드라이버가 하나 필요하면 남자에게 가서 그의 유전학적 공구 상자에서 꺼내 달라고 하면 된다. 하지만 두 개의 특정 드라이버 — 십자와 사각 — 가 동시에 필요하다면 여자에게 요청하는 게 낫다. 둘 다 갖고 있을 테니까.

여성은 유전학적으로 우월한데도 출생아 수는 남성보다 적다.[14] 언뜻 보면 확연한 차이는 아닌 것 같지만, 우리가 주목할 만한 현상이다. 미국에서는 여아 100명당 남아 105명이 태어나며, 전 세계적으로도 이와 거의 동일한 수치가 나타난다. 남성이 더 강하다는 것이 입증되었다고 생각될지 모르지만, 여성은 발생과정이 훨씬 더 어렵기 때문에 적게 태어나는 것이다.

메리 라이언이 발견했듯이, 장차 여성 배아가 될 세포는 X염색체 하나를 부분적으로 폐쇄하고 안전하게 집어넣는 다면적인 초기 발생과정을 거쳐야 한다. 유전학자들이 아는 한 이는 발생과정에서 이루어지는 가장 정교한 작업 중 하나다. 그리고 이를 통해 여성의 세포는 두 개의 염색체 중 하나를 선택하게 된다.

마치 161킬로미터 깊이의 지하에서 엄청난 압력과 에너지를 받아 형성되는 다이아몬드처럼• 여성은 만들기 어려운 존재다. (바로 그런 이유로 여성은 다이아몬드처럼 잘 깨어지지도 않는다. 이에 관해서는 회복력과 스태미나를 다룬 제2장과 제4장에서 다룰 것이다.)

X염색체의 '침묵'이 계획대로 진행되지 않으면 어떻게 될까? 다른 포유류를 대상으로 한 연구에 따르면, 발생 초기 단계에 있는 암컷의 모든 세포에서 X염색체의 불활성화와 바소체의 형성이 제대로 이루어지지 않으면 불행히도 유산된다. 인간이 2개의 X염색체가 완전히 활성화된 채로 태어난 사례는 없다. 또한 2개의 X염색체가 전부 불활성화되어도 임신은 실패로 돌아간다. 이 때문에 보통 임신 사실을 알기도 전인 초기 단계에 여성 배아가 더 많이 죽는다.

남성 배아를 이루는 세포는 훨씬 단순하다. 활동 중지에 들어가거나 X염색체를 불활성화시켜 바소체를 형성할 필요가 없다. 그래서 남성은 더 쉽게 만들어진다. 어쨌든 X염색체를 하나만 가지니까.

여성의 유전학적 우월성 이야기는 여기서 끝이라고 생각될지도 모르겠다. 그러나 사실 이제부터가 시작이다. 여성은 각각의 세포

• 훨씬 희귀하고 푸른빛을 띠는 다이아몬드는 약 650킬로미터 깊이의 지하에서 형성된다고 한다.

에서 선택 가능한 유전학적 선택지를 더 많이 보유할 뿐만 아니라, 세포들 간에 그러한 다양한 유전학적 지식을 공유하고 협력하는 능력까지 갖추고 있다. 이러한 협력은 조 단위의 세포들 사이에, 그리고 전체에 걸쳐 일제히 이루어지며, 난관을 극복하기 위해 집단의 유전학적 지혜를 모으는 공동작업이다.

그처럼 뛰어난 세포 협력이 여성만의 특별한 회복력을 길러 내기 위한 비옥한 토지를 마련하는 것이다.

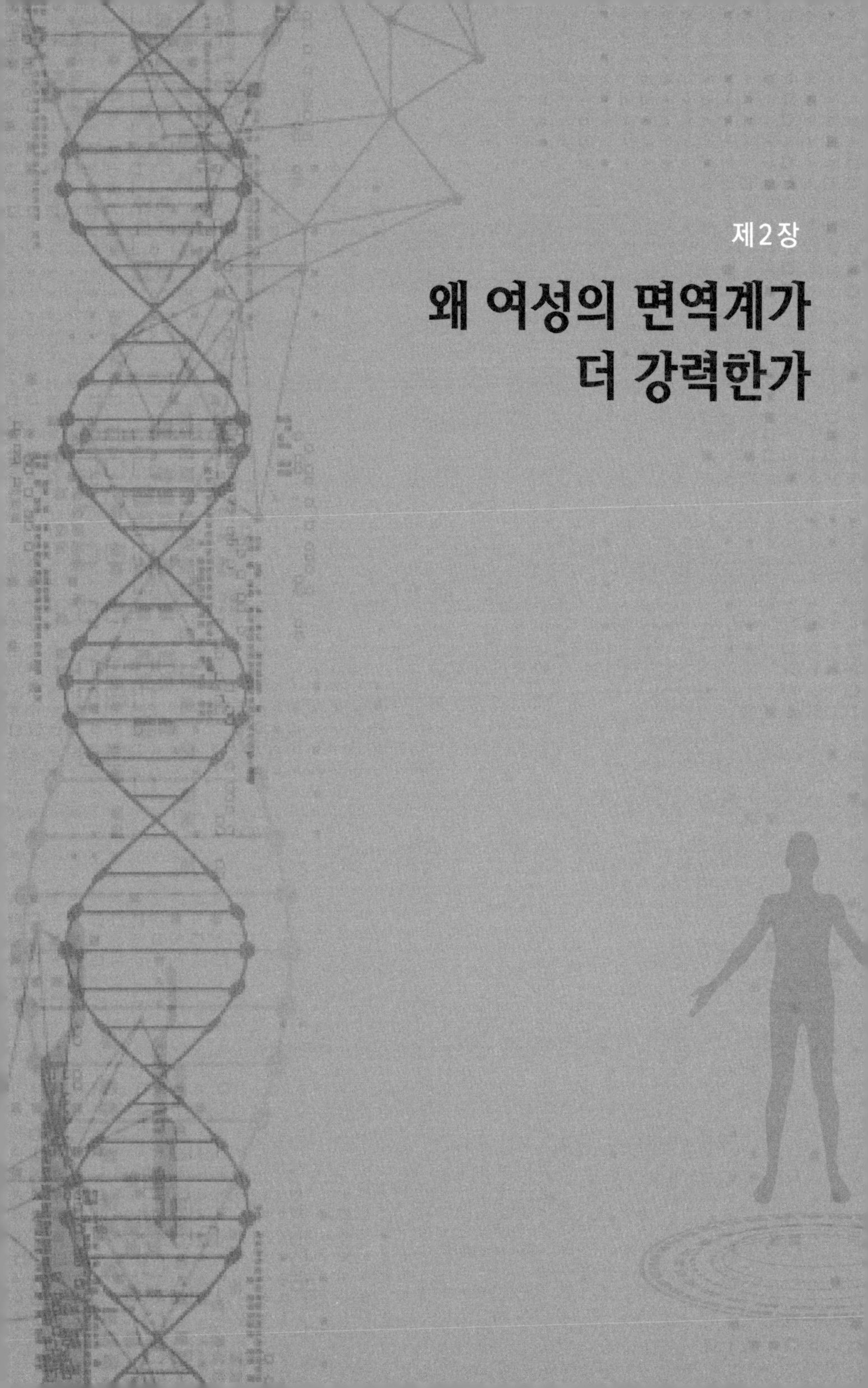

제2장

왜 여성의 면역계가 더 강력한가

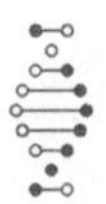

배리 J. 마셜Barry J. Marshall 박사는 절박했다.[1] 소화성궤양•과 위암의 원인이 미생물이라는 이론을 병리학자 로빈 워런Robin Warren 박사와 함께 제창한 지 몇 년이 지났지만 한 가지 문제가 있었다. 후원자가 많지 않았던 것이다. 1980년대 초반의 의료계는 이 이론에 냉소를 흘리며 요지부동이었다. 연구나 논문 성과도 변변치 않은, 호주 서부 시골 출신의 무명 풋내기들이 옳다고 누가 생각했겠는가.

워런과 마셜 박사가 1981년에 공동연구를 시작하기 오래 전부터 의학 전문가들은 위염과 소화성궤양이 과도한 스트레스와 자극성이 강한 음식을 즐겨 먹는 등의 부적절한 식습관 때문에 발생한다고 추정했다. 확고히 자리 잡은 이러한 도그마를 의심하는 사람은

• 오늘날 소화성궤양(PUD)은 소화관 내벽의 점막이 벗겨지거나 찢어진 상태를 일컫는 말이다. 그러한 상처를 총괄하여 소화성궤양이라 부르지만, 상처가 위장에 있으면 위궤양이고, 소장 윗부분[십이지장]에 있으면 십이지장궤양이다.

거의 없었다. 당시 일반적인 치료법은 위산분비 억제 약물의 일종인 히스타민histamine H_2 수용체 차단제를 쓰는 것이었다. 궤양이 위산의 과다분비를 일으키는 반응 때문에 생긴다는 생각에 비추어 보면 합리적인 선택이었다. 외과의사들은 '너무 많은 위산' 도그마에 도전하기는커녕 이를 수용하고, 환자의 삶을 더 쉽게 관리하기 위해 위와 십이지장의 일부를 도려내기 시작했다. 어떤 까닭인지 환자 대부분이 남성이었다.

하지만 워런만은 궤양 환자의 병리조직검사 샘플을 현미경으로 내려다볼 때마다 그가 배운 모든 것에 역행하는 무언가를 관찰하고 있었다. 그는 『헬리코박터균의 선구자들*Helicobacter Pioneers*』에서 이렇게 회고했다. "나는 의학 교과서나 의사협회보다 내 눈을 더 믿었다."[2] 그의 초기 업적은 헬리코박터균*Helicobacter pylori*이라 불리는 나사 모양의 미생물이 거의 남성밖에 없는 환자에게 궤양과 위암을 발생시킨 실제 원인이라는 것을 보여 준 데 있다. 위는 산성이 너무 강하여 어떤 세균도 살아남거나 성장할 수 없다는 것이 당시 의학교육의 정설이었기 때문에 의학계 종사자가 그들의 발견을 진지하게 받아들일 가능성은 희박했다. 워런은 다음과 같이 말했다. "사실 내가 한 일을 믿어 준 단 한 사람의 의사가 있었다 … 정신과 의사인 내 아내 윈Win은 나를 격려해 주었다."

워런과 마셜은 현미경을 들여다볼 때마다 보인 것이 상상이 아니라는 걸 알았다. 그들은 그 미생물이 산성이 강한 환경에서 아무 문제없이 살고 있다고 확신했다. 실제로 그들은 위에서 번성하고 있었다. 그리고 위벽에 염증을 일으켜 결국 손상을 입힐 것이라 추론했다.

그렇다면 궤양은 스트레스나 식이와는 전혀 관계가 없다. 필요한 것은 병원체를 다루는 것, 즉 병원체를 죽여 질병을 치료하는 것이다.

마셜이 2010년에 인터뷰에서 말했듯이 그것은 "30억 달러 규모의 산업을 무너뜨릴 수 있는 발견이었다."[3] 물론 제약업계를 지칭한 것이었다. 그의 말이 맞았다. 그들은 궤양이 흡연, 음주, 스트레스, 자극적인 음식 때문에 발생한다는 생각을 이용해 막대한 금액을 벌어들이고 있었다. 위산의 양을 억제하여 궤양의 고통을 경감시키는 전혀 새로운 종류의 의약품을 개발하고 파는 사람들의 저항은 쉽게 예상할 수 있다. 그러나 그러한 약물은 증상을 완화시킬 뿐 실제 환자를 치료하지 못했다.

젊은 의사가 무시당하고 묵살당하며 지쳐갈 때 무엇을 해야 하는가? 의학계와 거대 제약회사 양쪽이 그의 생각을 은폐하려 할 때 무엇을 할 수 있는가? 마셜 박사는 환자에게서 뽑아낸 헬리코박터균이 가득한 거품투성이 갈색 배양약을 들이키고 질병에 걸리기를 바랐다.

그리고 실제 그렇게 되었다. 마셜 박사는 처음에는 가벼운 복부 불쾌감을 겪었지만, 5일째 되는 날에 구토를 했고, 10일째 되는 날에는 위가 헬리코박터균의 군집으로 뒤덮일 정도로 악화되었다. 헬리코박터균 감염으로 인해 염증이 그의 몸을 장악했고, 궤양이 상당히 진행되고 있었다. 보다 못한 그의 아내 에이드리엔이 이제 항생제로 치료해야 할 때라고 설득했다.

항생제는 마셜 박사의 위에서 헬리코박터균을 박멸했고, 그는 완전히 회복했다. 하지만 그의 이론을 뒷받침하는 실험적 증거가 추가로 나왔는데도 당시 많은 임상의들은 수긍하지 않았다. 근 10년이 더 지나서야 의사들이 그 이론을 진지하게 받아들이기 시작했다. 마셜과 워런은 자신들의 이론이 옳다는 것을 세상에 납득시켰을 뿐만 아니라 2005년에 노벨 생리의학상까지 받았다. [마셜 박사는 2001년 국내 유산균 발효유 제품의 TV 광고 모델로 출연하기도 했다 - 옮긴이]

마셜 박사가 헬리코박터균을 자신의 아내 에이드리엔에게 감염시키지 않은 것은 다행이었다. 만일 그녀가 그 실험에 자원했다면 오늘날 전 세계 수백만 명이 여전히 불필요한 고통을 겪고 있을지 모르고, 마셜 또한 노벨상을 받지 못했을 것이다. 만일 그녀가, 혹은 다른 유전학적 여성이 배양액을 대신 들이켰더라면 실험은 실패로 돌아갔을지도 모른다.

아주 오랫동안 우리는 남성의 궤양 발생률이 여성보다 최대 4배나 높다는 것을 알고 있었지만 그 이유는 알지 못했다.[4] 하지만 남성은 바이러스와 세균 같은 병원체를 물리치는 능력이 여성보다 낮기 때문이라는 것을 이제는 확실히 알고 있다.[5] 남성은 여성만큼 강력한 면역반응을 일으킬 능력이 없으며 그 때문에 위염, 소화성 궤양, 위암에 더 잘 걸린다.

최근의 연구에 따르면, 헬리코박터균 감염에 대한 남녀의 반응 차이는 에스트로겐estrogen 같은 호르몬의 영향 때문일 수 있다. 실제로 에스트로겐의 일종인 에스트라디올estradiol을 수컷 생쥐에게 투여한 결과 헬리코박터균으로 인한 위 병변의 중증도가 감소되었다. 인간의 경우 예컨대 (보통 위암으로 알려져 있는) 위선암 세포주에 에스트라디올을 처리하면 생장이 억제되는 것 같다.[6] 따라서 남성의 위암 발병률이 더 높은 것은 헬리코박터균 때문만은 아닐 수도 있다. 유전학적 여성은 남성보다 감염 스트레스에 대한 회복력이 더 강한 것이다.

에스트로겐과 테스토스테론 같은 성호르몬의 분비량은 우리가 물려받은 염색체에 좌우된다. 성호르몬을 만들어 내는 고환과 난소 등 생식샘의 형성은 성염색체에 달려 있다. Y염색체를 물려받았다면 생식샘은 고환이고, 체내에 에스트로겐보다 테스토스테론이 더 많을 것이다. Y염색체가 없다면 혈액 내에 에스트로겐이 더 많을 것이다. 여성이 가진 회복력의 일부는 성호르몬의 결과이고, 나머지는 선택할 수 있는 X염색체가 복수인 데서 비롯된 염색체 다양성, 협력, 그리고 그에 따른 우월성과 관계가 있다.

생의 역경을 극복하는 회복력에 관한 한 여성은 유전학적 선택지를 무기로 생의 크나큰 시련에 맞서 보다 잘 싸울 수 있다. 소화성궤양을 일으키는 헬리코박터균 등의 병원체에 대해서도 쉽사리 무너지지 않는다.

우리 주변에 존재하는 천문학적인 수의 병원체는 손쉬운 먹잇감을 호시탐탐 노리고 있다. 그렇기 때문에 참나무든 프렌치불도그든 인간이든 모든 고차적인 생물체는 나름의 면역학적 방어체계를 갖추고 있다. 피부와 항균성 효소가 중요한 방어막의 기능을 함으로써 병원체의 침입이나 군집화가 억제된다. 하지만 물리적 방어막이 충분치 못하면 어떻게 되는가?

면역계에 신호를 준다. 면역계는 감염증이나 암을 일으킬 수 있는 세포뿐만 아니라 회충을 비롯한 기생충까지 처리하도록 진화했다. 면역계는 심장이나 뇌 같은 개별 기관이 아니다. 필요에 따라 때와 장소를 가리지 않고 활동해야 하기 때문에 이는 좋은 점이다.

수많은 병원체 감염에 대항할 능력에 관한 남녀 간의 총체적인 차이는 놀라운 임상 결과로 이어진다. 위협하는 병원체가 황색포도상구균이든 매독균이든 비브리오패혈증균이든 여성이 항상 더 잘 맞서 싸운다.[7]

강력한 면역계가 없으면 헬리코박터균이나 훨씬 더 치명적인 세균의 감염에 대처할 수 없다. 그리고 여성은 세균뿐만 아니라 바이러스도 더 잘 물리친다.

~

비가 억수처럼 퍼붓고 있었고, 태국 타른남자이Tarn Nam Jai 고아원의 창문 너머로 수위가 높아지는 것이 보였다. 결국 거리 전체가 물에 잠겨 아이들이 고립되었다.

방콕이 동양의 베네치아라 불렸던 것은 이유가 있다. 수로가 전부 매립되기 전에는 수로를 통해 사람과 동물과 물건이 효과적으로 운송되었다. 그러나 우기가 한창이었던 1997년의 그날은 마치 과거가 재현된 것처럼 도시에 물이 넘치기 시작하더니 모든 골목이 침수되었다.

수위가 계속 올라갔기 때문에 방콕의 영광스런 과거를 되돌아볼 수만은 없었다. 여러 아이들을 보살펴야 했고, 그중 일부는 HIV(인간면역결핍바이러스) 양성이었다. 면역계를 파괴하도록 진화된 바이러스에 점령당했다면, 최대한의 의학적 도움을 받아야 한다.

보통 홍수가 발생하면 물 자체도 골칫거리지만 물에 휩쓸려 오는 것들도 문제다. 거리를 따라 떠내려 오는 작은 널빤지 위에서 겁먹은 쥐가 조바심치고 있는 것이 보였다. 강물처럼 불어난 고아원 앞을 흐르는 물에 하수구의 물이 섞여 들어갔다는 신호였다. HIV 양성인 여섯 명의 아이가 평소보다 많은 병원체에 노출되면 심각한 위험에 처하게 된다. HIV는 면역세포를 우선적으로 감염시켜 죽이기 때문에 단순한 피부감염도 HIV 감염자에게는 급속히 치명적일 수 있다.

고무보트를 경쾌하게 저으며 나타난 한 이웃이 물에 잠긴 거리를 오가며 고립된 사람들을 구조하고 있었다. 내가 태국에서 만난 사람들은 이 지역 주민처럼 수완이 좋고 독립심이 강했다. 이러한 성향은 그들이 '사눅sanuk'을 추앙하는 것과 관계가 있다. '사눅'은 대강 '즐거움'이라는 뜻으로, '사눅'이 아니면 할 만한 가치가 없다고 여겨진다. 또한 그것은 거리와 집이 물에 잠기는 최악의 순간이 닥쳤을 때 대처하는 방식이기도 하다. 그 여름에 나는 '사눅'을 체험하며 많은 것을 배웠고, 아픈 아이들을 돌보며 끔찍한 상황을 헤쳐 나가는 데 큰 도움이 된 것을 목격했다.

75년의 역사를 지닌 타른남자이 고아원은 재단장한 지 얼마 되지 않은 목재 건물이었다. 주변에는 풀이 우거진 뜰과 연못이 있었고, 새들이 요란히 지저귀는 소리가 온종일 들려와 바쁜 도시 한복판에 살고 있다는 사실을 잊곤 했다. 그 담벼락 안에 사는 아이들은 태국 인구에 심각한 타격을 입히기 시작한 유행병의 어린 희생자들이었다.

타른남자이의 모든 아이는 HIV 양성인 어머니에게서 태어났다. 1990년대 중반이었던 당시, 여전히 수많은 아이가 자궁 안에서 감염되고 있었다. HIV 양성인 여성이 정상 임신할 경우, 태아로의 HIV 전염률은 약 50퍼센트였고, 그 통계는 고아원의 아이들에게도 반영되어 있었다. (최근 태국 정부는 아시아 국가로는 최초로 HIV의 수직감염을 실질적으로 막는 데 큰 진전을 이루었다.[8])

그 고아원의 진짜 목적은 HIV 양성인 아이들을 위한 호스피스와 HIV 음성인 아이들을 위한 입양센터를 구축하는 것이었다. 당시 HIV 검사는 여전히 항체 기반이었기 때문에 최소 6개월은 기다려야 아이의 감염 여부를 알 수 있었다. 아이가 태어난 후 혈액에서 모친의 항체가 사라지는 데 보통 그만큼 걸리기 때문이다. 항체란 B세포라 불리는 면역계의 특수 세포가 생산하는 단백질이다.

타른남자이에서 나는 어린 남자아이가 여자아이에 비해 얼마나 취약한지 확실히 알게 되었다. 아이를 돌본 적이 있는 사람은 아이가 굉장히 자주 아프다는 것을 익히 알고 있다. 물론 HIV 양성인 아이는 훨씬 더 극심했다.

놀라운 것은 전염병이 휩쓸고 지나갈 때 똑같이 HIV 양성이더라도 남자아이가 더 빨리 그리고 훨씬 더 심각하게 앓는다는 것이었다. 심지어는 HIV 감염 여부와 관계없이 남자아이가 먼저 병에 걸리는 일도 드물지 않았다.

내가 태국에 머물기 시작한 지 얼마 안 되어 누우와 용윳이라는 아이들을 알게 되었다. 둘은 서로 완전히 반대였지만 언제나 함께 어울려 놀았다. 여자아이인 누우는 조용하고 조심성이 있었기 때문에 별명이 '생쥐'였다. 반면 남자아이인 용윳은 항상 큰 소리로 노래를 부르거나 갖은 방법으로 누우에게 장난을 쳤다. 별명은 '힘센 싸움꾼'이었는데, 늘 다른 아이들보다 몸이 약했기 때문에 붙여진 것이었다.

내가 보기에도 용윳은 누우보다 감염에 훨씬 더 취약했다. 둘 다 똑같이 HIV에 감염되었기 때문에 그 차이는 잘 이해가 되지 않았다. 새로운 병원체가 고아원을 훑고 갈 때마다 숙련된 직원은, 마치 15년 후 신생아집중치료실에서 리베카가 그랬던 것처럼, 모두에게 남자아이들을 잘 지켜보라고 주의를 주었다.

그때 나는 왜 남자아이가 훨씬 더 허약한지 궁금했다. 몇 년 후, 나는 왜 누우가 고아원의 다른 남자아이들보다 HIV 감염을 더 잘 다스리는지 알게 되었다.

오늘날 HIV 양성 환자에게 고활성항레트로바이러스요법HAART• 이라 불리는 항바이러스 혼합제를 투여할 때도 임상적 결과가 남녀 간에 다르다는 것이 알려져 있다.[9] 항바이러스제는 HIV를 비롯한 바이러스에 대해 증식을 방해하여 생장과 전신으로의 확산을 늦춘다. HIV는 $CD4^+$ 림프구 같은 면역세포를 우선적으로 감염시켜 죽이기 때문에 체내를 순환하는 바이러스의 수를 줄이면 면역계를 회복시킬 수 있다. $CD4^+$ 림프구 등의 면역세포는 다른 병원체의 기회감염을 차단하는 역할을 하기 때문에 많이 갖고 있는 것이 중요하다.

그런데 고활성항레트로바이러스요법을 시작하고 1년이 지나면 여성에 비해 압도적으로 많은 수의 남성에게 결핵과 폐렴이 발병한다.[10] 왜 그럴까? 남성과 궤양에 관해 잘못 추론되었던 것처럼 HIV 감염에 관한 남녀 간 차이도 행동에서 비롯된다고 생각되었다. 남성은 약물을 성실하게 투여하지 않기 때문에 해당 요법에 대한 반응이 여성만큼 좋지 않다는 것이다. 하지만 이제 우리는 HIV 감염에 대한 신체의 반응에 성염색체가 관여한다는 것을 알고 있다. 예를 들어 HIV 감염 초기에 여성은 남성보다 더 많은 $CD4^+$ 림프구를 갖고 있다. 앞서 언급했듯이 이는 면역력의 중요한 지표

• 고활성항레트로바이러스요법(HAART)은 HIV 감염자의 치료에 쓰이는 약물들을 배합한 것이다. 해당 요법으로 환자가 치유되지는 않지만, 조기에 시작하면 보통 기대수명이 길어진다.

다. 또한 여성은 혈중 HIV의 수치도 더 낮다. 적어도 초기에는 여성의 면역계가 HIV 같은 바이러스 감염에 훨씬 더 강하다는 것을 의미한다.

인체에 병원체가 침입했을 때, 면역반응의 중추가 되는 것은 B세포의 항체 생산 능력이다. 기본적으로 B세포는 면역원(항원)이라 불리는 침입자의 구조에 딱 들어맞는 항체를 생산하는 것이 유일한 목적인 공장이다. 항체와 면역원이 아귀가 단단히 들어맞을수록 효과적이다. B세포가 활성화되어 전투에 참가하면 기억세포를 남겨 다시 동일한 병원체의 공격을 받았을 때 불러들인다.

이러한 원리를 이용한 것이 백신접종이다. 체내에 병원성 면역원을 주입하면 그에 꼭 맞는 항체가 생산되어 그 병원체에 감염되었을 때 생존을 위한 싸움에 한 발 앞서 돌입할 수 있다. 만일 인간이 침입자에 대한 항체를 만들 수 없다면 지구상에 그리 오래 살아남지 못했을 것이다.

B세포는 침입자에 맞는 항체를 생산하는 과정에서 일단 한 번 '졸업하고' 항체를 훨씬 더 단단하게 들어맞도록 개량하는 단계로 넘어간다. 더 잘 들어맞을수록 감염을 극복할 가능성이 높아지기 때문이다. 이러한 항체 단련은 대개 체내의 림프조직에서 이루어진다.

유전학적 여성은 병원성 침입자에 더 잘 들어맞는 항체를 만들어 낸다.[11] B세포는 항체의 성능을 높이기 위해 일련의 돌연변이를 겪는다. 항체 형성에 관여하는 유전자에 돌연변이가 일어나면 더 적합한 항체를 만들 수 있다. B세포가 더 나은 항체를 만들도록 단련되고 있을 때, 돌연변이가 평상시보다 100만 배나 빠른 속도로 일어난다. 이 과정을 체세포 과돌연변이somatic hypermutation라 부른다. 체내의 B세포가 이러한 항체 개량과정을 거치는 것은 남녀 공통이다. 그렇지만 여성은 B세포를 교육시키는 데 더 많은 에너지를 쏟는다. 돌연변이의 횟수를 늘려 최고의 항체를 생산해 내기 때문에 남성보다 더 효과적으로 감염을 물리칠 수 있다. 과돌연변이가 여성에게서 더 잘 일어나는 이유에 관해서는 여러 설이 있지만, 여성이 면역학적으로 돌연변이가 더 쉽게 발생하도록 진화했다는 것만은 분명하다.

이러한 사실은 여성이 항체의 생산과 이용에 훨씬 능한 이유를 설명하는 데 도움이 될 수 있다. 여성의 B세포는 더 의욕적이고 최고의 항체를 찾아낼 능력이 있다는 것이다. X염색체에는 면역기능과 관련된 많은 유전자가 들어 있다. 여성의 면역세포들은 서로 다른 2개의 X염색체를 갖추고 있기 때문에 동일한 면역 관련 유전자도 두 가지 버전이 존재한다.[12] 2개의 X염색체 중 하나만 사용되므로 모든 유형의 면역세포는 각각 2개의 집단을 이루게 된다. B세포를 비롯한 면역세포가 유전학적으로 다양하기 때문에 최상의 항체를 만들기 위한 세포 간 경쟁이 용이하다. 물론 남성의 B세포는 모두 똑같은 X염색체를 사용하는 만큼, 여성의 B세포와 동일한 수준의 경쟁이 불가능하다.

여성이 더 좋은 항체를 만드는 데는 다른 이유도 있다. 많은 여성이 자신의 아기에게 생후 몇 개월 동안 필요한 항체를 제공한다.

아마도 진화적 적응의 산물이겠지만, 자궁에서 태아의 면역계는 모친을 잘못 공격하지 않도록 충분히 활성화되어 있지 않다. 그래서 많은 여성이 모유를 통해 아기에게 항체를 전달하여 면역학적 이점을 누리도록 하는 것이다. 모유로 자란 아기는 이후 유아기 때 하부 호흡기 감염의 위험성이 낮아진다는 연구 결과도 있다.[13]

잘 들어맞는 항체를 얻기 위해 돌연변이를 많이 일으키는 과정 전체가 남성의 경우 심각하게 잘못될 수도 있다. 헬리코박터균은 과돌연변이 과정을 장악하여 위벽의 상피세포에 불필요한 돌연변이를 일으킴으로써 위암을 발병시킬 수 있다.[14] 아직 그 이유는 정확히 모르지만, 이러한 비정상적인 과정은 특히 남성에게 잘 나타난다.

1924년 4월, 오스트리아 빈의 교외에서 한 무명작가가 여동생 오틀라Ottla의 정성스런 간호를 받고 있었다. 그는 깨어 있는 동안 심한 공복감에 시달려 일을 제대로 할 수 없었다. 상황이 더 악화되자 아무리 배가 고파도 음식물을 먹을 방도가 없었다.

프란츠 카프카Franz Kafka의 식도는 마치 밀폐되고 있는 이집트 무덤처럼 세상으로부터, 그리고 아주 가혹하게도 음식물로부터 스스로를 차단하고 있었다. 카프카의 소화기능이 매몰된 것은 보이지 않는 수많은 병원균이 후두 조직을 점령한 결과다. 그러한 두려운 상황은 한때 활기찼던 사람을 몰라볼 정도로 앙상하게 만들고 끝장내기 때문에 '소모시키는 병'[결핵]이라 불린 것도 놀랄 일이 아니다.

결핵은 희생자를 오랜 세월에 걸쳐 천천히 소모시킨다. 그 질병은 동물의 가축화가 시작된 시점부터 수많은 인간의 삶을 무너뜨려 왔다. 감염성 세균인 결핵균은 수만 년 전 오늘날 이집트에서 이라크에 이르는 '비옥한 초승달 지대'에서 감염된 소로부터 인간으로 넘어왔다고 여겨진다. 그러나 결핵은 먼 옛날의 질병이 아니다. 여전히 세계적으로 1,000만 명이나 앓고 있다.

이 교활한 병원균은 격렬한 총력전을 펼치는 대신 인체의 방어체계를 천천히 파괴한다. 만성 감염은 한번 시작되면 인체의 면역학적 방어막을 평생에 걸쳐 소모시킨다. 이는 당뇨병 때문에, 혹은 HIV 같은 다른 병원체와 싸우느라 신체적으로 약해진 사람이 결핵에 훨씬 더 취약하다는 것을 의미한다. 이러한 비대칭적인 유형의 전투는 공격자에게 유리하며, 시간이 지날수록 감염자는 온몸이 쇠약해진다.

결핵 하면 떠오르는 것은 피 섞인 가래로 빨갛게 물든 흰 손수건이다. 17세기부터 19세기까지 전체 사망자의 약 4분의 1이 결핵 때문이었다. 특히 산업혁명으로 인해 무수히 많은 사람이 결핵에 걸려 피를 토했다(이를 '객혈'이라고 한다). 19세기에 결핵이 유행한 데는 여러 요인이 있었다. 주거지에 환기가 되지 않아 쉽게 퍼졌고, 영양 결핍으로 병원체에 대한 면역력이 떨어졌으며, 햇볕을 쐬지

못해 체내에서 비타민 D가 충분히 합성되지 못했다.•

교활한 결핵이 카프카의 몸속에 자리 잡고 있을 때, 그는 친구 막스 브로트Max Brod에게 보낸 편지에 그 전형적인 증상을 묘사했다. "무엇보다 피로감이 커졌네. 안락의자에 기대어 몇 시간이나 몽롱한 상태에 빠져 있지 … 의사는 폐병이 많이 가라앉았다고 하지만 여전히 좋지 않아. 아니, 훨씬 더 나빠졌다고 해야겠군. 이토록 심한 기침과 호흡곤란은 겪어 본 적도 없고, 너무나 약해져 있다네."

결핵이 그의 몸 전체로 퍼지면서 후두에 침입하자 카프카는 음식물을 수백 번씩 씹어야 토하지 않고 삼킬 수 있었다. 그가 마지막 몇 개월 동안 얼마나 고통스러웠을지 상상하기 힘들다.

1924년 6월 3일, 40세였던 카프카는 결국 결핵 합병증으로 운명했다.[15] 그는 막스 브로트에게 미간행 원고를 읽거나 퍼뜨리지 말고 태워 버릴 것을 부탁했다. 하지만 브로트는 듣지 않았다.

브로트는 마치 깨진 도자기의 파편을 찾아 다시 맞추듯이 단편과 미완성 유고를 조합하여 카프카가 바랐으리라 생각되는 작품으로 만들었다. 만일 카프카가 살아 있었더라면 『소송*Der prozess*』을 비롯한 소설이 어떻게 완성되었을지 알 수 없다.

우리가 어느 정도 알고 있는 것은 카프카가 유전학적 남성이었기 때문에 작품을 완성했을 가능성이 낮았다는 것이다. 현대의학이 비약적으로 발전하고 있는데도, 심지어 최근인 2017년에도 130만

• 최근의 연구에 따르면, 비타민 D는 면역계를 지탱하는 데 중요한 역할을 하여 감염과 악성종양의 억제에 도움을 준다.

명이 결핵으로 죽었고, 그중 3분의 2 가까이가 남성이었다.

여성이 면역학적으로 우월하다는 것을 보여 준 또 다른 예는 '뤼베크Lübeck 참사'로 알려진 불행한 사건이다.[16] 1929년, 251명의 신생아가 결핵균에 오염된 BCGBacille de Calmette-Guérin백신을 접종받는 사고가 일어났다. 그 때문에 죽은 신생아 중 상당수가 남자아이였다.

유전학적 여성은 병원균을 죽이는 데 정말 능하다.• 그런 여성이 더 쉽게 감염되는 몇 안 되는 세균이 대장균이다. 이는 면역학적 요인이 아니라 해부학적 요인 때문에 대장균에 의한 요로감염에 더 취약하기 때문일 것이다. 칸디다균 등에 의한 진균감염도 바로 그 때문에 여성에게 더 흔하다. 성별에 따른 내외부 생식기의 해부학적 차이를 고려해 볼 때, 여성이 수없이 들이닥치는 병원균을 막아낼 수 있는 것은 놀라운 일이다.

성별에 관계없이 인류의 생존에 가장 큰 위협이 되는 것은 사실상 감염일 것이다. 항생물질의 발견 이후 70년이 넘는 세월이 흘렀지만, 세균성 병원체는 여전히 주요 사망원인이다. 카프카의 시대에 막대한 수의 인명을 앗아간 결핵균은 이제 새로운 유형이 등장하여 우리의 무기고에 있는 여러 종류의 항생제에 저항하고 있다.

한때 병원균을 죽였던 많은 종류의 항생제가 효력을 잃었기 때문에 다제내성결핵MDR-TB의 치료는 점점 더 곤란해지고 있다.[17] 훨씬 더 위협적인 것은 광범위내성결핵XDR-TB이라 불리는 또 다른

• 여성은 남성보다 면역학적으로 우월하지만 불리한 면도 있다. 이에 관해서는 제5장에서 자세히 살펴볼 것이다.

유형의 결핵균으로 대부분의 항생제가 듣지 않는다.

병원균도 인간과 마찬가지로 전 세계를 돌아다닌다. 광범위내성 결핵은 미국을 포함한 123개국에서 보고되어 있다. 나는 이처럼 점점 커지는 슈퍼버그superbug, 즉 다제내성균의 위협에 대응하기 위해 새로운 항생제의 개발에 힘쓰고 있다.

면역계만으로 병원체의 습격을 충분히 막아 내지 못할 때, 우리는 항생제와 항바이러스제의 도움을 받는다. 이러한 약제는 아무리 뛰어나고 강력할지라도 결국 모든 병원체에 듣지 않게 되므로 일시적인 해결책에 불과하다. 늘 그렇듯 생명은 어떤 난관이든 나름대로 극복해 낸다. 그렇기에 우리에게 내재해 있는 면역방어체계로부터 최대한 배우는 것이 중요하다. 현재 어떤 항생제와 항바이러스제도 감염증을 '치료'하지는 못한다. 병원체와의 전투에서 아주 잠깐 시간을 벌어 주고 도와줄 뿐이다. 종지부를 찍어야 하는 건 바로 우리의 면역계인 것이다.

병원체가 들끓는 지구에서 살아남는 것은 우리 인류가 직면한 최대의 난관 중 하나다.[18] 극심한 세균성 감염증을 이겨 내는 것이든 인플루엔자 A의 최신 변종을 물리치는 것이든 혹은 범위를 넓혀 기근과 유행병으로 인한 트라우마를 극복하는 것이든 여성에게 더 유리하다. 그 이유는 전적으로 XX 염색체와 관련이 있다.

유전학자로서, 항생제 연구자로서 말하건대 여성은 진정으로 면역학적 특권을 누린다. 이는 다행스러운 일이다. 지금도 앞으로도 인류의 생존은 여성에게 달려 있기 때문이다.

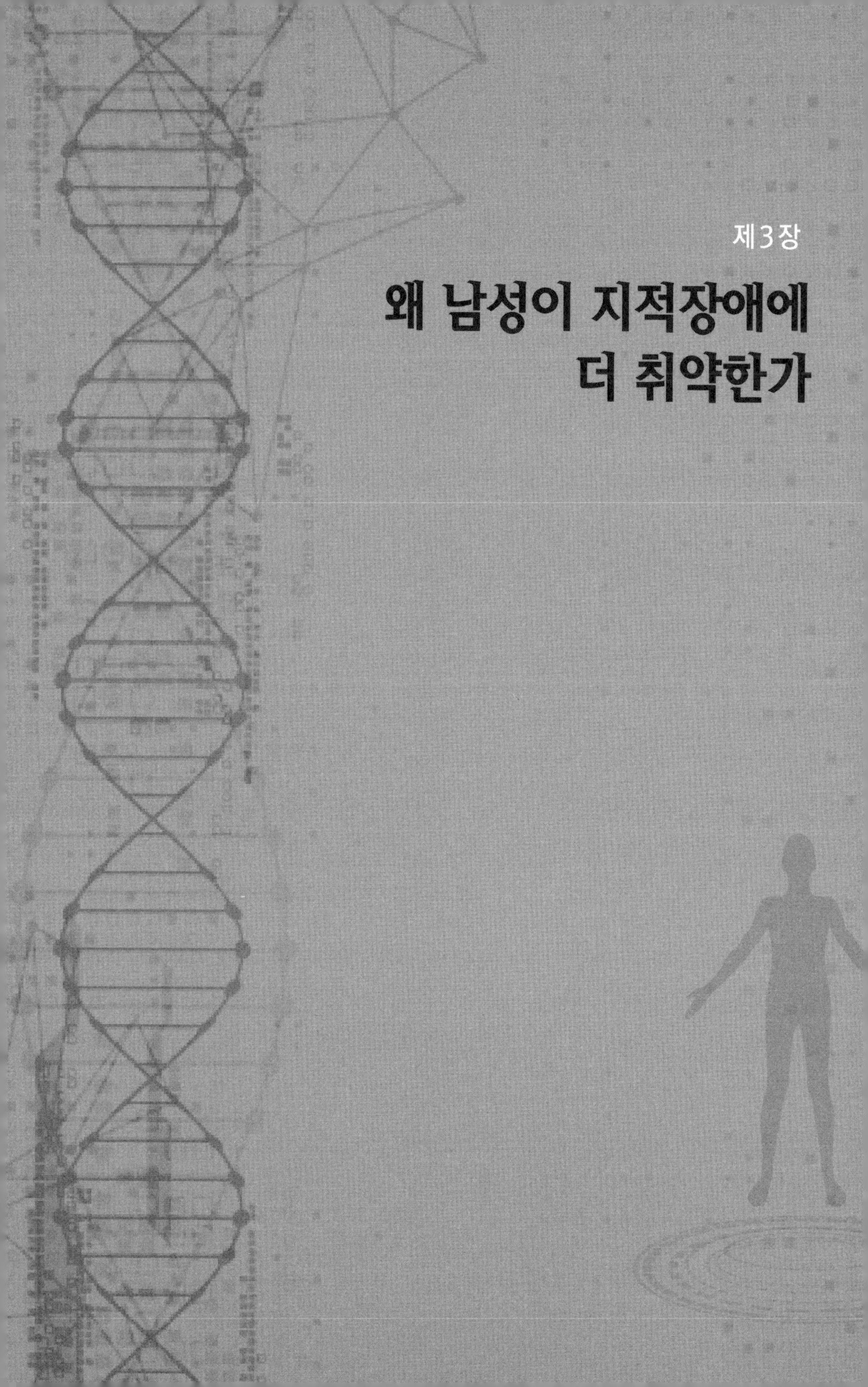

제3장

왜 남성이 지적장애에 더 취약한가

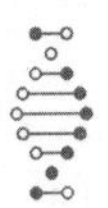

나오미는 커다란 갈색 파일 케이스를 품에 안고 있었다. 그녀의 아들 노아가 소리 없이 바짝 뒤따르고 있었다. 다소 얌전한 인상을 풍기는 10대 소년으로 키가 큰 편이었다. 노아와 비슷한 나이대의 젊은 여성이 대기실에 앉아 있었다. 그녀는 휴대폰을 만지작거리다 말고 노아를 쳐다보았다. 하지만 노아는 그녀에게도 우리 모두에게도 관심을 보이지 않았다. 적어도 그렇게 보였다.

"제가 반복적으로 꾸는 꿈이 있는데요. 이른 아침에 노아와 함께 식탁에 앉아 아침 식사를 합니다." 나오미는 이렇게 말하며 내 맞은편 의자에 앉았다. 이 병원의 진찰실은 다른 곳보다 조금 더 넓었고, 창문도 두 개나 있었다. 노아는 나오미 바로 옆 자리에 앉을 수 있었는데도 굳이 엄마 뒤에 서 있었다.

"노아는 시리얼을 마음껏 먹으며 좋아하는 수업이나 방과 후 활동에 관해 이야기를 들려주죠. 그리고 … 새로 사귄 여자 친구를 다음주 추수감사절 저녁식사에 데려와도 되는지 묻거든요. 그래서 제가 대답하려는 찰나 잠에서 깨어나요 … 재작년 노아가 고등학교에 들어간 이후로 비슷한 꿈을 계속 꾸고 있어요." 나오미는 눈물을 글썽이기 시작했다.

"그 꿈을 꿀 때마다 실제로는 불가능한 일이라는 걸 알기 때문에 무척 힘들어요. 그러니까, 노아는 세 살 때 말을 멈춘 이후 단 한마디도 하지 않았거든요. 약도 듣지 않고 어떤 식이요법도 치료법도 다 소용없었어요. 체념한 지도 한참 되었죠. 그냥 너무 고통스러워서 희망을 갖지도 못해요. 그런데도 매일 밤 자려고 누우면 뭔가 놓친 게 있지 않나 하는 생각이 떠나질 않네요. 노아가 어쩌면 할 말이 있어서 꿈에 나타나는 건 아닌가. 유전자 검사를 다시 해보면 해결책이 있지 않을까."

그날 나오미가 파일 케이스에 챙겨온 것은 노아가 아기일 때부터 모아둔 진료기록 복사본이었다. 거기에는 언어병리학자, 심리학자, 소아과 주치의의 상세한 평가가 담겨 있었다. 노아는 다섯 살 때 전문의에게 자폐스펙트럼장애ASD 진단을 받았는데, 그 때문에 말을 하지 않게 된 것으로 추측된다.

남자아이가 자폐스펙트럼장애의 진단을 받을 확률은 여자아이의 8배나 된다는 것이 오랜 통념이었다.[1] 남자아이가 의료 처치를 더 자주 받기 때문에 더 많은 진단으로 이어진 것이라 생각되었다. 한때는 그것이 사실인 것처럼 보였다. 자폐스펙트럼장애를 가진 여자아이가 진단을 받지 않은 경우가 많았기 때문이다. 우리는 여자아이의 증후가 남자아이와 다르게 나타날 수 있다는 것을 알지 못했다. 이는 진단에 관한 성별 차이를 어느 정도 해명할 수는 있지만, 결코 완벽하게 설명해 내지는 못한다.

미국 질병통제예방센터CDC가 2018년에 발표한 수치에 따르면, 미국에서 자폐스펙트럼장애를 앓는 남성은 여성보다 서너 배는 많다.[2] 남성에게 더 흔한 이유는 여전히 알려져 있지 않고, 성별 차이에 관한 연구도 충분히 이루어지 않았다. 남자아이의 뇌에 X염색체가 하나 부족해서, 혹은 Y염색체가 있어서, 아니면 둘 다이기 때문일 수도 있다.

노아는 아주 어렸을 때 유전자 검사에서 정상 판정을 받았지만, 당시 나오미는 자폐스펙트럼장애에 특화된 유전자 검사가 없다는 것을 이미 알고 있었다. 그녀는 달리 손쓸 방도가 없을지라도 유전자 검사 기술이 발달했으니 단서라도 찾을 가능성이 있지 않겠냐고 말했다.

나는 노아의 파일을 모두 검토하고 나서 포괄적인 다중유전자 패널과 몇 가지 검사 키트를 주문하고 결과를 기다렸다. 이전처럼 모두 정상이었고, 최신 확장판 검사에서도 결과는 마찬가지였다. 당연히 나오미는 실망했다. 우리는 노아의 상태에 관해 아무것도 알아내지 못했다.

나는 몇 해 전부터 진료활동을 하고 있지 않지만, 여전히 노아를, 그리고 비슷한 처지의 수많은 소년을 떠올리며 그들이 뇌의 염색체 때문에 무수한 고난에 시달려야 했다는 것을 통감한다. 남성의 뇌를 이루는 세포는 X염색체의 다양성이 결여되어 있어서 지적장애를 일으키는 데 관여한다고 알려져 있는 감염증에서 염증에 이르는 여러 시련에 더 취약하다.[3] 이러한 사실이 노아의 상태와 직접 관련이 있는지는 불분명하지만, X염색체에 문제가 생긴 남성은 달리 기댈 곳이 없다는 것은 분명하다.

모든 것이 순조로울 때 X염색체의 유전자는 대부분 뇌의 기능을 최적으로 유지시킬 청사진을 갖고 있다. 그렇지만 일이 항상 잘 풀리는 것은 아니다. X염색체에 존재하는 유전자 약 1,000개 가운데 100개 이상이 지적장애의 원인으로 밝혀져 있다.[4] 이것들은 'X 연관 지적장애'라는 용어로 묶여 있다. 아직 다 파악하지 못했을 뿐, 지적장애를 일으킨다고 여겨지는 X염색체의 유전적 변이는 훨씬 더 많다.

X 연관 지적장애의 증상은 유아기 때 나타나며 대개 평균 이하의 지능을 보인다.[5] 상태가 심각하여 독립적으로 살아가는 데 필요한 가장 기본적인 기술조차 익히지 못하는 경우도 있고, 증상이 가벼워 알아차리기 힘든 경우도 있다.

유전학자들은 환자 가족의 유전 패턴을 분석함으로써 언제 X염색체에 문제가 생겨 지적장애가 발생했는지 알아낼 수 있다. 가계도상의 X염색체 연관 유전 패턴은 가족 중 남자아이만이 장애를 가졌을 때 유용하다.•

노아의 파일을 한창 살펴보다가 소아과 주치의가 남긴 기록을

• 드물기는 하지만 X염색체 2개 모두에서 동일한 유전자에 돌연변이가 발생하면 여성에게도 장애가 나타날 수 있다.

발견했다. 거기에는 그때까지 시행한 검사 내용이 요약되어 있었다. 취약X증후군fragile X syndrome도 검사 대상에 있었는데, 그것은 중등증에서 중증에 걸친 지적장애를 초래하는 유전병으로, 여성보다 남성에게 더 자주 더 위중하게 나타난다. 노아는 외삼촌이 취약X증후군이었기 때문에 검사를 받았지만 결과는 음성이었다.

취약X증후군은 말 그대로 X염색체가 취약하여 현미경으로 관찰할 때 쉽게 손상을 입기 때문에 붙여진 이름이다. 환자의 거의 99퍼센트가 *FMR1*fragile-X mental retardation 유전자에 이상이 생겨 제대로 기능하지 못한다.[6]

FMR1 유전자의 복사본으로부터 만들어지는 단백질은 신경세포(뉴런)를 서로 연결하는 데(즉 시냅스의 작용에) 관여함으로써 정상적인 뇌의 발달에 결정적인 역할을 한다. 취약X증후군 환자에게는 *FMR1* 유전자가 합성하는 단백질이 결여되어 있으므로 뇌의 배선 상태가 비정상적이게 된다. 이러한 배선 문제 때문에 인지적 증상이 나타난다고 생각된다.

취약X증후군은 남성에게 더 흔하게 더 심하게 나타난다. 신경세포를 비롯한 모든 세포가 동일한, 그리고 유일한 취약X염색체를 사용하기 때문이다. 따라서 모든 유전학적 여성이 갖고 있는 여분의 X염색체가 뇌를 보호하는 데 결정적인 것이다. 최량의 유전정보를 갖지 못하면 우리가 아는 한 가장 복잡한 생물학적 체계를 구축하고 유지하는 데 문제가 될 수 있다. 지금까지 반복해서 살펴보았듯이 유전학적 복권은 한 장 더 살 수 있어야 늘 유리하다.

X 연관 지적장애가 남자아이에게 더 흔하다는 것은 오랫동안 알려져 있었다. 여성에게는 허용될 만한 돌연변이가 남성에게는 큰 타격이 될 수 있기 때문이다. 이미 언급했듯이 X염색체에 있는 약 1,000개의 유전자 중 상당수가 뇌를 만들고 유지하는 데 관여한다.

X염색체와 연관된 문제와 자폐스펙트럼장애만이 남자아이의 뇌에 불균형적인 영향을 미치는 것은 아니다. 남자아이는 생명이 시작될 때부터 불리한 발생 단계를 거친다. 이러한 성별에 따른 불이익으로 인해 평생 신경학적 합병증을 앓을 수 있다는 것이 1933년에 처음 보고되었고, 지금도 정설로 받아들여진다. 자궁에서 외부 세계로 나가는 과정에서 받는 불이익 때문에 태어난 후에도 발달장애의 위험성이 크게 증가된다는 것을 우리는 알고 있다.[7]

조산과 출생 시에 겪는 곤란 모두가 장래에 지적장애의 위험성을 증대시킨다. 핀란드에서 1987년생 아이 6만 254명의 건강 상태를 7세까지 추적한 연구가 이루어진 적이 있다.[8] 그 인상적인 연구에 따르면, 남자아이는 출생 시에 겪는 곤란의 위험성이 20퍼센트, 조산될 가능성이 11퍼센트 더 높았다. 또한 자라면서 발달지체가 나타날 확률이 2~3배나 높았다. 그리고 그중 1만 4,000명 이상을 살펴보니 취학이 늦어지고 특수교육을 받아야 할 위험성이 남자아이에게 더 높게 나타났다.

2011년에는 미국 질병통제예방센터가 미국 어린이의 발달장애에 관한 12년간의 데이터를 분석한 중요한 결과를 발표했다.[9] 그 연구에 따르면 "남자아이는 모든 발달장애의 가능성이 2배 높았고,

특히 주의력결핍과다행동장애ADHD, 자폐증, 학습장애, 유창성장애 혹은 말더듬, 기타 발달지체의 위험성이 훨씬 높았다."

미국 국립보건통계센터가 최근에 발표한 수치도 이와 마찬가지로 남자아이가 발달장애를 앓는 비율이 여자아이의 2배에 가깝다는 것을 보여 준다.[10] 이러한 성별 차이는 어느 한 지역이나 사회에 국한되지 않는다. 미국처럼 남자아이의 발달장애 발병률이 전반적으로 더 높다는 연구 결과가 전 세계적으로 보고되어 있다.

이러한 장애에 대한 진단이 남성에게 과다하게, 여성에게 과소하게 이루어졌을 가능성을 고려할지라도 증상을 보이는 남성이 여전히 지나치게 많다. 이는 대부분 뇌를 만들고 유지하는 데 수반되는 복잡성과 관련이 있다.

뇌는 단순한 기관이 아니다.[11] 그리고 인체의 다른 부분과 마찬가지로 염색체와 유전자에 들어 있는 설명서에 따라 형성된다. 워낙에 복잡한 구조라서 초기 발생 단계가 끝난 이후에도 계속해서 신경가소성neuroplasticity이라 불리는 리모델링 과정이 이루어진다. 이러한 변화는 죽는 날까지 진행된다. DNA뿐만 아니라 우리가 매순간 경험하는 모든 것이 신경가소성에 영향을 미친다. 그렇기 때문에 나이가 들어서도 새로운 기술을 익힐 수 있는 것이다.

인체에는 뇌처럼 만들기 어려운 구조가 여럿 존재한다. 이제 놀랍지도 않지만, 이러한 구조를 제대로 세우는 데도 남성이 여성에 비해 불완전하다. 발생 단계에서 문제가 나타나면 가볍게 넘어갈 수도 있지만 심각한 선천성 기형이 나타날 수도 있다.

아기가 음식을 먹거나 혀를 내미는 데 곤란을 겪는다면 의학적으로 설소대 단축증이라 불리는 혀의 유착을 앓고 있을 가능성이 있다.[12] 혀 밑면에 붙어 있는 조직인 설소대가 제대로 연결되지 않는 질환으로, 혀가 입에 '유착'되어 정상적으로 움직여지지 않는다. 혀가 유착된 채 태어나는 남자아이의 수는 여자아이의 2배다.

다리가 제대로 형성되지 않는 질환인 내반족 혹은 만곡족은 보통 물리치료의 대상이지만 극단적인 경우에는 수술이 필요하다.[13] 가장 흔한 선천적 결함 중 하나다. 다른 많은 선천성 기형과 마찬가지로 남성에게 2배나 많이 나타나지만 그 이유는 모른다.

생존에서 발생에 이르기까지, 생명활동에서 생물학적으로 까다로운 거의 모든 것을 여성이 더 잘 해낸다. 발생과정에서 문제가 더 적은 성별이 110세를 맞이하는, 거의 불가능에 가까운 위업도 압도적으로 달성한다. 세상 어디를 둘러봐도, 국가와 문화에 관계없이 똑같다. 남성의 뇌는 불리한 조건을 타고났다.

여성은 X 연관 지적장애 등의 발병률이 낮을 뿐만 아니라 2개의 X염색체를 보유하는 데서 비롯된 특유의 우월한 능력도 지니고 있다. 몇몇 능력은 우리의 기대를 뛰어넘는다.

지금도 생생히 기억하는데 그러한 능력을 목격한 적이 있다. 내 아내 에마와 함께 우리의 첫 번째 아파트를 보수하던 어느 날, 그녀는 신이 나서 팬톤Pantone의 그린 계열 페인트 팔레트를 내게 보여주었다. 에마는 샘플 몇 개를 골라 내 앞 탁자 위에 놓았다. 패럿 그린(팬톤 340), 크로커다일 그린(팬톤 341), 그리고 리프 그린(팬톤 7725)이었다. 내게는 다 거의 똑같아 보였다. 하지만 그녀는 리프 그린이 서재에 이상적인 색상이라는 확고한 견해를 보였다. 아내가 무슨 이야기를 하는지 알 수 없었다. 우리는 정말 색조를 구별해서 세상을 볼 수 있는가?

나는 색맹은 아니지만 XY 남성이다. 자, 모든 여성이 남성보다 색각이 뛰어난 것은 아니다. 다만 색각이 결핍될 가능성이 낮고 더 다양한 색상을 볼 가능성이 현저히 높은 것이다. 남성은 유전적 조건이 아무리 뛰어나도 정상 색각을 갖는 것이 고작이다.[14]

여성의 망막세포는 2개의 X염색체 중 하나만을 이용해서 색각의 수용체를 만든다. 여성의 색각을 책임지는 세포 중에는 모친 유래의 X를 사용하는 것과 부친 유래의 X를 사용하는 것이 있다는 뜻이다. 2개의 X염색체를 통해 동일한 유전자의 두 가지 버전을 이용할 수 있기 때문에 여성에게는 색맹이 드물다.[15]

여성이 물려받은 2개의 X염색체상 색각 수용체가 서로 충분히 다르면 시각적 초능력을 발휘할 수 있다. 뛰어난 색각으로 세상을 보는 여성이 얼마나 되는지 아직 정확히 알지는 못하지만, 전체 여성의 5~15퍼센트 정도 혹은 그 이상으로 추산된다. 이러한 강력한 능력을 4색형 색각이라 부르며, 100만 가지 색상을 보는 보통 사람과 달리, 이것을 갖춘 유전학적 여성은 1억 가지 색상을 볼 수 있다.[16] 정상적인 XY 남성은 4색형 색각을 가진 적도 없고 영원히 가질 수 없다.

보통 이런 식으로 생각하지는 않지만, 실제 우리의 눈은 자궁 속에서 얼굴이 만들어는 과정에서 형성되는 뇌의 곁가지다. 눈은 주변 세계에 대한 시각을 창조하는 데 필요한 정보를 뇌에 제공한다. 놀랍게도 우리의 눈은 4억 3,000만 년 전에 대양에서 헤엄치던 초기 유악어류(턱이 있는 어류 – 옮긴이)의 눈과 구조적으로 크게 다르지 않다.[17] 생명체마다 자신의 환경에서 지각하는 것은 서로 다르며, 가장 큰 차이를 보이는 것 중 하나가 색깔이다. 빛이 우리의 눈으로 들어와 망막에 부딪히는데, 그 전에 각막이 자외선 대부분을 걸러 낸다. 망막은 바깥세상이 반대로 투영되는 스크린이고, 뇌는 투영된 상을 해석한다. 가시광선을 등록하는 세포는 간상세포와 원추세포다.

간상세포는 빛의 입자를 흡수하고 그것에 반응한다. 우리 눈 속의 간상세포(한쪽 눈에 1억 2,000개 존재한다)는 빛을 등록한다. 그리고 각 간상세포 안에는 1억 5,000만 개의 로돕신rhodopsin 분자가 1,000개의 원반에 채워져 있다.

망막에 있는 또 다른 600만 개의 세포는 뇌가 세상을 선명한 색깔로 칠하도록 돕는다. 대부분의 사람들은 세 가지 유형의 원추세포를 갖고 있다. 각 유형은 *OPN1SW*, *OPN1MW*, *OPN1LW*라는 3개의 색각 유전자 중 하나로부터 만들어지는 수용체를 이용하여 특정 빛의 파장에 반응하고 그것을 뇌로 전달한다.[18]

이 유전자 중 하나가 제대로 작동하지 않으면 뇌가 색상의 차이를 파악하는 데 애를 먹는다. 망막이 색상을 식별하기 위해 사용하는 3개의 유전자 중 하나, 예컨대 *OPN1MW*가 정상적으로 기능하지 않으면, 식별 가능한 색상이 약 100만 개에서 겨우 1만 개로 크게 감소할 수 있다.

X염색체와 연관된 적록색맹이 바로 그런 경우다. 그리고 색맹과 관련된 3개의 유전자 중 2개가 X염색체에 있기 때문에 제대로 된 유전자를 물려받지 못한 남성은 훨씬 밋밋한 색채로 이루어진 세상을 '볼' 것이다.

만일 꼬리감는원숭이(카푸친원숭이)에게서 무언가 배울 수 있다면, 색맹에도 작지만 의미 있는 장점이 있을지도 모른다. 과학자들은 색맹인 수컷 원숭이가 보호색이나 주위와 비슷한 형태로 위장하는 곤충을 훨씬 더 잘 찾아낸다는 것을 발견했다.[19] 이는 먹이를 구할 때 매우 유용하다. 그리고 색맹인 남성이 위장 속임수를 간파하는 데 정말 뛰어나다는 일화적인 관찰과 잘 들어맞는다. 1940년에 보도된 『타임』 기사에 따르면, 군사훈련에서 어떤 육군항공대 정찰자가 고투하는 다른 동료들과 달리 위장된 대포 전부를 상공에서 찾아낼 수 있었다고 한다.[20] 어떻게 가능했을까? 분명 색맹이었을 것이다. 이러한 장애가 어떤 특수한 상황에서는 도움이 될 수 있지만, 생존의 관점에서는 더욱 많은 색조를 보는 것이 훨씬 유리하다. 오로지 여성만이 그렇게 할 수 있다.

이와 관련하여 콘세타 앤티코Concetta Antico는 여성의 유전학적 우월성을 보여 주는 좋은 예다.[21] 앤티코는 평범한 시각 예술가가 아니다. 그녀는 세상을 무수한 색조로 바라보는 범상치 않은 재능의 소유자다. 앤티코가 볼 수 있는 색조는 보통 사람보다 약 9,900만 개 더 많다. 그녀는 4색형 색각을 갖추고 있다.

우리들 대부분은 3색형 시각을 갖고 있다. 여기서 '3'은 색각을 구성시키는 3개의 유전자(이 중 2개는 X염색체에 있다)를 이용해서 세계를 본다는 뜻이다. 앤티코의 경우처럼 4색형 색각은 X염색체 상의 색각 관련 유전자 2개에 관해 각 염색체마다 나타나는 서로 다른 버전 2개씩이 모두 사용된다.

4색형 색각은 남성과 달리 모든 유전학적 여성이 갖추고 있는 협력의 힘을 잘 보여 준다. 모든 여성이 4색형 색각을 갖지는 않지만, 전체적으로 일반 남성보다 뛰어난 색각을 보유할 가능성은 충분하다.

시각은 너무 복잡해서 여러 유형의 세포가 서로 협력해야 성립할 수 있다. 여성에게 여분의 X염색체가 있어서 남성에게 기대할 수 있는 것보다 더 많은 색상을 볼 수 있다는 사실이 전부가 아니다. 여성의 망막에서 이루어지는 세포의 협력 또한 남성이 할 수 없는 일을 하고 남성이 볼 수 없는 것을 보도록 만들어 준다.

유전학적 협력은 다른 방식으로도 시각의 세계에 반영된다. 농부가 출현하여 작물이 시장에 나오기 이전에 인간은 매일 신선한 과일과 채소를 얻기 위해 엄청난 노력을 쏟아야만 했다. 왜 반려동물은 인간처럼 신선한 작물을 필요로 하지 않는지 생각해 본 적 있는가?[22] 스스로 L-아스코르브산L-ascorbic acid, 즉 비타민 C를 필요에 따라 생산할 수 있기 때문이다. 질 낮은 재료로 만들어진 음식으로 생존할 수 있는 부분적인 이유이기도 하다.

이것이 가능한 것은 고양이와 개뿐만이 아니다(참고로 고양이와 개는 색맹이다). 우리의 영장류 사촌(그리고 이유는 알 수 없지만 박쥐, 기니피그, 카피바라)을 제외한 지구상의 모든 포유류가 섭취한 음식에서 얻은 포도당을 비타민 C로 변환할 수 있다.[23] 그렇다면 우리 같은 영장류는 어떻게 해야 하는가? 한때 비타민 C를 합성했던 고장 난 가짜유전자• *GULOP*에 의존한다면 문제는 해결되지 않을 것이다. 우리 모두 망가진 유전자를 물려받기 때문이다. 치아를 유지하고 우울증, 염증, 피로 등의 증상을 모면하고 싶다면, 인간인 우리는 신선한 과일을 찾아야 한다.

시각계는 과일을 찾아내고 또 직접 맛보지 않고도 얼마나 익었는지 멀리서 짐작할 수 있게 해주기 때문에 비타민 C의 합성 능력을 결여한 인간의 생존에 필수적이다.

그러나 식물은 우리에게 공짜 음식을 내줄 생각이 없다. 식물은 쉬이 움직일 수 없으므로 인간을 포함한 동물로 하여금 익은 과일을 먹는 대신 식물 자신을 위해 씨앗을 '보관'하고 심도록 진화적 거래를 제시했다. 식물이 과일을 생산하는 데 비용이 많이 드니까

• 가짜유전자는 계통적으로 가까운 생명체에서 작동하는 유전자와 유사하지만 기능을 상실한 채로 유전체 내에 남아 있는 일련의 DNA를 뜻한다. 위(僞)유전자라고도 한다.

그 대가로 자손을 위해 길고 안전한 여행의 승차권을 얻는 것이다.

적당량의 비타민 C를 포함해서 식물성 영양소를 충분히 섭취하려면 익은 과일을 찾아야 한다. 흔히 식물은 이를 색깔 변화를 통해서 알린다. 만일 씨앗이 준비되지 않았는데 우리가 과일을 먹어 버리면 식물 입장에서는 과일을 만드는 데 들어간 모든 에너지가 낭비된다. 그래서 과일은 보통 주변의 잎과 구별이 잘 안 되는 녹색에서 눈에 잘 띄는 빨간색, 노란색, 주황색, 또는 검정색으로 바뀌어 간다. 그래야 우리가 잘 알아보고 찾아 먹을 것이기 때문이다.

동물행동학의 연구에 따르면, 우리의 영장류 친척인 야생 꼬리감는원숭이의 3색형은 색맹형보다 훨씬 빨리 과일을 찾아내고 먹는다.[24] 또한 포획된 히말라야원숭이도 3색형 암컷이 색맹인 동료보다 과일을 더 빨리 찾아낸다.[25]

색맹이라면 과일이 익었는지, 먹어도 안전한지 식별하기 힘들 것이다. 동물이 실수할 것을 대비해서 식물은 영리하고 다소 유독한 방법으로 무엇이 익은 것인지 가르쳐 준다. 바로 맛이다. 익지 않은 바나나를 덥석 물어본 적이 있다면 무슨 말인지 잘 알 것이다.

~

우리는 보통 일본과 사과를 관련지어 생각하지 않는다. 인간의 뇌가 형성되고 유지되는 과정을 사과와 결부시키지도 않는다. 나는 여러 해 동안 신경유전학과 식물학 분야의 연구를 심화시키면서 신경학적 발생과 일본의 사과나무 가지치기가 유사하다는 생각을 하게 되었다. 실제 거시적 수준과 미시적 수준에서 동일한 과정이 일어나는 예는 많이 있다. 나는 일본의 노동집약적 사과 재배와 인간의 뇌가 그렇다고 본다.

어느 활기찬 10월 중순, 나는 사과 수확이 한창인 아오모리青森현을 방문했다. 혼슈 최북단에 위치한 아오모리는 세계적으로 유명한 사과 산지다. 그곳에서는 매년 100만 톤에 가까운 사과가 생산되는데, 일본 밖으로는 거의 반출되지 않는다.

빽빽하게 우거진 거대한 나무 아래서 안간힘을 쓰며 간신히 사과 하나를 땄다. 특정 품종의 사과에 숨겨진 유전학적 비밀을 밝히려는 연구 프로젝트를 진행하고 있었는데, 그에 필요한 조직 샘플을 수집할 목적으로 일본에 간 것이었다. 그 프로젝트의 또 다른 목표는 가지치기가 어떤 효과를 나타내고 사과나무 유전자의 작동 방식을 어떻게 바꾸는지 살펴보는 것이었다. 지구상 가장 맛있는 사과가 최고조로 무르익어 수확하기에 완벽한 시기였다. 그리고 연구 대상이지만 한입 베어 물지 않을 수 없었다.

이 빨갛고 과즙이 풍부한 세카이이치世界一[세계 최고라는 뜻 - 옮긴이] 품종은 내가 본 사과 중 단연 가장 컸다. 크기는 보통 무게에 걸맞으며, 그날의 사과도 예외는 아니었다. 수집한 사과 중에는 900그램을 넘는 것도 있었다(참고로 미국 전역의 학교 급식에 제공되는 레드딜리셔스Red Delicious 품종은 개당 150그램에 불과하다). 이 사과가 큰 것은 유전적인 이유 때문만은 아니다. 인간의 엄청난 노력이 세카

이이치 사과 하나하나를 큼직하게 만드는 것이다.

그날 무성한 사과나무 아래서 함께 작업한 사람은 2대째 사과 농사를 짓고 있는 야마자키 나오키 씨였다. 그는 작업복으로 멜빵 청바지와 데님 셔츠를 입고 있었다. 그의 가족은 오랫동안 그 땅에서 일하며 나무를 돌봐 왔다.

야마자키 씨는 사과를 매주 몇 킬로그램씩 먹으며 자라서 자신이 말 그대로 사과로 이루어져 있다고 말했다. 그에게 농장에서 가장 마음에 드는 게 무엇이냐고 묻자 두 팔을 양쪽으로 쭉 뻗으며 대답했다. "제 아이들이죠." 나무에 매달려 있는 큼지막한 빨간 사과들을 가리키는 말이었다. 그럼 농부로서 가장 힘든 일은 무엇이냐고 묻자 "아이들을 보내는 것"이라고 대답했다.

나는 치료제로 쓸 만한 새로운 생물학적 화합물을 식물과 동물로부터 찾아내는 연구를 하는 동안 여행을 다니며 많은 농부들과 함께 일했다. 그들 모두를 하나로 묶는 속성은 작물에 대한 애정이다. 생산하거나 기르는 것이 무엇이든 상관없는 것 같다. 중국 푸젠福建성에서 자생하는 오래된 나무를 돌보는 우롱차 농부든, 핀란드 서쪽 앞바다 올란드Åland 제도의 달팽이 농부든 그러한 마음은 한결같다.

내가 아오모리에서 알게 된 일본의 사과나무 가지치기는 가장 노동집약적인 영농법인데, 생사가 순환하는 과정에 굉장한 시간을 쏟아부어야 한다. 야마자키 씨는 일본에서는 사과나무 가지치기를 1,000그루는 해야 진짜 사과 농부로 인정받는다고 말했다. 가지치기를 몇 그루나 해봤냐고 물으니 대수롭지 않게 "그리 많지는 않다"는 대답이 돌아왔다.

나는 사과를 매우 좋아하기 때문에 열매를 솎아내는 일본식 농법은 특히 지켜보기 힘들었다. 성숙되지 않은 사과를 수없이 따서 폐기하는 것은 낭비라는 인상을 받았다. 하지만 낭비처럼 보이는 이것이, 믿기 힘들겠지만 뇌의 신경학적 과정에 관한 내 자신의 생각을 바꾸었다. 이제 나는 가지치기가 아주 크고 맛있는 사과를 기르는 데 결정적인 요소이며, 마찬가지로 인간의 뇌를 건강하게 배양하는 데도 필요하다고 이해하고 있다.

사과 농부는 일 년 내내 가지치기를 하면서 나뭇가지, 꽃, 그리고 미숙한 사과 중에서 기형이거나 흠이 생긴 것을 제거하여 폐기한다. 모두 수작업으로 이루어진다. 야마자키 씨와 동료 일꾼들은 과수원을 일사불란하게 가로지르며 수백 개의 어린 사과를 골라서 폐기한다.

이 작업을 거치면 각각의 나무는 남은 열매를 성장시키는 데 모든 역량을 집중하게 된다. 야마자키 씨는 이 덕분에 남은 사과가 훨씬 크고 풍미가 뛰어난 과실로 자란다고 말했다. 모든 사과를 자라는 내내 손으로 살살 돌려 빨간 줄무늬가 균일하게 생기도록 한다. 가지치기를 하면 사과의 전체 수확량이 크게 줄어들지만, 그는 말한다. "그만한 가치가 있어요. 적은 게 더 많을 때도 있죠. 안 그래요?"

야마자키 씨는 통상적인 가지치기에 그치지 않는다. 일조량이 과도한 계절에는 햇빛을 너무 많이 받지 않도록 사과 하나하나에 작은 '햇빛 가리개'를 씌우기까지 한다. 그렇게 재배된 사과가 개당 20달러에 팔리는 것도 놀라운 일은 아니다.

일본에서 우거진 사과나무 아래에 앉아 나뭇가지를 올려다보며 자연과 인간의 개발 사이에서 흔히 발견되는 유사한 과정을 떠올리게 되었다. 자연에서 적절한 가지치기로 혜택을 입을 수 있는 것은 사과뿐만이 아니다. 뇌를 포함한 중추신경계가 정상적으로 발달하기 위해서도 비슷한 과정이 일어나야 한다. 신경세포는 다른 신경세포의 생존과 번성을 위해 죽어야 할 때가 있다.

신경계의 세포들 가운데 왜 어떤 것은 살고 어떤 것은 죽는지, 그리고 어떤 방식으로 생사가 결정되는지 오랫동안 수수께끼로 남아 있었다. 그러던 어느 날 대담하고 단호한 한 여성이 그 전체 과정을 밝혀내겠다고 마음먹었다.

리타 레비몬탈치니Rita Levi-Montalcini 박사는 실업자였다.[26] 1940년 6월, 이탈리아가 추축국에 가담하여 막 전쟁[제2차세계대전]에 돌입했을 때였다. 그녀의 주변 세상은 누가 봐도 박해의 불길이 타오르고 광기에 빠져 있었다. 레비몬탈치니는 이탈리아를 탈출하지 않고 가족과 함께 있는 것을 택했다. 유대인 여성이기 때문에 미래는 훨씬 더 암울할 것이라 여겨졌다. 1938년 11월 17일에 유대인의 활동을 금지시키는 소위 '인종법'이 통과되었기 때문에 계속해서 신경과학 연구를 이끌어 가거나 의사로 일할 수 있는 가능성은 없어 보였다. 의과대학 시절의 한 친구는 유대인을 억누르는 수많은 법률로부터 그녀를 보호할 수 있지 않을까 싶어 결혼을 제안하기까지 했다. 그녀는 정중하게 거절했다. 그 와중에 레비몬탈치니 박사는 자신의 연구 주제였던 신경세포의 삶과 죽음, 그리고 자신의 위태로운 운명에 관해 생각하는 데 모든 시간을 쓰고 있다는 것을 문득 깨달았다.

그녀는 바쁘게 지내려고 토리노에서 은밀하게 의사로 일하기 시작했다. 토리노는 이탈리아 북부에 위치한 도시로, 당시 가족과 함께 살던 곳이었다. 하지만 위험부담이 너무나 컸기 때문에 결국 의사 일을 완전히 그만둘 수밖에 없었다. 그녀를 괴롭힌 건 전쟁 자체만은 아니었다. 과학적 의문점을 계속해서 추구할 수 없다는 사실이 목표 의식을 위축시켰다. 그런데 그 이후에 한 일이 레비몬탈치니의 삶과 업적을 대표하게 된다. 그녀는 앞에 어떤 장애물이 놓여도 늘 자신의 방식대로 나아갔다.

레비몬탈치니가 처음부터 의사나 과학자가 되려고 했던 것은 아니다. 그렇다고 동시대의 수많은 여성들처럼 오로지 가정을 꾸리는 데 헌신할 생각도 없었다. 과학 분야에서 여성의 능력은 남성보다 못하다는 것이 당시의 확고한 정설이었다. 쌍둥이 자매 파올라Paola처럼 예술가가 되어야 할 운명인지도 고민했다. 그러나 레비몬탈치니에게는 과학적 호기심이 있었다. 그것은 강력한 창조적 엔진에 연료를 공급하여 그녀를 전진시켰다.

나중에 그녀가 밝히듯이 심적 고통이 인생의 주된 목적을 탄생시켰다. 그녀를 길러 준 여성 조반나 브루타타Giovanna Bruttata는 원래 계모였다. 조반나가 말기 위암 판정을 받았을 때, 레비몬탈치니는 비탄에 빠졌다. 의사가 되리라는 중대한 결정을 내린 것은 바로 그때였다. 적잖은 장애물이 그녀 앞을 가로막고 있었다. 고등학교를 나온 지 이미 3년이 지나 있었는데, 당시 이탈리아의 여성이라면 으레 남자를 찾아 결혼하고 아이를 낳아야 할 나이였다. 게다가 의과대학에 입학하려면 수학, 기초과학, 고대그리스어와 라틴어 같은 고전어의 고득점이 필수적이었지만 그녀가 받은 교육으로는 어림도 없었다.

레비몬탈치니는 다가오는 입학시험을 준비했다. 남성이 장악하고 있던 영역에 입성할 생각이었다. 새벽 4시에 하루를 시작하는 날이 많았고, 까다롭고 새로운 자료에 기울이는 굉장한 집중력에 감명한 같은 지역의 교수에게 정기적인 개인교습을 받았다. 공부에 열중하는 나날이 8개월간 이어졌다. 하지만 레비몬탈치니는 내용을 순전히 암기하는 데 결코 만족하지 않았으며, 훗날 제기하는 과학적 물음의 씨앗이 학생 시절에 이미 싹트고 있었다. 마침내 입학시험의 날이 밝았다.

리타 레비몬탈치니는 그날 시험을 본 수험생 가운데 가장 높은 점수를 얻었다.

그러한 수준의 끈기를 가진 사람이, 조국 이탈리아의 독재자가 집단 학살을 자행하려는 나치 국가와 손잡은 일이나 세계대전 발발 같은 '사소한 것'에 방해받지 않으며 과학연구를 계속할 수 있는 이유를 알 것도 같다.

레비몬탈치니는 아리스토텔레스의 발생학적 탐구와 계란의 연구를 상기하면서 자신의 연구를 끈덕지게 추구했다. 그녀의 계획은 닭의 수정란을 모델로 삼아 인간 중추신경계가 형성되는 과정을 발생학적으로 연구하는 것이었다. 그래서 닭의 수정란을 현미경 아래서 해부하여 시간에 따른 발생과정을 살펴보려고 했다.

나도 과거에 병든 꿀벌의 호흡기계를 해부하는 등 그와 비슷한 실험연구를 한 적이 있다. 해부 현미경 앞에 오랜 시간 구부정하게 앉아 꿀벌의 호흡기에 기생하는 아주 작은 진드기(기문응애*Acarapis woodi*)를 찾아내어 그 수를 세어야 했다. 이 진드기가 기관氣管에 들어가면 꿀벌의 삶은 상당히 불편해진다.[27] 작은 머릿니 한 움큼이 코 안으로 들어가서 기도를 따라 폐로 기어들어 간다고 상상해 보라. 그러면 분명 이 상황의 그림이 그려질 것이다.

꿀벌은 활동량이 상당하여 많은 산소를 필요로 하며, 기문氣門이라 불리는 몸통 측면의 숨구멍을 통해 바깥 공기를 빨아들임으로써 '숨'을 쉰다. 공기는 (여러 크기의 용수철 장난감Slinky을 모아놓은 것 같은) 관상기관을 통해 가장 필요로 하는 조직과 근육으로 들어간다.

용수철처럼 생긴 그 기관을 아주 작은 집게로 풀어헤친 후 떨어져 나오는 진드기의 수를 세는 것이 나의 연구 방법이었다. 연구는 힘들고 더디게 진행되었다. 날마다 부자연스러운 자세로 몇 시간씩 꼼짝 않고 있으려니 신체적인 부담이 클 뿐 아니라 심신 양면으로 굉장한 인내심이 필요했다. 내 연구 프로젝트는 겨우 몇 개월 만에 끝났다. 하지만 레비몬탈치니의 연구는 평생 동안 지속되었다.

또한 내가 연구를 수행한 곳은 새로 지어 아주 깨끗하고 현대적인 최첨단 실험실로 인체공학적 장비가 완비되어 있었다.

반면 레비몬탈치니가 연구에 몰두한 곳은 전쟁 중에 스스로 만든 초라한 실험실이었다. '로빈슨 크루소'라고 이름 붙인 그 개인 실험실은 가족과 함께 거주하는 아파트의 작은 침실 한구석에 친구들의 도움을 받아 설치되었다.

현미경 아래서 조직을 자르는 데 쓴 정밀 가위는 안과의사에게서, 정밀 핀셋은 시계 기술자에게서 얻었다. 메스의 칼날은 훨씬 구하기 어려울 테니 직접 만들어야 했다. 레비몬탈치니는 이러한 도구와 현미경을 이용하여 해부를 하고 염색 슬라이드를 제작했으며, 관찰한 것을 기록했다. 또한 간이 인큐베이터를 조립하여 계란을 따뜻하게 보관하면서 발생과정을 지켜보았다. 닭의 수정란을 찾는 것도 항상 쉬운 일은 아니었다.

인간을 비롯한 척추동물에서는 신경이 척수를 빠져나와 팔다리로 분포한다. 그래서 우리의 뇌는 온도와 진동 같은 모든 종류의 감각 피드백을 통해 팔다리의 움직임에 관한 정보를 제공받는다. 또한 우리는 근육에 분포한 신경을 통해 팔다리를 움직인다. 내가 지금 손과 손가락의 근육을 써서 이 글을 타이핑하고 있는 것처럼.

이러한 신경세포가 발생과정에서 근육이나 피부에 제대로 배선되지 않으면, 또는 태어난 후에 사고로 단절된다면, 몸의 감각을 잃고 마음대로 움직일 수 없을 것이다. 레비몬탈치니가 해부를 통해 발견한 것은 신경세포가 사지로 뻗어 갈 때 그 생존을 유지시키는 화학물질, 화학적 비밀 열쇠가 틀림없이 존재해야 한다는 것이다.

오늘날 우리는 그 신비한 미지의 단백질을 신경성장인자nerve growth factor(NGF)라 부른다.[28]

이제 우리는 다른 여러 유형의 단백질이 신경세포의 조절, 발생, 기능, 생존에 관여한다는 것을 알고 있다. 이러한 단백질을 통틀어 뉴로트로핀neurotrophin[=신경성장인자]이라 칭한다. 지금까지 발견된 중요한 뉴로트로핀으로는 뇌유래신경성장인자BDNF, 뉴로트로핀-3NT-3, 뉴로트로핀-4/5NT-4/5 등이 있다.[29] 또한 많은 뉴로트로핀이 알츠하이머병에서 자폐스펙트럼장애, 그리고 주의력결핍과다행동장애에 이르는 무수한 신경학적 질환과 관련이 있다고 생각된다. 최근에 실험동물을 대상으로 뉴로트로핀의 기능을 조사하는 연구가 많이 이루어지고 있는데, 그에 따르면 성별에 따라 차이가 나타난다. 뇌유래신경성장인자를 비롯한 뉴로트로핀의 생물학적 역할은 결코 작지 않기 때문에 그 의의가 크다. 뉴로트로핀은 (레비몬탈치니가 발견한) 신경세포의 생존에서 (곧 살펴볼) 수상돌기의 분기와 시냅스synapse 형성에 이르기까지 뇌의 작용에 관한 모든 측면에 상당한 영향을 미친다. 또 염증과정과도 상호작용하고, 염증에 의해 작동되기도 한다.

우리 몸에 존재하는 뉴로트로핀의 양은 생활방식에 따라 달라질 수 있다.[30] 적당히 또는 집중적으로 운동을 할 때마다 뇌유래신경성장인자 등의 뉴로트로핀이 증가하여 뇌의 기능을 최적으로 유지시키려고 한다. 우리는 수많은 뉴로트로핀이 어떻게 작용하는지 이제 막 이해하기 시작했으며, 우리가 알고 있는 지식은 레비몬탈치니의 선구적인 업적에 힘입은 바 크다.

전쟁이 끝난 후 레비몬탈치니는 생화학자 스탠리 코언Stanley Cohen과 공동연구를 시작했다. 그는 레비몬탈치니가 최초로 발견한 신비한 물질인 신경성장인자의 구조를 밝혀냈다. 그는 애견 '스모그' — 레비몬탈치니에 따르면 "내가 아는 한 가장 사랑스럽고 가장 잡종인 개"[31] — 를 데리고서 그녀의 실험실을 자주 방문했다. [Smog라는 이름을 the sweetest and most mongrel dog의 약자로도 해석할 수 있다 - 옮긴이] 코언은 신경계에 관해 잘 몰랐고 레비몬탈치니는 생화학에 그리 친숙하지 않았지만 서로에게 배웠기 때문에 그들의 공동작업은 큰 결실을 맺을 수 있었다.

그로부터 40년이 더 지난 1986년, 리타 레비몬탈치니는 세계대전이 한창일 때 시작한 연구로 스탠리 코언과 함께 노벨 생리의학상을 수상했다.[32] 이러한 과학의 비약적 발전 덕분에 더 많은 과학자들이 신경세포의 탄생과 죽음을 파악하고 성별에 따른 가장 기본적인 차이를 인식하기 시작했다.

우리는 모두 수백억 개의 신경세포와 그것들을 연결하는 훨씬 더 많은 수의 시냅스를 가지고 태어난다. 야마자키 씨의 목표가 가지치기를 통해 더 좋은 사과를 생산하는 것이듯이, 인간의 뇌가 정상적으로 발달하려면 수많은 세포와 시냅스에 대해 매우 신중한 가지치기가 이루어져야 한다. 결국 이 때문에 성인이 되면 뇌 속의 신경세포가 아기 때보다 더 적어진다.

인간의 뇌는 거대하며 그 운용에 대사적으로 많은 비용이 든다.[33] 단지 기능을 유지하는 데만 우리가 날마다 태우는 전체 칼로리의 20퍼센트 정도를 탐욕스럽게 소모한다. 인류 진화의 역사상 대부분의 시기에 규칙적인 식사가 보장되지 않았기 때문에 식량이 모자랄 때조차 많은 영양분을 공급받아야 하는 커다란 뇌를 갖는 것은 문제가 될 수 있었다.

다양한 신경과학적 연구를 통해 인간의 신경 가지치기 과정이 발생 단계의 매우 이른 시기인 자궁 속에 있을 때부터 시작된다는 것이 밝혀졌다.[34] 이러한 생물학적 기법, 즉 신경세포를 과잉 생산한 후 광범위하게 가지치기하는 것은 성공적인 과정으로 판명되었다. 부엌 서랍에 조리기구가 지나치게 많다고 생각해 보라. 꼭 조리기구가 많을수록 도움이 되는 것은 아니다. 분명 필요한 것을 찾느라 더 힘들어질 것이다. 뇌의 정상적인 발달이 목표로 하는 것은 "쓰지 않으면 소실된다"는 미니멀리즘의 격언과 흡사하다. 그리고 이 목표는 신경세포 간의 소통이 더 원활하게 이루어지도록 만든다.

생존에 기여하지 않으면서 에너지만 고갈시키는 신경세포는 도움이 되지 않는다. 뇌를 더 효율적으로 작동시키기 위한 해결책은 그러한 신경세포를 가지치기하여 죽이는 것이다. 빈번히 이용되지 않는 신경세포 간 연결도 마찬가지로 끊어 낼 수 있다. 그것은 생물학의 불문율이다. 대자연은 모든 것을 다잡아 능숙하게 운용한다.

최신의 신경과학 연구는 미세아교세포microglia라 불리는, 뇌 속에 살고 있는 특수한 유형의 면역세포가 수많은 신경학적 질환에 관여한다는 것을 시사한다.[35] 이전에는 면역학적 기능만이 미세아교세포의 유일한 역할, 즉 병원체의 침입 및 유사한 위협에 맞서 싸우는 것만이 목적이라고 생각되었다. 미세아교세포는 외부에서 세균 또는 바이러스 같은 것이 들어오면 제거하려 할 것이다. 뇌 안에 풍부하게 존재하며, 신경계를 이루는 수백억 개의 세포 가운데 약 10퍼센트가 미세아교세포다.

이제 우리는 미세아교세포가 마치 일본의 사과 농부처럼 뇌 속에서 감염에 맞서 싸울 뿐만 아니라 신경세포의 덤불을 헤치고 들어가 잘 이용되지 않는 연결을 싹둑 잘라 버린다는 사실을 알게 되었다.

이러한 시냅스 가지치기 과정은 최근에 발견되어 뇌의 정상적인 발달에 관한 우리의 사고방식을 바꾸어 놓았다. 이 이론은 한동안 과학계의 언저리를 맴돌고 있었지만, 2018년 3월이 되어서야 미세아교세포가 실제로 중대한 가지치기 작업을 하는 모습이 포착되었다.[36] 마치 내가 일본에서 사과 농부들의 가지치기 장면을 목격했듯이, 연구자들도 미세아교세포가 시냅스의 구조를 변화시키고 재배열하는 광경을 직접 본 것이다.

미세아교세포는 신경학적 자가면역질환인 다발성경화증multiple sclerosis(MS)에 관여하는 것으로 여겨진다.[37] 이 세포는 염증이 생겼을 때 더 활동적이며, 다발성경화증의 경우도 그렇다. 다발성경화증은 거의 모든 자가면역질환과 마찬가지로 남성보다는 여성에게 두드러지게 나타난다. 뒤에서 다루겠지만, 이는 더 좋은 면역계를 가졌을 때 드러나는 결점 중 하나다. 미세아교세포는 면역계에서 유래하는데, 면역세포로서는 남녀 간에 서로 다르게 작용한다는 것이 밝혀져 있다. 하지만 남녀의 뇌 속에서 어떻게 다르게 작용하는지는 아직 알려져 있지 않다.

질병의 관점에서 호기심을 자극하는 주제이기 때문에 외상성뇌손상TBI에서 알츠하이머병, 그리고 자폐스펙트럼장애에 이르는 다양한 질환에서 미세아교세포가 어떤 잘못된 작용을 하는지 활발히 연구되고 있다.[38]

비교적 큰 규모로 이루어진 최근의 검시 연구에서 자폐스펙트럼장애 환자의 뇌를 살펴보니 만성 염증의 징후가 나타났는데, 이는 미세아교세포에 의해 촉발된 것으로 추정된다.[39] 훨씬 더 흥미로운 것은 기존에 신경과학자들이 자폐스펙트럼장애와 관련이 있다고 표시한 뇌의 특정 영역, 예컨대 배외측 전전두피질 등에서 특히 미세아교세포의 부적절한 반응으로부터 영향을 받았다는 점이다. 이것이 중요한 이유는 배외측 전전두피질이 실행 기능(고차원의 의사결정)에 관여하기 때문이다. 예컨대 자폐스펙트럼장애 환자는 이것이 제대로 작동하지 않을 때도 있다.

미세아교세포가 무엇에 의해 추동되어 결국 제멋대로 자폐스펙트럼장애의 발병에 관여하게 되는지는 아직 확실하게 알려져 있지 않다. 다시 말해서 미세아교세포의 가지치기는 스스로 행하는 것인지 아니면 다른 생물학적 과정의 지시에 따라 이루어지는 것인지 아직 모른다. 그리고 최근의 활발한 연구로도 생체 내 과정이 정상적으로 진행되고 있을 때 미세아교세포가 무슨 짓을 꾸미는지 아직 확인되지 않고 있다. 단지 시냅스를 가지치기하고 유지하는가? 아니면 내가 야마자키 씨의 사과 농장에서 본 것처럼 미세하게나마 애정 어린 힘을 보태는가?

규명해야 할 것은 훨씬 더 많다. 하지만 우리가 확실히 알고 있는 것은 X염색체가 하나뿐인 유전학적 남성으로 태어나면 자폐스펙트럼장애 진단을 받을 확률이 훨씬 높다는 것이다.

현재 유전학 분야는 이제 막 걸음마를 시작한 내 조카와 다소 비슷하다. 조카는 몇몇 단어를 성공적으로 익혔으니까 단어를 조합하여 짧지만 의미가 통하는 문장을 만드는 과정에 있다고 할 수 있다. 그 아이가 영어를 이해하는 것처럼 유전학자도 기본적인 유전학적 단어와 '명령'을 이해하지만, 유전학적 지식이 넌지시 비추는 미묘한 의미를 포착하는 것은 이제 시작에 불과하다. 게다가 그 모든 지식을 임상에 적용시키는 것은 두말할 것도 없다.

바로 그 때문에 유전학은 판독에 적합하다. 골드러시 때 생겨나는 신흥도시처럼 산업 전체가 하룻밤 새 나타나 우리의 유전자를 판독하는 데 도움을 주려고 한다. 끊임없이 급성장하는 상업적 유전자 검사 사업은 전망은 밝지만 아직까지 결과는 거의 없다. 이미 전 세계 수백만의 사람들이 자신의 혈통이 밝혀지기를 바라며 DNA 샘플을 보냈다. 그렇지만 우리들 대부분은 검사 결과가 실제 유전적 혈통보다 회사가 분석에 이용하는 알고리즘에 더 좌우된다는 사실을 깨닫지 못한다. 심지어 일부 기업은 오직 유전자에 기초해서 개인에게 맞는 운동요법을 제안하거나, 완벽한 파트너를 찾아준다고 약속하기까지 한다. 유전학적 점괘를 내놓는 것이 큰 사업이 되었다.

그러나 우리의 DNA는 수백만 년 동안 해 온 일을 계속할 뿐이다. 유전자는 우리의 삶에 전적으로 영향을 미치는 것이 아니라 끊임없이 주변 세계에 반응을 보이고 대응한다. 똑같은 스타인웨이 그랜드 피아노 두 대가 무대 위에 있고 각각의 보면대에 베토벤의 월광 소나타 악보가 똑같이 놓여 있다고 상상해 보자. 피아니스트 두 명이 각 피아노 앞에 앉아 연주를 시작한다. 음표와 연주 지시 사항은 우리가 듣는 음악을 좌우한다. 하지만 각각의 피아니스트가 똑같은 소나타를 연주해도 그 방식에 따라 상당히 다르게 들릴 수 있다.

인간의 유전체는 지시가 명확한 설계도가 아니라, 그것을 완전히 이해하기 위한 시도가 계속 이루어져야 하는 방식으로 쓰여 있다. 약 30억 개의 뉴클레오타이드 — 아데닌adenine(A), 사이토신cytosine(C), 구아닌guanine(G), 티민thymine(T) — 가 마치 DNA라는 목걸이의 진주처럼 결합되어 있다. DNA는 생명활동에 필수적인 유전자와 덜 중요한 유전자를 부호화한다. 모든 정보, 예를 들어 체취 제거제를 매일 써야 하는지(*ABCC11* 유전자에 부호화되어 있다), 고수풀이 비누 맛이 나는지 그냥 맛있는지(*OR6A2* 유전자의 변이형에 의해 부호화되어 있다) 등등이 인간 유전체 내에 들어 있다.

우리는 끊임없이 유전체 내의 유전자 레퍼토리를 이용하여 다양한 상황의 요구에 맞게 대응한다. 그리고 체내의 세포는 매 순간 필요에 따라 서로 다른 유전자를 사용한다. 지속적인 변화와 신체적 난관에 맞서 유전학적으로 대응하기 때문에 인류는 종으로서 오래 살아남았다. X염색체를 2개씩 가진 여성은 더 많은 유전학적 지시 체계를 갖춰 생의 모든 측면에 더욱 창의적으로 반응할 수 있다.

나는 폴을 만난 이후, 우리가 살면서 하는 선택과 그 변화에 대한 유전자의 대응 방식에 관해 많은 생각을 했다. 그의 이야기는 성염색체가 우리에게 가능한 선택을 어떻게 제한하는지 보여 주는 좋은 예다.

1960년대에는 Y염색체가 남성의 행실이 좋지 못한 이유로서 크게 주목받았다.[40] 폭력성과 Y염색체를 결부시키는 많은 연구를 양산해 낸 그러한 생각이 완전히 틀린 것은 아니었다.

Y염색체를 갖고 있기 때문에 테스토스테론을 비롯한 안드로겐의 분비량이 많은 것도 분명 한몫을 한다. 하지만 남성에게 불리한

점이 Y염색체를 물려받아 생겨나는 부담만은 아닐 것이다. 안드로겐을 많이 분비하는 것 말고도, 남성에게 주어지는 유전학적 선택지가 여성만큼 다양하지 않다는 데 더욱 주목할 필요가 있다.

누가 봐도 폴은 직업적으로 크게 성공한 사람이었다. 우리가 처음 만났을 때, 50대 중반이었던 그는 고객의 돈을 솜씨 좋게 투자하며 이미 상당한 재산을 축적하고 있었다. 심지어 최근의 세계 금융위기 때도 폴의 고객들은 큰 손실 없이 극복할 수 있었다.

그는 경영대학원을 나온 지 몇 년 만에 가장 친한 친구 두 명과 함께 투자회사를 설립했는데, 당시 너무 바빠서 잠재고객들을 마지못해 돌려보내고 있었다. 10대의 두 자녀와 함께 행복한 가정을 꾸리고 있던 폴은 재정 지도를 필요로 하는 자선단체에 자유 시간을 할애하기도 했다.

나는 연구 목적의 긴 해외여행을 마치고 뉴욕으로 돌아오고 있었다. 집을 몇 주나 비운 후에 귀가하는 것은 언제나 기분 좋은 일이었다. 존 F. 케네디 국제공항에 착륙한 뒤 휴대폰을 켜 보니 폴의 사무실로부터 긴급 메시지 두 통이 와 있었다. 폴의 비서가 보낸 것으로 다음날 이른 아침 식사를 함께할 수 있겠냐고 묻는 것이었다. 폴은 비공개로 받은 유전자 검사 결과에 관해 이야기를 나누고 싶어 했다.

그를 바로 만날 수는 없었지만 지체 없이 약속을 잡았다. 며칠 후, 아침 식사 자리에서 폴은 두꺼운 서류 봉투를 내게 건넸다. 그 자료 더미를 급히 훑어 보니 폴이 왜 검사 결과를 묻는지 분명해졌다.

거기에는 폴이 어떤 유전학 연구소에 의뢰한 유전자 검사의 결과가 익명으로 나와 있었다. 노란색으로 강조 표시된 부분에 대한 내 의견이 필요한 것이다.

폴의 서류를 내리 읽어 가면서 그를 보니 얼굴에 수심이 가득했다.

"선생님, 어떻게 생각하세요?" 폴이 물었다. 그는 시간을 허비하지 않았다. 검사 결과는 *MAOA*라 불리는 유전자가 드문 유형이라는 것이었다. 그가 나를 찾은 이유는 *MAOA* 유전자에 나타난 변화가 미확인 변이VUS로 표시되어 있었기 때문이다. 그것은 뭔가 다른, 혹은 전혀 아무것도 아닌 검사 결과가 나올 때 유전학자들이 쓰는 용어다.

미확인 변이는 왜 물려받은 유전자가 미칠 모든 영향을 알 수 없는지 보여 주는 적절한 예다. 폴의 미확인 변이는 *MAOA* 유전자의 변화에서 비롯되었는데, 이는 그때까지 발견된 적이 없었다. 때문에 검사를 진행한 회사에서도 그 검사 결과가 의미하는 바를 아는 사람은 없었다.

MAOA 유전자에 관해 알려진 것은 모노아민 산화효소 Amonoamine oxidase A라는 단백질을 부호화한다는 것이다.[41] 이 효소는 세로토닌serotonine과 정도는 덜하지만 노르아드레날린noradrenaline, 도파민dopamine 같은 신경전달물질을 분해하여 재활용한다. 인간 유전체에 존재하는 대부분의 유전자와 마찬가지로 *MAOA* 유전자가 작동하고 있을 때는 그다지 눈에 띄지 않는다. 하지만 작동을 하지 않으면 사전경고 없이 갑자기 통제 불능 사태에 빠질 수 있다.

이는 1993년에 네덜란드의 유전학자인 한 브뤼너르Han G. Brunner 박사가 발견하여 보고한 것이다.[42] 브뤼너르는 극도의 폭행을 저지르고 충동적 공격성을 드러내는 남성이 유독 많은 한 가족에 큰 관심을 갖고 있었다. 왜 이들이 그토록 난폭하게 구는지 아무도 설명할 수 없었다. 그들은 또한 일정 수준의 인지장애와 지적장애를 가진 것처럼 보였다.

브뤼너르는 그들 모두의 *MAOA* 유전자에 동일한 점돌연변이가 생겼다는 것을 발견했다. 점돌연변이는 30억 '문자'로 이루어진 유전체 코드에서 하나의 문자, 즉 단일 뉴클레오타이드가 바뀌었다는 것을 뜻한다. 그러한 변화는 *MAOA* 유전자의 생산물을 완전히 결핍시키기에 충분했고, 브뤼너르가 목격한 모든 행동상의 문제를 초래했다. 브뤼너르가 최초로 보고한 이래, 연구자들은 *MAOA*를 결여한 유전자 변형 생쥐가 더 공격적이라는 사실을 발견했다.[43] 브뤼너르가 처음 보고한 환자들과 마찬가지로 이 연구에 이용된 생쥐도 과학자들에게 그 유전자가 행동에 중대한 영향을 미칠 수 있다는 증거를 제공했다.

대부분의 사람들은 *MAOA* 유전자가 제대로 기능한다. 이 유전자는 대부분 두 가지 유형, 즉 활동성이 낮은 것과 높은 것(각각 *MAOA-L*과 *MAOA-H*)으로 나타난다. 둘 중 활동성이 높은 것이 훨씬 더 흔하다. 활동성이 낮은 유형은 생산물이 느리게 작동하여 세로토닌 같은 신경전달물질이 신속하게 재활용되지 못한다.

1990년대에 '전사 유전자warrior gene'로 잘못 묘사된 *MAOA-L*,

즉 활동성이 낮은 유형은 유전학 분야와 일반 사회에서 논란을 불러일으키고 있다.[44] 일부 과학자들은 그것이 반사회적 행동과 폭력범죄의 경향을 훨씬 높인다고 생각한다. 인간을 대상으로 한 연구에서 활동성이 낮은 *MAOA-L* 유전자와 심하고 빈번한 공격적 행동과의 연관성이 드러났고, 어려서 아동학대 등 가혹한 대우를 경험한 사람은 그러한 성향이 더 짙었다.

MAOA 유전자는 X염색체에 존재하기 때문에 유전학적 남성은 단 하나만 물려받는 반면, 여성은 2개를 물려받는다. 이는 *MAOA-L* 유형을 물려받을 경우, 남성이 여성보다 부정적인 경험에 더 극단적인 방식으로 대응할 수 있다는 것을 시사한다. 남성에게는 그 영향을 조절하는 다른 하나가 없기 때문이다.

폴은 *MAOA* 유전자에 관해 찾아보기 시작했고, 브뤼너르의 환자가 언급된 글을 발견했다. 그가 유전자 검사를 맡긴 연구소에 직접 정보를 요청했지만 전혀 진전이 없었으므로 혼자서 찾아볼 수밖에 없었다. *MAOA* 유전자를 '정신병자 유전자'로 묘사한 글까지 읽은 폴이 자신의 유전적 소인을 염려하는 것도 당연한 일이었다.[45]

폴의 행동은 결코 브뤼너르가 서술한 환자만큼 과격하지는 않았지만, 그는 스스로 '폭발적인 분노'라 부르는 것과 늘 씨름해 왔다고 고백했다.

그때까지 폴은 성격의 '헐크 같은 측면'을 다스릴 방법을 어떻게 해서든 찾아왔다. 그가 말했다. "아내가 제일 많이 도와줬어요. 돌이켜보면 갑자기 통제력을 잃은 적이 좀 있었는데, 그때 아내가 없었다면 무슨 짓을 했을지 상상만 해도 섬뜩해요." 그는 특히 모욕감을 느끼고 나서 분노를 억제하지 못하고 폭발해 버린 이력이 있었다. 시간이 지날수록 심해지기만 했다. 그는 최근에 동업자들이 사업을 확장하고 싶다고 했을 때 분노하는 성향이 증폭되었다고 밝혔다. 그리고 자신이 울화를 억누르지 못하는 문제가 유전자와 관련이 있는지 궁금해했다.

폴은 자신이 브뤼너르증후군을 앓고 있는지 내 생각을 알고 싶어 했다. 나는 잠시 생각한 후에 대답했다. "그렇지 않아요 … 당신은 직업적으로도 학술적으로도 아주 큰 성과를 냈지만, 브뤼너르증후군 환자들은 보통 인지장애와 극단적인 행동을 보이거든요."

"그럼 이 결과는 제 *MAOA* 유전자에 문제가 있다는 건가요? 제대로 기능하지 않는다든지."

나는 폴의 고민을 듣고 그의 유전자 검사 결과가 예측 알고리즘을 통해 도출된 것이라고 다독였다. 검사 결과에 그러한 정보는 나와 있지 않았지만, 그렇게 말하는 게 도움이 될 것 같았다. 그리고 그의 미확인 변이 결과가 최근에 학술 잡지에 보고되었는지 조사해볼 것을 제안했다. 그가 검사를 받은 이후에 보고된 것이 있다면 해당 미확인 변이의 의미를 이해하는 데 도움이 될 것이다. 또 추가적인 검사를 받는 방법도 있었다.

나는 폴에게 생화학적 검사를 통해 혈중 세로토닌 수치를 확인해 보는 것도 좋으며, 신경전달물질의 분해생성물을 측정하면 *MAOA* 유전자의 작용을 대신 파악할 수 있다고 설명했다. 또한 낮은 기능성의 *MAOA* 유전자를 보유한 사람에게 플루옥세틴fluoxetine이나 프로작Prozac 같은 선택적 세로토닌 재흡수억제제SSRI를 처방하면 증상이 개선된다는 연구 논문도 소개했다.[46] *MAOA* 유전자가 제대로 작동하지 않으면, 신경세포 사이의 시냅스에 세로토닌을 비롯한 신경전달물질의 농도가 높아진다. 따라서 이러한 사실을 알고 나면 폴에게 선택적 세로토닌 재흡수억제제를 투여해서 세로토닌의 분비량을 훨씬 더 높이는 일만은 피하고 싶을 것이다. 그런데 역설적이게도 그 약물이 실제 증상을 개선한다고 보고되어 있다.

나는 이렇게 덧붙였다. "폴, 솔직히 말할게요. 사실 그 *MAOA* 유전자가 정확히 어떻게 작용하는지 알 수 없을 거예요."

"그럼 내 딸들은 어떤가요? 걱정할 필요가 있을까요?" 그가 물었다.

"아닐 겁니다. *MAOA* 유전자는 X염색체에 있는데 따님들은 2개씩 갖고 있으니 설령 그 유전자가 제대로 작동하지 않아도 보호받을 거예요. 그래서 브뤼너르가 보고한 그 가족도 말이죠. 일부 여성에게도 유전자에 똑같은 돌연변이가 일어났지만 공격적인 성향을 보인 건 남성뿐이었습니다."

"색맹처럼요? 저는 색맹이지만 딸들은 안 그렇거든요."

"맞아요." 나는 대답했다. "따님들은 X염색체를 하나씩 더 갖고 있어서 괜찮습니다. 뇌 속 세포들이 *MAOA* 유전자가 제대로 작동하는 X염색체를 이용할 수 있으니까요. 폴, 남성인 당신에게는 그러한 선택지가 없어요."

폴은 좀 더 확실한 답을 바라고 있었다. 그래서 문제를 더 파고 들고 싶을 경우에 진행할 수 있는 최선의 방법을 개략적으로 설명해 주었다. 몇 달 후에 폴의 비서로부터 전화를 한 통 받았다. 폴이 훨씬 나아졌다고 내게 전해 주라는 것이었다. 그가 처방받은 선택적 세로토닌 재흡수억제제가 도움이 되었는지 확인할 방도는 없었다. 하지만 어느 쪽이든 그의 근황을 알게 되어 매우 기뻤다.

인간의 행동은 엄청나게 복잡하기 때문에 유전자들이 정확히 어떻게 서로, 그리고 환경과 어우러져 영향을 발휘하는지 여전히 알 수 없다. 남성의 난폭하고 충동적인 행동을 소개한 브뤼너르의 연구처럼, 우리는 어떤 문제가 생겨야만, 일어나는 일을 이해하거나 예측하는 데 능숙해진다.

베트남전쟁 때 베트 통Viet Tong이라는 승려가 상당한 트라우마를 경험했다. 그 또한 활동성이 낮은 *MAOA* 유전자를 갖고 있었다. 그가 남긴 말은 행동유전학 분야 전체를 압축적으로 표현한다고 생각한다. "모든 사람은 좋은 형질과 나쁜 형질을 갖고 태어난다. 그렇기 때문에 인간이다. 하지만 삶에서 고정불변한 것은 아무것도 없고, 우리의 미래는 끊임없이 바뀐다. 우리가 지금 하는 것이 내일에 영향을 미칠 것이다."[47]

유전자가 쥐어 준 패를 다루기 위해 우리는 더욱 노력해야 할 것이다. 특히 X염색체에 존재하는 수백 개의 유전자는 대다수가 뇌의 형성과 기능에 관여하기 때문에 더더욱 그래야 한다. 그리고 브뤼너르도 연구 대상으로 삼은 그 가족에게서 이 점을 읽어 냈을 것이다.

폴의 경우는 남성과 달리 여성에게는 행동조절 능력이 이미 유전적으로 내재되어 있다는 것을 상기시켜 준다. 유전학적 남성은 뇌를 이루는 세포가 모두 동일한 X염색체를 이용하므로 X 연관 지적장애의 발병률이 훨씬 더 높다. 반면 유전학적 여성의 뇌는 2개의 X염색체가 제공하는 유전적 정보를 이용한다. 다시 말해서 남성이 물려받은 X염색체상의 유전자가 브뤼너르증후군을 일으키는 유전자처럼 행동에 영향을 미치는 유형이라면 무조건 그 영향을 받을 것이다. 하지만 여성이 브뤼너르증후군을 앓는 경우는 거의 없다. 여성의 뇌는 복수의 X염색체를 이용할 수 있기 때문에 X염색체 한쪽에 돌연변이가 발생해도 병적인 영향을 약화시킬 수 있다.

여성에게는 유전학적 선택지가 있다. 나는 이것이 자폐스펙트럼장애, 지적장애, 그리고 기타 발달지체를 비롯한 수많은 질환이 유독 남성에게 편향되는 이유를 설명하는 근원적인 메커니즘이라고 믿는다. 유전학적 여성은 뇌에 언제나 서로 다른 2개의 X염색체가 활성화되어 있기 때문에 *MAOA* 등의 유전자에 돌연변이가 생겨 초래되는 문제를 더 잘 처리할 수 있다.

XY 남성은 유전학적 선택지와 세포 간 협력 모두가 결여되어 있어, 이 장에서 다룬 것처럼 굉장히 많은 유형의 질환에 시달리게 된다. 여성은 이러한 질환을 남성만큼 흔하게 경험하지 않는다. 강건한 유전학적 자질을 갖춘 덕분에 더 나은 유전학적 선택이 가능하기 때문이다.

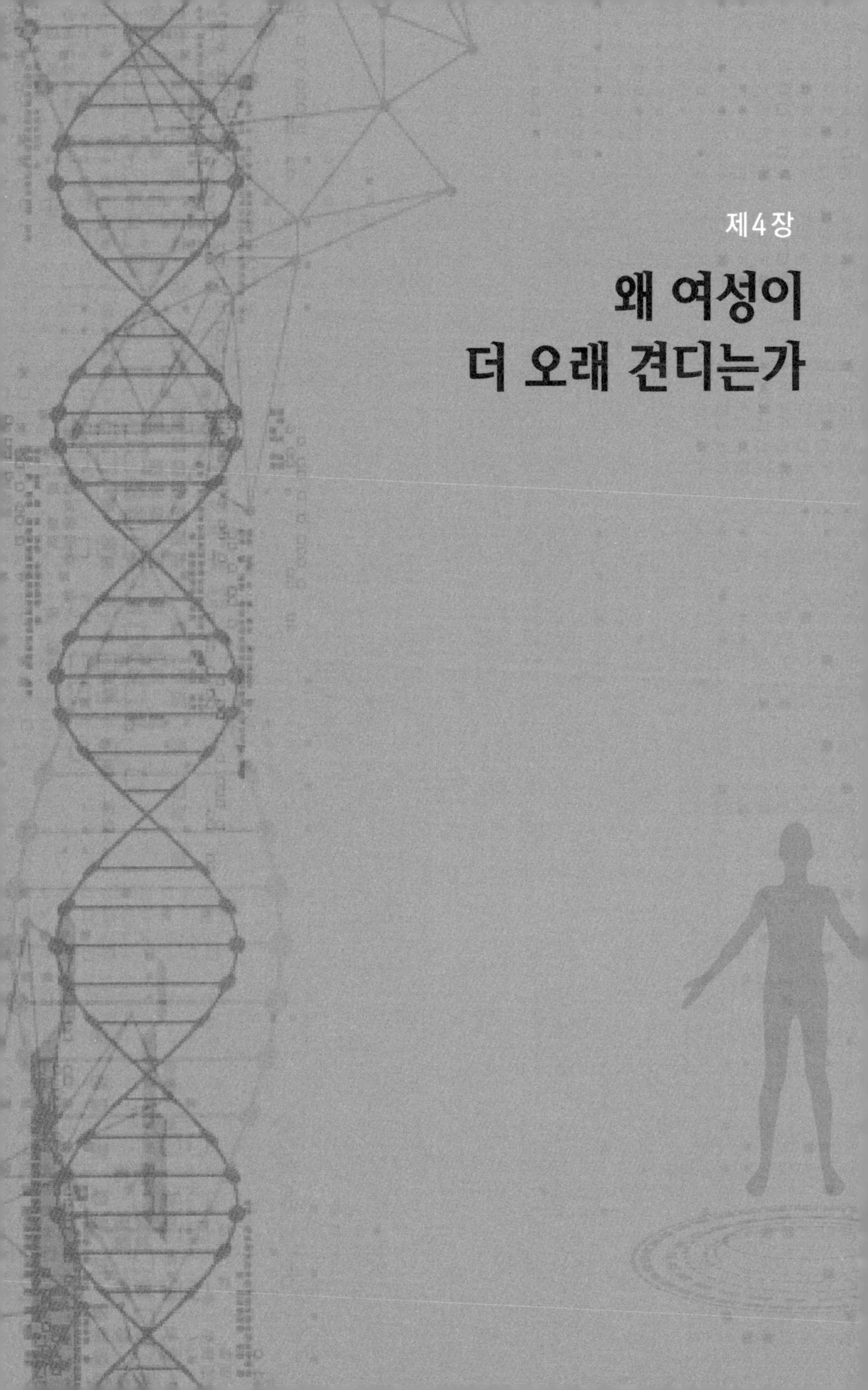

제4장

왜 여성이 더 오래 견디는가

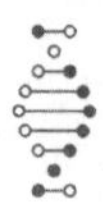

캐나다 토론토 북부에 위치한 테라스 오브 베이크레스트Terraces of Baycrest는 활동적이고 기운 넘치는 노년층의 공동체다. 그곳에 가면 인간의 삶이 짧다는 생각이 들지 않는다. 베이크레스트 시설의 거주자들은 항상 건강하게 움직이며, 레크리에이션 일정도 매력적이고 도전적인 활동으로 가득하다. 그들은 이러한 활동이 그 자체로 의미 있을 뿐만 아니라 보통 그 나이대에 익히기 불가능하다고 여겨지는 기술을 닦을 수 있게 해준다고 말한다.

우리의 선조는 미래에 인간이 그처럼 무병장수할 것이라고는 예상하지 못했을 것이다. 그러나 노년층을 대상으로 하는 전 세계의 무수한 시설이 베이크레스트처럼 새로운 수치를 보여 준다.

우리의 기대여명은 시간이 지날수록 크게 증가해 왔다.[1] 예컨대 일본은 현재 최장수 국가 중 하나로[머지않아 한국이 일본을 제치고 세계 최장수 국가가 될 전망이다 – 옮긴이], 일본인의 평균수명[출생 시의 기대여명 – 옮긴이]은 84.2세에 달한다. 평균수명이 가장 낮은 수

준인 아프가니스탄인조차 62.7세 정도를 맴돈다.[2] 17세기 런던 사람들의 평균수명이 35세인 것과 비교하면 훨씬 더 길어졌다.•[3]

실버케어에 큰 발전과 개선이 있었는데도 테라스 오브 베이크레스트에 들어가 보면 한 가지 중요한 사실을 발견하게 된다. 여러분도 짐작했을 것이다. 남성이 적다.

과거에는 오랜 기간 남녀가 죽음 앞에 동등하다고 생각되었다. 자신을 둘러싼 일상적인 고통에 너무나 시달린 나머지 '죽음의 신Grim Reaper'이 성차별을 자행한다는 사실을 깨닫지 못한 것이다. 굶주림, 전염병, 폭력, 그리고 기후 대변동이 인간의 역사 내내 나타났다 사라지기를 반복했지만, 언제나 여성은 남성보다 오래 견뎠다. 한 세기 동안 인류에게 환경 재난이든 전염병이든 대재앙이 닥치지 않는 경우는 거의 없으며, 유전학적 여성은 매번 더 오래 견뎌 낸다. 생명이 시작될 때, 끝날 때, 그리고 살아가는 내내 그렇다.

잉글랜드인 존 그론트John Graunt는 1662년에 내놓은 『사망통계표에 관한 자연적·정치적 관찰*Natural and Political Observations Made upon the Bills of Mortality*』에서 여성이 남성보다 오래 산다는 통계적 증거를 최초로 제시했다.[4] 취미로 통계학과 인구학을 연구한 그는 런던의 교구별 사망기록을 조사했다.

그론트가 살았던 17세기의 런던에서는 많은 사람이 죽었다. 런던 대역병(1665~1666) 때는 도시 전체 인구의 약 4분의 1이 사망한

• 당시 런던에는 60대 이상인 사람들도 있었지만, 영아사망률이 매우 높았기 때문에 가능성이 희박했다.

것으로 추정된다.[5] 왜 해마다 죽는 사람 수가 다른지 아무도 알지 못했다. 때아닌 죽음을 예측하고 추적하기 위해 '조사관'으로 임명된 용감한 노년 여성 몇 명이 교구의 자선사업 명목으로 고용되어 근래에 죽은 사람들을 검사하고 사인을 조사했다.[6]

당시 이러한 작업은 당국으로 하여금 곧 닥칠 것 같은 역병 등의 재난을 경계하도록 촉구할 수 있었기 때문에 중요했다. 교구의 직원은 이 정보를 17세기 런던 시민들에게 팔았다. 죽음이 닥쳐올 가능성과 시기를 아는 특권을 얻고자 혈안이 된 사람들이 많았다. 사망통계표Bills of Mortality로 알려진 그 문서는 개별적으로 구입하거나 할인된 가격에 정기구독할 수 있었다.[7] 통계표는 매주 거행된 장례식과 세례식을 기록한 것으로 교구 기록부에서 펴냈다.

일부 인쇄업자는 앞서 런던에 역병이 돌았을 때 죽은 사람의 수를 출판하여, 사망률이 계절적인 패턴을 보이며 여름에 절정을 이룬다는 것을 밝히기도 했다. 덕분에 주간 통계표의 열렬한 독자는 최근 보고된 사망자 수를 과거의 추세와 비교할 수 있었다. 당대 런던에서 사람의 죽음은 좋은 돈벌이였다. 오늘날 우리는 분기별 재무보고서에 의존해서 재무 포트폴리오에 관한 결정을 내리지만, 당시 사람들에게는 죽음의 신이 돌아올 때 재빨리 도시를 탈출하여 임박해 오는 죽음의 손아귀에서 벗어나는 것이 가치 있는 투자였다.

그론트도 사망통계표의 데이터에 의존했는데, 이후 남녀의 기대여명에 상당한 차이가 있다는 것을 발견했다. 그가 사망기록을 파헤치기 시작했을 당시 성별에 따라 수명이 다를 것이라고 생각한 사람은 아무도 없었다. 남녀 모두 평균수명이 35세를 맴돌고 사실상 인생의 모든 영역에서 남성이 한결같이 선호되고 있었으니 무리도 아니었다. 남성이야말로 더 튼튼하고 건강하다고 여겨진 시대였다.

17세기의 잉글랜드인 에드먼드 핼리Edmond Halley(그는 또한 혜성의 귀환을 예측하는 데 성공하여 '핼리 혜성'이라는 이름으로 남아 있다)도 그론트처럼 수명 연구에 주력하여 그 결과를 1693년 『왕립학회 회보*Philosophical Transactions of the Royal Society*』에 발표했다.[8] 그의 생명표는 브레슬라우Breslau(현재 폴란드의 브로츠와프Wrocław)의 1687~1691년 인구통계에 기초한 것이었다. 핼리는 그론트와 달리 남성과 여성의 생존자 데이터를 모아 전체 생존기간이 나이가 들수록 줄어든다는 것을 발견했다.

핼리의 논문은 인구통계학에 중대한 공헌을 했다.[9] 생명보험 상품 판매자에게 구매자의 나이를 고려해야 한다는 것을 예증했기 때문이다. 그의 업적은 수십 년 동안 무시되었지만 고령자를 차별하는 영업방식이 돈벌이에 유리하다는 점을 결국 인정받았다. 생명보험 상품 판매자들은 여명이 짧은 사람에게 보험증권을 너무 많이 팔면 파산할 위험이 있다는 것을 깨닫게 되었다.

여성의 수명이 더 길다는 그론트의 발견도 결국 생명보험 판매자에게 전용되었다.•[10] 개인의 연령뿐만 아니라 성별도 중요했던

• 성별 수명 차이의 지식은 생명보험 회사에 큰 혜택을 안겨 주며, 특히 보험료가 사망 가능성에 따라 결정될 때 더욱 그렇다. 하지만 보험회사가 유럽연합(EU) 밖에서 영업할 때만 해당된다. 생명보험료를 성별에 따라 다르게 책정하는 것이 불법인 곳은 현재 유럽연합밖에 없다.

것이다.

세계 어디서든 수명에 관해서는 여성이 늘 정상에 있다.[11] 일본인 여성은 평균수명이 87.1세인 반면, 일본인 남성은 81.1세다. 아프가니스탄에서 남성은 평균 61년을 살지만, 여성은 평균 64.5년을 산다. 가장 오래 산 사람들을 살펴보면, 110세 이상 인구의 95퍼센트가 여성이다. 여성이 생존에 유리한 것은 분명하다.

인류의 역사를 통해 여성이 생존에 유리하다는 실례를 많이 찾아볼 수 있다. 마르그리트 드 라 로크Marguerite de La Rocque의 이야기도 그중 하나다.[12] 마르그리트는 26세 때 일생일대의 여행길에 올랐다. 1542년 4월, 그녀는 선장을 맡은 친척 장프랑수아 드 라 로크 드 로베르발과 함께 프랑스에서 현재 캐나다가 위치한 땅으로 항해 중이었다. 세계여행이 용이한 오늘날이지만, 당시 마르그리트가 프랑스에서의 삶을 뒤로 하고 전혀 새로운 세상을 향하며 느꼈을 압도적인 흥분과 전율은 상상하기 어렵다.

그녀의 여행은 처음에는 사고 없이 순조로웠다. 그러한 여행에 동반되는 모든 위험을 고려하면 이는 결코 작지 않은 위업이다. 그러나 동승자와 연인 관계로 발전하면서 일이 복잡해졌다. 로베르발은 그에 대한 벌로 마르그리트를 캐나다 앞바다의 황량한 섬에 버렸다. 혼자 죽게 내버려 둘 수 없다며 그녀의 연인과 충실한 하녀

다미엔도 함께 배에서 내리게 했다. 로베르발은 그들에게 머스킷총과 약간의 식량을 가져가라고 지시했다. 아마도 그들에게 사실상 사형 선고를 내린 책임을 회피할 심산이었을 것이다.

로베르발이 친척에게 그토록 무자비하게 군 이유는 위그노라서 칼뱅주의 신앙을 엄격하게 준수하려고 했다는 것부터 금전적 탐욕에 눈이 멀어서 그랬다는 것까지 여러 추측이 나와 있다. 그런데 로베르발이 프랑스로 돌아가자마자 마르그리트가 죽었다고 주장하고 그녀가 물려받은 모든 재산을 요구했다고 하니 후자가 맞는 것 같다.

이제 세 명의 조난자는 세인트로렌스만 초입에 위치한 바위투성이의 작은 무인도에 남겨졌다. 음식과 피난처를 찾는 것이 거의 불가능했으므로 악마의 섬(지금은 벨섬Belle Isle이라 여겨진다)은 그들의 새 거처에 딱 들어맞는 이름이었다. 금방 식량이 동났고, 마르그리트와 그녀의 연인과 하녀는 굶주리기 시작했다. 설상가상으로 먹여 살려야 할 또 한 사람이 합류할 것 같았다. 마르그리트가 임신한 것이다.

그녀의 연인과 하녀가 죽었다. 마르그리트는 태어나서 처음으로 혼자가 되었다. 도와줄 사람은 없지만 어떻게든 아기를 낳으려고 했고, 기적적으로 산모와 아기 모두 살아남았다. 하지만 오래 버티지 못했다. 모유가 고갈되어 1개월밖에 안 된 아들이 죽었다. 마르그리트는 아직 끝나지 않았다.

기나긴 3년이 지난 후에 마르그리트는 지나가던 바스크인 어부들에게 구조되었다. 그녀는 총을 쏘아 죽인 곰의 가죽을 걸치고 있었다고 전해진다. 어떻게 그런 황폐한 곳에서 오랜 시간 혼자 살아남았는지 아무도 이해하지 못했다.

머지않아 로베르발은 천벌을 받았다. 그는 위그노의 비밀집회에 참석했다가 성난 프랑스 가톨릭교도 무리와 맞닥뜨렸고, 공격을 받아 맞아 죽었다. 한편 마르그리트는 프랑스로 돌아와 여학교를 세웠다.

도너 파티Donner Party의 일화도 여성의 뛰어난 생존력을 보여주는 인상적인 예다.[13] 이야기의 줄거리는 널리 알려져 있지만, 자세히 살펴보면 훨씬 더 재미있다. 도너 일행은 겨울이 시작될 무렵 마차를 타고 일리노이에서 캘리포니아까지 이동하려고 했다. 일부 구성원은 출발하기도 전에 두려움에 사로잡혔는데, 염려는 현실이 되었다. 1846년 10월 1일에 불어닥친 눈보라 때문에 느닷없이 87명 전원이 시에라네바다산맥의 황야에 갇히게 된 것이다.

주목할 만한 점은 남성의 사망률이 여성의 2배 가까이 된다는 것이다. 남성은 약 57퍼센트, 여성은 약 28퍼센트였다. 또한 남성은 여성보다 훨씬 더 빨리 쓰러졌다. 당시의 상황에서 조금이라도 생존자가 있다는 게 놀랍다. 식량이 떨어지고 비바람에 갇히게 되자 그들 중 일부는 무도하게도 인육을 먹었다.

무인도에서 생존한 마르그리트와 도너 파티의 여성 생존자들은 그론트의 인구통계 자료와 더불어 역사적으로 특이한 사건 정도로 보일 수도 있다. 개인의 생존력과 인구통계의 초기 예는 이 정도로 마무리하고, 이제 보다 최근의 인구집단 내, 그리고 집단 간 생존 패턴에 관해 살펴본다.

구소련이 현재의 우크라이나를 지배하던 시절, 이오시프 스탈린Iosif Stalin의 명령으로 집단화 정책이 시행되었다. 개인 소유의 작은 농장들을 없애고 집단농장으로 대체하며 제시한 목표는 식량의 생산량을 증대시키고 그럼으로써 도시 노동자에게 농작물을 공급하는 것이었다.

그 결과는 근래 역사에서 인간이 초래한 최악의 인구 재앙이었다. 식량이 증산되기는커녕 끔찍한 기근이 뒤따랐다. 현재의 우크라이나 지역이 특히 심각한 타격을 입어 1932년과 1933년 사이에만 600만에서 800만 명이 죽은 것으로 추산된다. 소비에트의 집단화라는 격변으로 고통받은 수백만 명 가운데서도 여성이 더 오래 살아남았다고 알려져 있다. 재난 이전에 우크라이나인의 평균수명은 여성이 약 45.9세, 남성이 41.6세였다.[14] 기근이 닥친 후에는 기겁할 만큼 급강하하여 여성은 10.9세, 남성은 7.3세가 되었다. 무언가 알아차렸는가?

전 세계 어디에서도 노년층은 여성이 압도적으로 많다는 것을 상기해 보자. 여성의 생존력이 뛰어나다는 것은 명백한 사실이다.

우리는 남성이 오로지 행동적인 특징 때문에 일찍 죽는다고 치부한 적이 있었다. 지금은 태어나기 전부터 남성의 생존력이 불리하다는 것을 알고 있다. 여성의 생존력이 남성보다 유리하다는 사실은 교육 수준, 경제적 요인, 알코올, 약물, 담배 등의 소비량과 상관없이 유효하다. 유전학적 남성은 여성에 비해 근육량이 많고 키와 체격이 크며 체력이 좋지만, 신체적 고난으로 생존이 걸린 상황에서는 언제나 여성이 더 오래 버틴다.[15]

물론 성별에 따라 행동적인 차이가 존재하며, 남성의 행동이 위험부담이 큰 것도 사실이다. 하지만 그것이 전부는 아니다. 19세기 및 20세기 초에 유타주에 거주한 모르몬교도 관련 자료에 따르면, 술과 담배를 멀리하는 그들도 여성이 남성보다 오래 살았다.[16] 당시 이들 여성의 평균 출산율은 일반 인구집단보다 훨씬 높았는데, 매 임신 때마다 사망의 위험성이 증가하는데도 그러한 결과가 나왔다.

가장 위험한 직업들의 종사자 수는 남성이 여성보다 더 많다.[17] 미국 노동통계국에 따르면, 2011년부터 2015년까지 업무상 재해로 인한 사망자의 92.5퍼센트를 남성이 차지했다. 그렇지만 독일에서도 세속과 격리된 1만 1,000명 이상의 가톨릭 남녀 수도자 가운데 여성의 생존력이 높았다는 연구 결과가 나와 있다.[18] 1890년부터 1995년까지의 사망률 관련 자료를 이용하여 바이에른 가톨릭 수도회의 남녀 수도자를 독일의 일반 대중과 비교해 보니 여전히 여성의 수명이 더 길었다. 남성 수도자는 비교적 폐쇄적인 공동체에 살면서 보통의 독일 남성이 경험하는 노동 유형과 생활방식에 따른 위험인자에 노출되지 않았는데도 여성보다 수명이 짧았다. 생존, 발생, 그리고 노화와 관련하여 염색체상 성별에 간극을 초래하는 원리는 결코 행동만으로는 설명될 수 없다.

지구상에 있는 인간의 삶은 단어 하나로 요약될 수 있다. '혹독하다.' 스포츠카나 하이브리드카 둘 중 하나를 타고 인생사의 행로를 지나간다고 생각해 보자. 스포츠카가 단기적으로는 목적지까지 훨씬 빨리 도착할 것이다. 그러나 아무리 출력이 높아도 연료 효율성과 유지비의 관점에서 지구력이 떨어지므로 몹시 고된 생의 난제들을 헤치며 나아가기에 적합하지 않다. 그러한 지구력은 남성과 달리 '침묵하는' X염색체라는 유전학적 연료를 이용할 수 있는 여성의 몫이다.

제1장에서 언급했듯이, 불과 몇 년 전만 해도 여성은 각 세포에서 남성처럼 오직 하나의 X염색체만 이용된다고 여겨졌다. 다른 한쪽의 염색체는 *XIST* 유전자에 의해 거의 완전히 불활성화되어 바소체가 된다고 생각되었다. 그렇지 않다는 것이 지금은 명확히 알려져 있다. X 불활성화의 사슬에서 탈출하는 유전학적 후디니Harry Houdini[헝가리 출신의 마술사로 탈출 마술로 특히 유명하다 - 옮긴이]처럼, 여성은 X염색체 2개의 하이브리드 파워를 발휘하여 생존과 건강 능력을 향상시킨다. 소위 '침묵하는' X염색체에 있는 유전자들은 결코 침묵하고 있지 않다.

여성이 가진 또 하나의 X염색체는 침묵하기는커녕 여성의 생애 주기 전체에 걸쳐 끊임없이 일한다. 유전자들은 필요할 때마다 X 불활성화에서 탈출하여 활동 중인 자매 X염색체를 돕는다. 곧 살펴보겠지만 생명의 위기를 극복하고 살아남는 데 관해서는 유전학적 스태미나가 가장 중요하다.

'침묵하는' X염색체에 존재하는 1,000개의 유전자 가운데 23퍼센트가 여전히 활동하고 있다는 것이 드러나고 있다.[19] 여성의 세포 하나하나에 비축되어 있는 상당한 유전학적 예비 전력이다.

여기에는 수백 개의 유전자가 포함되어 있으며, 여성의 모든 세포가 필요할 때마다 쓸 수 있다. 하이브리드카에 비유하자면, 휘발유로 작동하는 내연기관보다 전기로 작동하는 모터를 이용하는 것이 더 효율적일 때가 있다. 생존이 목표라면 여성처럼 유전학적 선택지를 갖고 있는 것이 중요하다. 이 점에서 남성의 세포와 여성의 세포 간의 차이는 결정적이다. 여성의 세포는 유사시에 중요한 유전자 수백 개의 비축분을 요청할 수 있다. 남성은 그저 바라볼 수밖에 없다.

나는 25년 이상 인간뿐만 아니라 꿀벌에서 감자에 이르는 다양한 생명체를 대상으로 유전물질의 발현과 사용이 달라질 때 어떤 영향이 미치는지 연구해 왔다. 그로부터 알게 된 것은 변화하는 환경이나 병원체의 공격에 대응하고 극복하는 역량은 유전적 자원을 활용하는 능력에 달려 있다는 것이다. 그 차이는 개체의 삶과 죽음, 나아가 종의 존속과 멸종까지 갈라놓을 수 있다.

여성이 남성보다 오래 견디는 이유를 제대로 이해하려면, 짧은 인류의 역사 속에서 기상과 기후의 극심한 변화가 인구에 어떤 영향을 미쳤는지 잠시나마 심층적으로 살펴볼 필요가 있다. 우리의 선조가 수천 년간 날이면 날마다 겪은 최악의 환경에서 살아남으려면 스태미나가 좋아야 한다.

유사 이래 문화와 세대에 관계없이 유일하게 고정불변인 것은 출생, 사망, 그리고 기아다. 인간은 다른 생명체에 전적으로 의존하여 생명을 유지하기 때문에 취약한 존재이며 먹고 살아남기 위해 끊임없이 분투해야 한다. 지금까지도 지구상 어디든 음식을 구할 수 없는 곳에는 도시나 마을이 형성되지 않는다. 오늘날 인류 10명 중 1명은 굶주리는 것으로 추정되는데, 그들 대부분이 개발도상국에 살고 있다.

인류는 때와 장소를 가리지 않고 자주 식량난을 겪고 있다. 대부분 지역적인 기상 변화와 더 큰 규모의 장기적 기후 변동에 의한 것이다. 부득이하게 인류는 최악의 기근에도 살아남도록 최선을 다해 진화해 왔다.

우리의 선조는 편식하지 않았다. 발견한 음식은 무엇이든 언제든 먹었다. 인류사의 거의 전 기간에 인간은 계절에 따라 다양한 지역을 옮겨 다니며 음식물을 섭취했다. 우리의 선조는 처음부터 생존문제에 직면했고, 생존을 위한 사전 준비는 거의 되어 있지 않았다. 소규모 인원으로 어떻게 자원을 모아서 견디고 살아남을지 궁리해야 했다.

1만 년 전 환경의 극심한 변화가 시작되었다.[20] 이에 따라 인류의 삶은 모든 식량을 야생 동식물에서 구하는 단순한 수렵과 채집에서 농작과 축산으로 전환되기 시작했다. 새로운 농사법과 사육법을 통해 식량을 늘리려면, 자칫 잘못하면 굶주림과 죽음을 초래할 수 있기 때문에 특히 초기에는 훨씬 더 많은 노력이 필요했다.

농경을 위해 인류는 오래도록 정착해야 했다. 새로운 시도가 으레 그렇듯이 농경도 어느 정도의 시간과 많은 노력을 들여야 했지만, 결국 주위의 땅을 경작하는 데 대단한 성공을 거두었고, 남은 식량을 보관하기에 이르렀다.

불을 이용한 조리법은 농경이 발전하기 훨씬 전부터 통달해 있었기 때문에 날것으로는 소화시킬 수 없었던 곡물과 감자 등의 덩이줄기 채소로부터 열량을 얻을 수 있게 되었다.[21] 열량이 늘어나니 결국 출산도 늘어났다 — 인간은 굶주리지 않아야 생식력도 높아진다. 식량의 생산량이 높아질수록 더 많은 아기가 태어났다. 인구의 증가에 따라 식량 생산의 변동에 민감해질수록 닥칠 수 있는 재앙의 규모도 커져 갔다. 그렇게 우리가 여전히 고집하고 있고 가까운 미래에도 바뀌지 않을 악순환이 시작되었다.

현재 우리의 글로벌 식량공급망에 가장 큰 영향을 미치는 변수는 기상이다. 강우량이 급증하거나 급감하는 등 지역적 변수가 갑자기 바뀌면 방대한 규모의 기근이 초래될 수 있다. 오늘날 수십억의 인구에게 영양가 있는 끼니를 주기적으로 제공하는 것은 쉬운 일이 아니다. 이러한 딜레마는 내가 수년간 감자 등의 식물을 연구하여 우리가 생산하고 소비하는 음식물의 영양분을 최적화하고 개선할 방법을 찾아내려고 한 이유 중 하나다.

지역의 슈퍼마켓에서 구할 수 있는 먹거리 대부분은 글로벌화된 식량공급망이 출현하기 전에 우리의 선조가 섭취했던 음식물의 극히 일부에 불과하다. 그들은 당근이나 사과도 하나의 품종만 먹지는 않았다. 그들이 기르거나 수확한 모든 작물은 각각 문자 그대로 수십 혹은 수백 가지 품종이 존재했다.

현대의 문제는 생산량만이 아니다. 소비 칼로리당 영양이 질적으로 떨어진다는 문제도 있다. 우리에게 필요한 음식물과 유전학의 관계는 복잡하다. 진화과정에서 씨름해야 했던 문제가 있었기에 우리는 영양가가 적거나 없는 음식으로 단기적으로는 버틸 수 있다. 오로지 트윙키[미국의 국민 간식으로 불리는 스펀지 케이크 - 옮긴이]만 먹으면서 생존하고 심지어 몸무게를 감량하는 것도 추천하지는 않지만 기술적으로는 가능하다.

척박한 환경에서 발휘되는 식물과 곤충의 유전학적 역량을 연구하려면 관광지나 공항에서 동떨어진 곳으로 여행해야 할 때가 있다. 시골 지역에 프로젝트 준비를 마쳐 놓고 다시 찾아가 보면 불과 몇 년 사이에 자연 그대로의 모습이 거의 사라지는 경우가 있다. 토양이 쟁기로 파헤쳐지고 농작물이 재배되고 있거나 새 건물이 들어서 있다. 수천 년 전 우리가 생물체를 길들이는 데 성공한 이래, 지평선 너머로 끊임없이 땅을 찾아나서는 것은 보편적인 일이 되었다.

화려하게 등장했다가 사라지는 반짝 스타처럼 농경을 성공시킨 우리도 복잡해졌다. 인간에게 더 많은 식량을 공급한다는 명목으로 전 세계의 원시림과 밀림 지대가 하룻밤 새 벌채되거나 태워지고 수많은 수역에서 생명체가 사라졌다. 식량을 확보하기 위해 무언가를 변화시키는 속도는 깜짝 놀랄 만큼 빠르다. 물과 햇빛의 매개변수를 완벽하게 조절하는 지역적, 계절적 기상의 '협조'에 우리가 얼마나 의존하고 있는지 잊고 있을 때가 많다. 아주 작은 교란 때문에 갑작스런 재난이 초래될 수도 있다.

기후와 농경의 상호작용은 세계 곳곳에 남겨진 유적과 유물에서 특히 분명히 드러난다. 한 예로 페루의 수도 리마에서 북쪽으로 160킬로미터 정도 떨어진 곳에 위치한 유네스코 세계 문화유산, 카랄 수페 신성 도시를 들 수 있다. 그곳에는 아메리카대륙에서 가장 오래된 문명의 중심지라 생각되는 5,000년 전 도시 복합체의 잔존물이 있다. 6개의 대형 피라미드는 본래 지진에 견디도록 세워졌다. 그 임무를 거의 완수하고 이제 천천히 허물어지며 수천 년 전부터 발 딛고 있던 사막으로 다시 돌아가고 있다.

그러한 사실 때문에 그곳이 더욱 더 황량하게 느껴진다. 거기에 살았던 모든 사람들이 황급히 떠난 느낌이다. 전 세계에 분포해 있는 다른 수많은 고대 유적과 마찬가지로 이 도시도 기후나 국지적 기상이 변하고 식량공급이 줄어들면서 갑작스럽게 버려졌다는 것이 전문가들의 공통된 견해다. 결국 먹거리가 다 떨어지거나 강물이 고갈되면 선택의 여지가 별로 없다. 떠나거나 죽거나.

에너지 요구량을 채우지 못할 때 기아의 과정은 상당히 빨리 시작된다. 지구상의 동물들은 생존에 필요한 음식물을 찾기 위해 전략을 세웠다. 가장 흔한 것은 이주다. 그러나 칼로리가 풍부한 목초지로 이동하는 전략은 이용 가능한 비옥한 초원이 실제로 존재할 때만 유효하다.

우리 인간이 게걸스러운 동물 떼라는 것은 부인할 수 없는 사실이다. 과거에 우리의 선조가 굶주림을 경험한 탓인지, 채워지지 않는 식욕이 구멍 뚫린 위장을 채우려고 하는 것 같다. 그래서 가장 탐욕스러운 자들이 살아남았다. 우리는 또 변덕스럽고 잘 잊어버리는 종족이다. 그렇지만 결코 용서하거나 망각할 수 없었던 것이 하나 있다. 바로 굶주림이다. 설령 잊으려 해도 머지않아 또 다른 기근이 찾아와 아주 오래된 이야기를 다시 들려주었다. 그렇기 때문에 자신의 탐욕을 용서해야 했다고. 그리고 그것은 말 그대로 DNA에 새겨졌다.

동물은 식물과 다른 동물을 먹어야 살 수 있기 때문에 입수 가능한 식량의 순환성에 의존한다. 물론 이는 국지적 기상과 기후 패턴과 결부되어 있다. 식량이 풍족하지 않을 때 먹거리를 확보하려면 두 번째 생존 전략을 짜는 수밖에 없다. 여기에는 저장해 두는 것이 포함된다.

지구상의 모든 생물체는 나름의 에너지 저장 전략을 구축했다. 감자는 잎에서 광합성을 통해 생산된 에너지를 녹말의 형태로 땅속 덩이줄기에 저장하여 배고픈 동물들의 눈을 피했다. 꿀벌*Apis mellifera*은 꿀을 만들어 저장한다. 그럼으로써 꽃이 피지 않는 겨울에도 먹을 것을 확보할 수 있다.

힘든 시기가 지속될 때, 우리는 굶주림이 시작되자마자 에너지 소비량을 제한하기 시작한다. 신진대사의 속도를 줄이는 이러한 생존 전략은 여성과 남성 모두에게 적용된다. 이는 지속적인 체중감량이 누구에게나 어려운 이유이다. 우리의 신체는 열량을 절약하도록 진화했으며, 음식 섭취량의 부족이 오래 지속될수록 부족분을 메우기 위해 에너지 소모가 더욱 둔화된다. 이 때문에 체중감량은 시간이 갈수록 힘들어진다. 살을 조금씩 뺄 때마다 체중감량을 지속하는 데 더 많은 노력이 요구된다.

인간도 다른 동물처럼 필요 이상으로 섭취한 음식을 저장할 수 있다. 바로 체내에 지방으로 저장된다. 주변에 달리 먹을거리가 없을 때 신체가 먹는 음식인 것이다. 평균적인 여성이 축적하는 체지방은 키와 몸무게가 동일한 남성에 비해 40퍼센트까지 더 많다. 또한 여성은 지방을 엉덩이와 궁둥이 부위에 축적하는 경향이 있다. 반면 대부분의 남자는 근육의 비율이 높다. 근육이 쓸모는 있지만 많을수록 유지하는 데 필요한 에너지도 증가한다. 남성의 신체는 체중이 동일한 여성에 비해 더 많은 열량을 필요로 한다. 이는 식량이 다 떨어졌을 때 문제가 될 수 있다.

여성은 근육량이 적고 기초대사율이 낮기 때문에 유전적으로 남성보다 뛰어난 에너지 절감 능력을 갖추고 있다. 그래서 유사시에 열량을 추가로 확보할 수 있다. 이는 또한 여성이 남성보다 힘든 시기를 더 잘 견디는 이유 중 하나이기도 하다.

오랜 옛날부터 농부들은 식량을 가능한 한 많이 생산하는 것이 중요하다는 것을 알고 있었다. 짧은 생장 시기에 생산량을 최대로 끌어올리는 것은 쉬운 일이 아니다. 예컨대 스웨덴은 여름이 길지만 생장 시기는 대체로 짧다. 따라서 수확량이 매우 높은 해도 있지만, 맑은 날이 며칠만 줄어들어도 막심한 피해를 입을 수 있다. 기근이 갑자기 닥치는 것이다.

1771년 여름에 일이 터졌다.[22] 스웨덴뿐만 아니라 유럽 전체에 재앙이 닥쳤다. 이상기상 때문에 광범위한 흉작이 초래되었다. 이듬해, 그 다음 해에도 작황이 그리 나아지지 않아 식량 물가가 급등하며, 상황은 더욱 악화되었다. 영양실조로 인해 전염병이 퍼졌고, 이질이 돌아 인구가 더욱 줄어들었다. 역사상 기근이나 역병이 닥칠 때마다 그랬듯이 이때도 여성이 남성보다 더 오래 살아남았다.

이러한 위기가 닥쳐 온 18세기 후반 스웨덴에서는 거의 완벽하고 정확한 인구동태 통계가 작성되고 있었다. 거기에는 사망과 인구에 관한 통계자료가 포함되어 있었다.[23] 위기 이전에 스웨덴인의 평균수명은 여성이 35.2세, 남성이 32.3세였다. 위기 상황에서는 여성 18.8세, 남성 17.2세로 뚝 떨어졌다. 그리고 위기가 지난 후에 여성은 39.9세, 남성은 37.6세까지 연장되었다. 이러한 통계로부터 스웨덴에 기근이 닥쳤을 때도 여성이 생존에 유리했다는 것을 산술적으로 확실하게 알 수 있다.

위기가 닥치면 여성은 생물학적 능력과 생리학적 스태미나로 견뎌 낸다. 그리고 성인 여성만이 더 오래 사는 것은 아니다. 스웨덴의 18세기 인구동태 통계를 검토한 연구자들은 유아도 여아가 남아보다 오래 살았다는 것을 발견했다. 이처럼 여성이 어려서부터 생존에 유리하다는 것은 내가 타른남자이 고아원과 신생아집중치료실에서 직접 목격한 것과 일치한다.

끈기와 스태미나의 유전학적 기초에 관해 살펴봤으니 이제 장수의 유전학적 기초에 관한 이야기로 확장하려고 한다. 감자 같은 수많은 식물과 인간 여성은 장수하기 때문에 생존을 위협하는 끊임없는 역경을 헤쳐 나갈 수 있다.

식물은 난관에 봉착했을 때 인간과 동일하게 반응한다. 상황이 안 좋아지면 강력한 유전학적 능력에 의존하는 것이다. 식량원을 녹말의 형태로 비축하는 것도 하나의 방법이다. 인간이 지방을 저장하는 것의 식물 버전이다.

인간의 식량이 되기 훨씬 전에 감자의 덩이줄기[우리가 보통 '감자'라고 부르며 먹는 부위 - 옮긴이]는 생장 시기에 광합성으로 생성된 에너지가 저장되어 있기 때문에 감자 식물체의 먹이와 다름없었다. 철이 지나면 토양 표면에 나와 있는 부분은 잎이 진다. 그러나 감자의 덩이줄기는 인간의 지방처럼 단지 열량 저장장치로서만 기능하지는 않는다. 땅속의 식량 창고에 축적된 에너지를 이용하여 동일한 식물의 새싹이 자라날 수 있다. 그리고 생장이 다시 시작된다. 식물체로서의 감자는 한 철에 생산한 에너지의 일부를 저장하고 다른 철에 이용함으로써 생존율을 높인다.

식물은 쉽게 움직일 수 없다. 거의 모든 식물이 한곳에 머물러 있기 때문에 예컨대 다른 곳으로 날아가는 조류와 달리 선택지가 없다. 그 때문에 식물은 스트레스 요인을 처리하는 독특한 능력을 진화시켰다. 바로 똑같은 방식으로 대응하는 능력이다. 식물은 유전학적 장치를 끊임없이 조정하면서 나날이 변화하는 환경에 적응한다.

나는 예컨대 감자에 물의 공급을 제한하는 스트레스를 주면 항산화물질인 카로틴의 생산량이 증가될 수 있다는 것을 확인했다. 이런 식으로 반응하는 작물을 먹으면 우리의 건강에도 좋은 영향을 미칠 수 있다. 많은 채소와 잎채소가 항산화물질을 이런 식으로 만들어 낸다. 우리는 말 그대로 스트레스에 대한 식물의 유전학적 대응을 소비하고 그로부터 이익을 얻고 있다.

7월 중순, 나는 페루의 알티플라노고원을 향해 해발 4,500미터의 고지로 느릿느릿 기어오르는 지프차의 조수석에서 이리저리 흔들리고 있었다. 세계의 꼭대기에서 자라는 감자가 고난에 어떻게 대응하고 살아남는지 더욱 상세히 연구하기 위해 다시 한 번 안데스의 심장부에 깊숙이 들어온 것이다.

고대도시 쿠스코에서 차로 2시간 정도 걸렸고, 지구상 가장 특별한 농업지구의 전문 가이드이자 내 운전사인 알레한드로와 많은 이야기를 나눌 수 있었다. 산기슭의 비좁은 길을 구불구불 올라가며 골짜기 아래 박혀 있는 자동차들의 녹슨 잔해를 보니 순식간에 잘못될 수도 있다는 것을 실감했다.

선진국의 슈퍼마켓에 진열되어 있는 감자는 기껏해야 대여섯 품종이다. 하지만 현대의 편리한 단일 문화권을 벗어나면 실로 5,000가지의 품종이 존재하며, 그 대부분의 원산지가 바로 이곳 알티플라노다. 우리가 먹어 본 적이 있는 모든 감자는 이곳에 뿌리를 두고 있는 셈이다.

나는 특히 마마 하타Mama Jatha(생장의 어머니)라는 품종이 고지대의 극한 조건에서도 잘 자란다는 사실에 매료되었다. 이것은 인간이 혹독한 상황과 환경을 견디는 능력을 얻는 데 어떤 도움이 될 수 있을까? 감자가 유전학적으로 대응하여 혹독한 환경에서도 생존할 수 있다면, 우리 스스로도 유전학적 능력을 유도하여 똑같이 대응하는 미래를 그려 볼 수 있을지도 모른다.

알레한드로가 핸들에서 한 손을 떼고 이쪽을 바라보며 내 쪽 창문을 열심히 가리켰다. "저쪽 좀 보세요 … 보이나요?"

나는 햇빛이 눈부셔 눈을 가리고 있었다. 그 정도의 고도에서는 해수면에 비해 30퍼센트나 더 많은 자외선에 노출된다. 강한 태양 복사가 내 DNA에 미칠 영향을 생각하지 않을 수 없었다. 그날 아침 문을 나서기 전에 자외선 차단 크림을 바르는 것을 깜빡 잊었고, 온종일 쬔 자외선이 내 피부세포와 망막 내의 DNA를 수백만 개로 조각낼 것 같았다. 그때 우리는 해발 4,000미터 지점에 도달해 있었다. 나는 눈을 가늘게 뜨고 알레한드로가 가리키는 곳에 초점을 맞추려고 했다. 내가 본 것은 작고 별 볼 일 없는 감자밭이 전부였고, 근처에는 풀이나 나무도 별로 없었다. 알레한드로는 이곳이 새로 일궈진 밭이며 그 고도와 위치에서는 처음 본다고 했다.

이 땅에서 감자는 새로울 것이 없다. 8,000년 이상 경작되었고, 잉카를 포함한 여러 광대한 고대 제국에 탄수화물을 제공했다.

재배되는 감자*Solanum tuberosum L.*는 유사 이래 그래 왔듯이 오늘날에도 인간의 생존에 필수적이다.[24] 지금은 전 세계에서 가장 중요한 비곡류 식용작물로 여겨진다. 감자는 가지과科에 속하며 가지, 후추, 토마토와 가까운 친척이다.

감자는 다른 작물과 달리 재배할 때 씨앗이 필요 없다. 그래서 어느 감자밭에서든 감자 그 자체가 사용된다. 이를 '씨감자'라 하는데, 전년에 수확한 작물이다. 감자를 더 얻고 싶다면 그냥 심으면 된다.

이런 식으로 감자는 항상 어버이와 동일한 DNA를 가질 것이고, 생김새와 맛도 거의 똑같을 것이다. 그러나 서로 완전히 동일하지는 않을 것이다. 왜냐하면 각각의 위치에서 대응하는 과제가 서로 다르기 때문이다. 예를 들어 고도가 높은 곳에서 자라면 잎을 작고 두껍게 만들 수 있다.

높은 고도에서 자라는 감자는 또한 자외선 차단제 역할을 하는 파이토케미컬phytochemical[항산화, 항염 및 해독의 작용을 하는 천연물질 – 옮긴이]을 더 많이 생산함으로써 그 지역만의 생존 과제에 대응한다. 이용 가능한 항산화물질이 많으면 강한 자외선으로부터 자신을 보호할 수 있다.

“그저 그런 감자밭이 아니라 … 정말 놀랍네요. 이렇게 높은 데서 자라는 감자는 본 적이 없어요. 처음이에요.” 내 생각을 읽기라도 한 듯 알레한드로가 말했다. 그는 이어서 이곳의 미기후微氣候[지면에서 1.5미터 높이까지의 대기층 기후 – 옮긴이]가 변화하고 기온이 오르고 있어 고지대에서도 감자 재배가 가능해졌다고 말했다. 기후 변화로 인해 농장으로 쓸 수 있는 땅이 넓어지고는 있지만, 기온이 상승하면 더 건조해지거나 습해질지, 따라서 앞으로도 농사를 계속 지을 수 있을지 아직 분명치 않다. 알레한드로는 고지대가 너무 건조해져서 근방의 어떤 농부는 농장을 낮은 지대로 옮겨야 했다고 말했다.

알레한드로는 도로를 벗어나 빈 공간에 주차한 다음 감자를 기르는 농부에게 말을 걸 수 있도록 해주었다. 고지대라서 지프차를 타고 내리는 것만으로도 숨이 찼다. 알레한드로는 농부들에게 성큼성큼 달려가 내가 미리 에스파냐어로 준비한 질문을 퍼붓기 시작했다. 그가 나를 큰 소리로 불렀다.

알레한드로는 3미터밖에 떨어져 있지 않았지만, 한창 고산병 증상에 시달리고 있던 터라 그에게 다가가는 것이 정말 힘들었다. 속이 니글거리고 머리가 욱신거리고 숨이 심하게 가쁜 삼중고가 엄습했다. 한 걸음 내디딜 때마다 온 힘을 다해야 했다.

내가 고통스러워하는 것을 알아차린 알레한드로는 나를 어떻게든 계속 움직이게 하려 했고, 자기 쪽으로 오라고 크게 손짓을 했다. 그는 갓 캐낸 알록달록한 덩이줄기 두 개를 양 주먹에 쥐고 있었다. "보세요. 찾았어요. 푸마 마키*Puma maki* 감자예요!" 효과가 있었다. 온 신경을 고산지 감자에 집중하며 알레한드로가 서 있는 밭을 향해 조금씩 움직였다.

푸마 마키는 '퓨마의 앞발'이라는 뜻으로, 그 크고 비밀스러운 고양잇과 동물의 앞발과 실제 비슷하게 생겼다. 알레한드로는 주머니칼을 꺼내 덩이줄기를 잘랐다. 자주색 표면 아래 드러난 크림색 속은 인상적인 보라색 줄무늬로 얼룩덜룩했다.

자주색 푸마 마키 감자를 한 손에 쥐니 염색체가 몇 개인지 궁금해졌다. 야생 감자와 인간은 이배체diploid 생물이다. 세포핵 안에 각각의 염색체가 두 벌씩 존재한다는 뜻이다.

반면 재배되는 감자는 품종에 따라 더 큰 '배수'(세포에 들어 있는 염색체 쌍의 수)를 가질 수 있다.[25] 유럽과 북미의 식탁에 오르는 감자 대부분은 사배체라서 각 염색체가 두 벌이 아닌 네 벌씩 들어 있다. 각 염색체가 여섯 벌씩 있는 육배체 감자도 있다.

감자, 밀, 담배 등 특정 식물이 염색체를 중복으로 갖는 이유는 아직 확실히 알려져 있지 않다. 이득이 있을까? 동일한 염색체를 여벌로 갖고 있으면 유전학적 다양성 수준이 높아지고 해로운 돌연변이로부터 자신을 지킬 수 있다. 척추동물 가운데서도 더 많은 유전정보에 접근 가능하여 생존이 유리해지는 예가 있을까?

물론이다. XX 여성이 그렇다. 이 때문에 XX 여성은 생의 모든 과정에서 남성보다 생존에 유리하다. 20세기의 집산주의 정치 이데올로기가 촉발시킨 기근이든, 형편없는 생활 환경 때문에 퍼지는 역병이든, 생존을 거의 불가능하기 만드는 급격한 환경 변화든 대참사의 유형과 상관없이 더 많은 여성이 살아남는다.

여성의 강한 생존력은 인류의 유전적 역사에 접속하고 남성에게는 없는 다양한 도구를 이용하는 능력과 직접 결부되어 있다. 수백만 년 동안 획득한 유전정보를 이용할 수 있는 배수체 식물처럼 여성도 더 잘 살아남는다. 나는 이러한 현상 때문에 여성이 유전적으로 우월하다고 믿는다. 남성과 달리 이배성의 X염색체를 갖기 때문이다.

앞서 언급했듯이, 여성의 모든 세포에서 소위 '침묵하는' X염색체에 있는 유전자의 약 23퍼센트가 불활성화에서 벗어나 활동한다는 사실도 알려져 있다. 이 때문에 동일한 유전자의 더 많은 버전을 활용할 수 있게 된다. 동일한 세포에서 동일한 유전자의 여러 버전에 접근할 수 있는 능력을 나는 유전학적 다양성이라 부르고, 그것을 이용할 수 있는 능력을 '유전학적 세포 협력'이라 부른다. 그리고 이것이 여성에게 우월한 유전학적 생존력을 부여한다.

나의 방문에 맞추어 상상을 초월할 정도로 입맛 당기는 감자 요리가 가득한 진수성찬이 마련되었다. 알티플라노에 도착한 지 몇 시간 후, 지역 주민이 조리한 다채로운 빛깔의 감자가 멋진 무지개를 이루며 나를 기다리고 있었다. 아주 흥미롭게도 색깔만 다양한 것이 아니라 풍미, 질감, 식감도 제각각이었다. 그때까지 먹어 보았던 감자와는 전혀 달랐다.

파파 마리야*papa marilla*는 마치 누군가 모래를 뿌려 놓은 듯 꺼끌꺼끌했다. 겉은 어두운 잿빛이고 속은 노란 파파 네그로*papa negro*는 살짝 단맛이 나고 감촉이 파슬파슬했다. 식탁 위에는 갓 수확되어 조리된 감자가 셀 수 없을 만큼 많았지만, 나는 최대한 많은 감자를 맛보았다.

알레한드로는 여기에 감자는 매우 풍족하지만 시골에 사는 페루인은 특히 어린아이를 중심으로 단백질 결핍을 겪는 경우가 많다는 것을 상기시켜 주었다. 질 좋은 단백질원을 얻는 데 많은 비용이 들기 때문이다.

우리는 다시 쿠스코로 돌아가는 길에 상당히 많은 농장을 지나쳤다. 그동안 여러 번 차를 세워 많은 농부에게 말을 걸었다. 저지대로 내려오면서 고산병 증상이 사라지기 시작할 무렵, 감자 농사만 짓다가 최근에 퀴노아와 옥수수를 심기 시작한 농부들을 가리키며 알레한드로가 설명했다. "저 농작물들은 … 고지대에서는 자라지 않아요. 저기 있는 농작물과 식물들은 알티플라노에서 받는 모든 스트레스에 정말 취약하니까요. 춥고 건조한 환경을 당해 낼 수 없는 거죠. 하지만 이 파파, 이 놀라운 감자는 참으로 생존의 달인입니다. 모든 인간이 세상에서 사라져도 이 파파는 계속 여기에 있을 겁니다. 무성해지겠죠."

옳은 말이었다. 감자는 생존자이며, 다른 식물이 살 수 없는 곳에서도 살아남는다. 아무리 심각한 위기가 닥쳐도 유전적 힘과 역사를 활용할 수 있기 때문이다. 물 부족이나 극단적 일조량 같은 환경의 위협에 탄력 있게 대응함으로써, 금방 죽어 버리는 다른 식물과 달리 오래 버틸 수 있다. 감자는 또한 땅속 저장고인 덩이줄기를 영양 공급원으로 이용하여 환경이 생장에 적합해질 때까지 버티며 살아남을 수 있다.

알티플라노를 비롯한 모든 곳에서 기후가 계속 변화함에 따라, 인간이 종으로서 존속하려면 다른 모든 생명체와 마찬가지로 자신의 힘에 의존하여 적응해야만 할 것이다. 여성은 모든 세포에서 더 많은 유전정보를 이용할 뿐만 아니라 체내에 더 많은 에너지를 저장할 수 있기 때문에 뛰어난 활력과 스태미나로써 남성보다 오래 살아남는다. 대응하고 적응하지 않으면 죽는다. 이는 인간이라는 종이 지구상에 출현했을 때부터 삼아 온 견고하고 냉혹한 모토다. 그리고 그중 일부는 더 성공적으로 생존한다는 것을 입증해 왔다.

유전학자이자 의사인 나는 남녀 간의 유전적 차이가 질병을 이겨 내는 스태미나의 생성에 어떻게 반영되는지 오랜 기간 생각해왔다. 나는 이러한 차이가 가져온 영향을 직접 체험하기도 했다.

내가 십몇 년 전에 창립한 회사가 있는데 사업이 확장되어 더 많은 공간을 필요로 했다. 내 집무실 바로 몇 층 아래에 사이먼의 사무실이 있었다. 그래서 우리는 자주 보게 되었다. 사이먼은 어렸을 때 주치의로부터 장차 키가 180센티를 넘길 것이라는 말을 들었다고 한다. 그는 143센티를 넘기지 못했다. 그러나 그의 키는 누구에게도 문제가 되지 않았다. 대단한 존재감과 넘치는 매력이 좋은 영향을 미친 것이다.

나중에 사이먼은 지문 모양의 우리 회사 로고가 처음부터 눈에 띄었다고 했다. "당신은 꼭 악당 유전자를 붙잡으려는 유전학 탐정 같아요." 둘 다 일이 많아 늦게까지 일하고 있던 어느 날 밤 그가 건넨 말이다. "그럼 내가 당신의 이웃이 될 … 모든 사람들 중에서 내가 바로 옆집에 살고 있을 확률이 얼마나 될까요?"

레코그나이즈 시스템스 테크놀로지Recognyz Systems Technology는 내가 설립한 생명공학 회사로 희귀한 유전질환의 진단을 촉진시킬 안면 인식 소프트웨어와 카메라를 개발하고 있었다. 희귀질환에 대한 의식 고취를 위해 비영리로 운영되는 미국 국립희귀질환기구가 최근에 발표한 수치에 따르면, 현재까지 알려진 희귀질환은 7,000가지 이상이며 그 숫자는 계속 증가하고 있다. 이러한 질환 하나하나는 흔치 않지만 전부 더하면 미국인 3,000만 명, 전 세계적으로 7억 명 이상이 앓고 있다. 내 회사는 의료 환경에서 사용될 모바일 애플리케이션도 만들고 있었다. 적절한 진단이 나오는 기간을 단축시켜 환자의 가족과 의료진에게도 도움이 될 전망이었다.

"그래, 당신이 유전학 탐정 사무소를 우리 집 바로 옆에 차릴 확률이 얼마나 된다고요?" 사이먼은 다 알고 있다는 듯 능글맞게 웃으며 말했다. "내 비밀이 결국 알려질 텐데 숨을 곳이 아무 데도 없겠네요." 사이먼이 자신의 상황을 대수롭잖게 여기는 능력은 그를 아는 모두가 그를 좋아할 수밖에 없는 수많은 이유 중 하나에 불과했다.

사이먼은 숨기는커녕 열심히 일했다. 그는 제2형 점액다당질증MPSII으로도 알려져 있는 헌터증후군Hunter syndrome의 치료법 연구를 지원하기 위해 비영리 기구인 아이빌리브 재단iBellieve Foundation을 설립하여 인식 제고와 기금 마련에 수년간 매진했다.

인구 350만 명당 1명만이 앓는 헌터증후군은 결코 흔한 질환이 아니다. 그래서 희귀질환 환자를 도우려는 모든 이들이 그렇듯이 사이먼도 환자가 거의 없는 질환의 치료법을 개발하는 데 동기를 부여할 방법을 생각해 내야 했다. 그런데도 사이먼은 늘 고무되어 이렇게 말하곤 했다. "사람들에게 변화가 가능하다는 것을 아주 잠깐만 믿게 하면 됩니다 … 그때 기적이 일어나거든요."

기적이라면 사이먼은 이미 이루어 냈다. 어려서 헌터증후군 진단을 받은 그는 앞으로 길어야 몇 년이라는 시한부 판정을 받았다. 사이먼은 판정받은 모든 기대여명을 보기 좋게 넘겼을 뿐만 아니라 심지어는 그 판정을 내린 몇몇 의사들보다 오래 살았다.

나는 희귀질환 연구를 했기 때문에 헌터증후군이 X 연관 유전질환이라는 것을 알고 있었다. 따라서 지금까지 살펴보았듯이 환자 대부분은 여분의 X염색체가 없는 남성이다. 운전을 하다가 타이어에 펑크가 났을 때 트렁크에 스페어타이어가 없다면 아무 데도 빨리 갈 수 없다.

사이먼의 경우 *IDS*라 불리는 X염색체상의 하우스키핑 유전자[모든 유형의 세포에서 항상 일정 수준으로 발현되는 유전자 – 옮긴이]가 제대로 기능하지 않았고, 그 결과 *IDS*로부터 합성되는 효소 이두론산-2-술파타아제iduronate-2-sulfatase도 작동하지 않았을 것이다. 이케아IKEA 가구를 조립하는데 그렇잖아도 지나치게 단순한 설명서에 중요한 부분이 3쪽이나 빠져 있다고 상상해 보라.

각각의 세포에 이두론산-2-술파타아제가 충분하지 않으면, 곧바로 노폐물 처리와 재활용 문제가 발생할 것이다. 이 효소는 세포의 노폐물을 세포 내에서 분해해서 없애는 일에 관여하기 때문이다.

그 효소가 제대로 작동하지 않거나 충분한 양이 갖춰지지 않으면, 우리가 알아채기 전에 세포에 노폐물이 지나치게 쌓여 장기가 팽창하기 시작할 것이다. 헌터증후군을 앓는 어린이는 비대해진 심장, 간, 지라가 흉부를 압박하여 극심한 통증을 겪을 수 있다.[26] 팽창하는 장기를 감당할 공간이 충분하지 않은 것이다.

십중팔구 사이먼은 잘 작동하지 않는 *IDS* 유전자를 어머니로부터 물려받았을 것이다. *IDS*는 X염색체상의 유전자이기 때문이다. 왜 사이먼은 헌터증후군을 앓았는데 그의 어머니는 앓지 않았을까? 세포 협력과 관계가 있다. 그의 어머니 마리는 세포가 협력하고 있기 때문에 지금도 건재하다.

이미 알고 있듯이 여성은 X염색체 2개를 이용하기 때문에 그중 하나에 돌연변이가 발생한 유전자가 있어도 큰 문제가 되지 않는다. 여성의 세포는 X 불활성화를 회피하는 여분의 유전자만 갖고 있는 것이 아니라, 그냥 두면 죽었을 병든 '자매세포'를 유전학적으로 도와서 살릴 수도 있다. 사이먼을 비롯한 남성의 세포에는 그러한 선택지가 없다. 마리의 세포 가운데 이두론산-2-술파타아제의 생성이 불가능한 X염색체를 사용하는 것은 정상적인 X염색체를 사용하는 다른 세포에 의해 생존이 유지된다. 마리와 사이먼은 똑같은 돌연변이가 발생한 X염색체를 갖고 있지만, 마리의 세포는 서로 협력함으로써 사이먼의 세포보다 오래 살아남는다.

내가 사이먼을 처음 만났을 때, 그는 당시 세계에서 가장 비싼 약물 중 하나인 이두술파아제idursulfase를 투여받고 있었다.[27] 연간 비용이 약 30만 달러에 이르고, 더군다나 완벽한 약물과는 거리가 멀다. 사이먼의 *IDS* 유전자가 스스로 만들어 내지 못하는 효소와 사실상 동일한 이두술파아제의 문제는 신체의 모든 세포에 들어갈 수 없다는 것이다.

마리는 헌터증후군을 앓지 않았고 이두술파아제를 투여받을 필요도 없었다. 그녀의 정상세포가 효소를 충분히 생산하여 그것을 결여한 세포와 공유할 수 있기 때문이다. 이를 보통 유전적 중복 genetic redundancy이라 부르지만, 아주 정확한 말은 아니다. 여성의 세포는 효소를 공유함으로써 그냥 두면 죽었을 세포를 살려 둘 수 있다. 한 세포가 그 효소를 분비하면, 그것이 결핍된 세포가 마노스-6-인산mannose-6-phosphate 매개 엔도시토시스endocytosis[세포가 외부의 물질을 세포막으로 끌어들여 세포 내로 반입하는 과정으로, 번역어가 통일되어 있지 않아 원어인 '엔도시토시스' 외에도 '내포작용', '세포 내 섭취', '세포 내 이입' 등으로 다양하게 불린다 – 옮긴이]로 알려진 과정을 통해 받아들인다. 이러한 유형의 세포 협력 덕분에 원래 죽을 운명에 처해 있지만 X염색체상의 다른 유전자 중 여전히 쓸모 있는 세포는 구조된다.

사실 서로 다른 X염색체를 사용하는 세포 간의 협력은 여성이 유전학적으로 우월한 주된 이유 중 하나다. 세포 2개가 나란히 있는데 각각 다른 X염색체를 사용하고 유전자 산물을 서로 공유할 수 있다고 생각해 보라. 마리의 또 다른 X염색체가 정상적인 유전자를 통해 효소를 만들어 그렇지 못한 세포에 나눠 주는 것이다.

따라서 여성은 유전학적으로 우월하다고 주저 없이 말할 수 있다. 즉 여분의 X염색체를 보유할 뿐만 아니라 세포끼리 협력하고 유전학적 지혜를 공유하기 때문에 유전질환을 방지할 수 있으며 이는 말 그대로 생사를 가르는 중요한 요인이 된다.

사이먼 같은 사람들에게는 약물주입을 시작하는 시기가 중대한 영향을 미친다. 최대한 빨리 시작해야 헌터증후군의 다른 증상을 늦출 수 있기 때문이다. 불행하게도 심장의 비대화, 그리고 일부 환자에게 나타나는 신경학적 악화를 방지하거나 되돌릴 수는 없다.

어느 날 사이먼은 8개월 난 아들이 막 헌터증후군 진단을 받았다는 어떤 가족을 만났는데, 그 후 내게 보여 준 한없이 훌륭한 인격이 내 뇌리에 깊이 새겨져 있다. 그는 숨을 가쁘게 쉬며 들뜬 상태로 내 사무실에 노크하고 들어왔다. 헌터증후군에 걸리면 기도가 좁아져 호흡곤란이 올 수 있는데, 사이먼도 어떤 날은 증상이 더 심했다. 그는 숨을 고르며 그 어린아이가 조기에 이두술파아제 약물요법을 시작할 수 있어 전혀 다른 세상을 살 수 있겠다고, 오래 살아서 장래에 훨씬 더 잘 듣는 새로운 치료를 받게 될 것이라고 말했다. 그가 그 아기의 이야기를 들려주는 내내 자신이 어려서부터 이두술파아제 처방을 받지 못한 것을 한탄하는 기색이라고는 털끝만큼도 찾아볼 수 없었다.

사이먼의 삶을 통해 알 수 있는 것은 복수의 X염색체를 이용할 때 받는 배당금이 대개 생존이라는 것이다. 남성은 시련을 극복하려고 아무리 노력해도 항상 시작부터 유전학적으로 불리한 것이다.

마지막으로 본 사이먼은 평상시처럼 낙천적이었다. 그는 자신의 모든 것을 들려주었다. 그토록 기뻐하던 새로운 연애 이야기까지. 사이먼은 39세의 젊은 나이로 2017년 5월 26일에 영원히 잠들었다. 그의 어머니 마리는 여전히 살아계시다.

비교할 만한 유전적 우월성의 현상을 조류에서 볼 수 있다. 조류는 인간과 유사하게 염색체로 성이 결정되지만 그 반대이기 때문에 언급할 가치가 있다. 조류의 수컷은 포유류의 암컷이 X염색체 2개를 병용하는 것처럼 Z염색체라 불리는 것을 2개 사용한다. 조류의 암컷이 가진, 포유류의 Y염색체에 상응하는 것은 W염색체라 불린다.

공룡의 후손인 조류의 경우 수컷이 더 강하고 인간 남성의 X 연관 질환에 해당하는 질병을 앓지 않는다. 반면 조류 암컷은 위에 해당하는 Z 연관 질환을 감수해야 한다. 조류 수컷은 더 오래 산다. 도마뱀과 양서류도 마찬가지다 포유류의 X염색체에 해당하는 염색체 2개를 물려받은 쪽이 더 강한 성별이다.

나는 조류 수컷의 장수에 관해 셰프인 무라타 요시히로를 만나고 나서 우연히 알게 되었다. 일본에서 연구를 진행하고 있을 때, 운 좋게도 무라타 셰프가 운영하는 도쿄의 레스토랑에서 '가이세키會席'라 불리는 코스 요리를 경험했다. 가이세키는 특별한 유형의 일본 요리로 계절감을 크게 반영하며, 유네스코 무형 문화유산으로 지정된 와쇼쿠和食의 대표격이다.

음식은 더없이 훌륭했다. 4개의 레스토랑과 총 7개의 미슐랭 스타를 보유한 무라타 셰프의 미각적 업적이 왜 그토록 존경받는지 쉽게 알 수 있었다. 식사하는 동안 총 14가지 요리가 계속 나왔다. 다음날 무라타 셰프와 차를 마시며 일식에 관한 책을 시리즈로 출간하려는 계획에 관해 이야기를 나누었다. 시리즈로 몇 권이나 낼 것이냐고 묻자 그는 특유의 정색하는 표정으로 익살스럽게 대답했다. "많이요."

그는 시리즈 제1권에 들어갈 내용과 향후 책에 삽입하려는 사진을 보여 주었다. 내가 일본에 있는 동안 또 어떤 특별한 음식을 먹으면 좋을지 그에게 물었다. 그는 은어(일본어로 '아유鮎')를 먹어 보라며 사진을 보여 주었다. 전에 먹어 본 적이 있지만, 사진 속의 은어들은 내 눈길을 끄는 무엇인가가 있었다. 두 마리 모두 몸통 중간에 수직선 모양의 흔적이 2개씩 있었다.

무라타 셰프는 내가 그 특이한 흔적을 골똘히 들여다보는 것을 알아채고 언질을 주었다. "새 부리 때문에 생긴 거예요 … 물고기를 잡는 새 말입니다." 그러고는 전체 과정을 몸짓으로 보여 주었다.

그 물고기는 그물로 잡히거나 양식된 것이 아니었다. 이 특별한 은어는 지금은 거의 사라진 몇백 년 전통의 어로법으로 포획된 것이다. 처음에는 나를 놀리려고 억지스런 농담을 하는 줄 알았지만, 무라타 셰프의 엄숙한 표정을 보고 진담이라는 것을 알았다. 나는 많은 것이 궁금해졌다.

그 다음 주, 은어 잡는 새를 보러 갔다. 야마자키 신조 씨의 어선에 앉아 있을 때, 눈이 에메랄드빛이고, 몸통이 검고, 빰이 희고, 부리 밑에 겨자색 반점이 있는 아름다운 가마우지가 나를 수상쩍다는 듯이 쳐다보았다. 야마자키 씨가 말했다. "걱정 안 해도 돼요.

사람을 잡아먹지는 않거든요." 뭍에서 멀어지자 야마자키 씨는 가마우지의 가슴에 밧줄을 감고 준비를 시켰다. 그는 가마우지의 목에 걸려 있는 금속 고리를 가리키며 그것으로 은어를 삼키지 못하게 한다고 설명했다. 가마우지를 물속으로 밀어 넣자 몇 분 후 불거진 목을 하고 돌아왔다.

야마자키 씨가 가마우지의 입을 조심스럽게 열고 튀어나온 부분을 쥐어짜니 작은 물고기 세 마리가 나왔다. 부당한 취급을 받는 가마우지가 조금 딱하게 느껴졌다. 야마자키 씨는 내 마음을 읽었는지 근처 상자에서 장어 분말을 꺼내 가마우지에게 상으로 주었다.

가마우지를 이용하여 물고기를 잡는 일본의 관습은 7세기나 그 이전에 중국에서 들어온 것이라 생각된다. 야마자키 씨는 가마우지 여섯 마리를 기르고 있는데, 더 있으면 좋겠지만 집에서 너무 많은 공간을 차지한다고 부인이 불평한다고 한다. 그는 또한 수컷을 선호한다고 밝혔는데, 값은 더 비싸지만 더 건강하고 오래 산다는 것이다. 인간 여성처럼 조류 수컷도 보통 더 오래 산다. 새삼 놀라운 사실은 아니다. 어쨌든 가마우지 수컷은 인간 여성처럼 X염색체에 상당하는 것을 2개 지니고 있다. 성별 평균수명의 차이를 알고 이용하는 것은 보험회사뿐만이 아니다. 가마우지의 물고기잡이 훈련에 드는 노력과 비용을 생각하면, 당연히 더 오래 사는 개체를 골라야 수지가 맞는다.

살면서 겪는 모든 신체적 역경을 단 하나의 스포츠 행사에 모아 놓는다면, 아직 잘 알려져 있지 않은 울트라마라톤 경기처럼 보일 것이다. 이 세계에서 코트니 도월터Courtney Dauwalter는 반란자로 통한다. 그녀는 모아브Moab 240이라는 383.5킬로미터 도보경주에서 2일 9시간 59분의 기록으로 우승했다.[28] 유타의 캐니언랜즈국립공원을 가로지르는 거대한 순환 코스다. 도월터는 모든 남성 경쟁자보다 현저하게 빨랐으며, 2등을 한 숀 나카무라보다도 10시간 이상 앞섰다. 수년 전만 해도 모두가 불가능할 것이라 생각한 성취였다.

새로운 지평을 열고 신기록을 세우는 것은 도월터뿐만이 아니다. 초장거리 경주에 도전하는 여성이 늘어나고 있다. 순전히 근육의 힘만을 짧게 폭발시키기보다 지속적인 지구력과 스태미나를 갖춘 사람이 유리한 경주에서 특히 흥미로운 일이 벌어지고 있다. 여성들이 경쟁하고 우승하고 있다.

도월터는 자신만의 규칙에 따라 살고 있다. 엠앤엠 초콜릿, 럭키참스 시리얼, 젤리빈, 햄버거 등에서 연료를 얻는 그녀는 뛰어난 엘리트 운동선수가 중요하게 여길 만한 영양관리를 따르지 않는다. 전통적인 유형의 훈련을 피하고 훈련 시간과 거리를 스스로 정한다. 늘 세심한 계획을 세우는 것도 아니다. "집을 나설 때 연습을 45분 할지 4시간 할지 생각조차 하지 않을 때도 있어요. 기본적으로 제 몸에 귀를 기울여 어떤 신호를 보내는지 잘 읽어 내고 시키는 대로 하죠."[29]

한 가지는 확실하다. 도월터는 달리는 것을 좋아한다. 극단적이라는 평가도 있다. '달려라 토끼야Run, Rabbit, Run'라고 불리는 160킬로미터 경주에서 마지막 20킬로미터를 남겨 두고 일시적으로 실명한 적도 있다. 그런데도 경주를 마쳤다.

몬테인 스파인 레이스Montane Spine Race도 혹독한 울트라마라톤 경주다.[30] 언덕이 많은 지형에서 431킬로미터를 쉬지 않고 달리는 마라톤인데, 언덕의 높이를 합치면 총 13킬로미터에 달한다(에베레스트산의 높이는 9킬로미터도 채 안 된다). 더욱 악랄하게도 한겨울에 열리기 때문에 달리기 코스의 3분의 2가 완벽한 어둠에 휩싸인다. 참가자 전원은 필요한 식량과 물품을 스스로 준비해 와야 하며 경기 도중에는 지원 팀도 없다. 몬테인 스파인 레이스에 참가한 재스민 패리스Jasmin Paris는 경기 도중 3시간만 자고 83시간 12분 23초의 기록으로 우승했다. 그녀는 그 대회의 첫 여성 우승자였을 뿐만 아니라 이오인 키스Eoin Keith가 앞서 세운 기록을 12시간이나 단축했다. 심지어 결승선에 도달하는 동안 다섯 곳의 체크포인트 중 네 곳에서 14개월 난 딸에게 모유를 먹이기까지 했다.

대체로 남성은 더 큰 심장과 더 탄탄한 근육을 갖추고 있고, 체내 필요한 곳에 산소를 보내는 능력이 더 뛰어나다. 그러나 이러한 이점은 많은 비용을 필요로 한다. 25년 이상 남성과 경쟁하며 세계 챔피언 타이틀을 일곱 번 거머쥔 산악자전거 선수 리베카 러시Rebecca Rusch에게 물어보라. 그녀는 말한다. "다들 맹렬하게 앞서가지만 몇 시간 후면 제가 따라잡죠. 항상 제게 물어요. 왜 그리 천천히 출발하냐고. 그럼 이렇게 대답합니다. 왜 그리 천천히 도착해?"[31]

혹독한 운동경기일수록 여성의 유전학적 이점이 빛을 발하는 것 같다. 이러한 경향을 보여 주는 좋은 예가 있다. 독일의 운동선수이자 의대생인 피오나 콜빙거Fiona Kolbinger는 최근 256명이 참가한 대륙횡단 레이스에서 200명 이상의 남성을 제치고 우승했다. 이 살인적인 4,000킬로미터 울트라사이클링 경기는 포장도로를 따라 2,645미터 높이의 프랑스 알프스를 가로질러 유럽대륙을 횡단하는 것으로 경기 내내 예측할 수 없는 날씨에 노출된다. 콜빙거는 10일 2시간 48분 만에 결승점을 통과하여 2위로 골인한 벤 데이비스를 7시간 차이로 가뿐히 물리쳤다. 콜빙거는 우승한 뒤 이렇게 말했다. "경기에 들어서면서 여성용 단상에는 올라갈 수도 있다고 생각했지만, 전체 우승을 할 줄은 전혀 몰랐어요."[32]

전통적으로 남성이 더 강한 성별이라고 여겨졌지만, 실상은 신생아집중치료실에서 여자아이가 더 강하고, 비참한 기근이 닥쳐도 여성이 더 많이 살아남는다. 환경적, 행동적 차이를 고려할지라도 사망률은 남성이 항상 더 높다.

X염색체를 2개씩 사용하는 데서 비롯된 강건한 유전학적 다양성과 서로 협력하는 세포가 여성에게 중요한 영향을 미친다. 이러한 염색체의 다양성과 스태미나가 모든 여성에게 높은 생존력을 부여한다.

여성은 2개의 X염색체를 갖고 있기 때문에 출생지와 환경에 관계없이 일반적으로 남성보다 더 잘 견디고 극복하고 오래 살아남는다. 과거로부터 배울 것이 있다면, 시련의 시기가 닥칠 때 치러야 할 희생이 남녀 간에 결코 동등하지 않으리라는 것이다. 삶의 울트라마라톤에서 단연 우위를 차지하는 성별은 따로 정해져 있다.

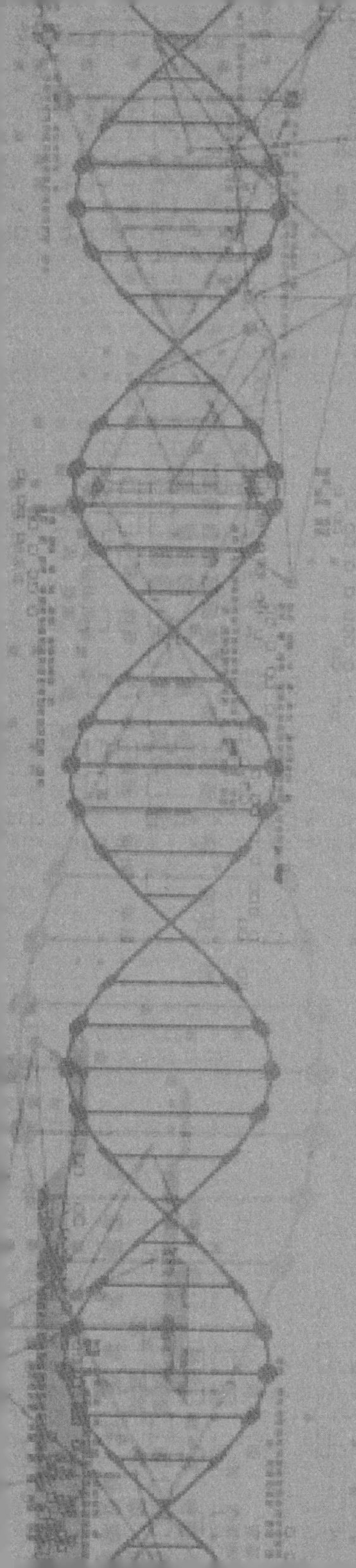

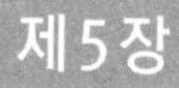

유전학적 우월성의 대가, 자가면역질환

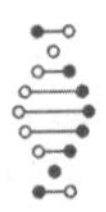

두창[천연두]은 지난 몇 세기 동안 인류를 가장 많이 괴롭힌 질병 중 하나로, 아주 짧은 기간에 수억 명의 목숨을 앗아 갔다.[1] 특히 아메리카 원주민이 이 보이지 않는 바이러스의 책략으로 하루아침에 파멸되었다.

전염병의 불씨를 완전히 제거하기 위해 1967년, 세계보건기구WHO는 강화된 두창 근절 캠페인을 개시했다.[2] 당시 여전히 매년 300만 명이 두창으로 죽었고, 그 바이러스의 재앙에서 살아남은 수백만 명은 평생 흉터와 장애를 안고 살아야 했다. 세계보건기구가 그러한 현실을 바꾸려고 결심한 것이다. 그리고 해냈다. 두창 근절 캠페인은 사상 처음으로 지구상에서 인간의 병원체 하나를 박멸시켰다.

내 왼팔 윗부분에 남아 있는 동전 크기의 흉터는 어려서 두창 백신을 접종받은 흔적이다. 두창을 비롯한 전염병에 대한 면역접종은 지금까지 개발된 그 어떤 치료법보다도 더 많은 죽음을 방지하고 더 많은 고통을 완화시켰다. 내 접종 자국이 상징하는 것은 훨씬 더 쾌적한 세상을 만들기 위해 인류가 공동으로 이루어 낸 최대의 업적 가운데 하나다.

더 이상 두창으로 인해 수백만 명이 죽거나 불구가 되지 않는 오늘날에는 그 예방의 가치가 쉽게 인식되지 않을 것이다. 실제 감염되면 어떻게 되는지 이야기해 줄 사람도 거의 남지 않았다.

어떻게 되는지 살펴보자. 처음 2주간은 잠복기로, 특별히 이상한 점을 느끼지 못할 정도로 무해하다. 그러다가 독감과 비슷한 증상이 시작되어 흔히 고열과 몸살을 앓고 2~4일간 구토가 동반되기도 한다.[3] 이어서 입, 코, 목구멍의 점막과 혀 등에 발진이 돋기 시작한다. 발진이 얼굴 표면에 생기고 나면 팔과 다리로 퍼지고 결국 손과 발의 부드러운 피부에까지 번진다. 약 4일 후에 발진 부위는 탁하고 불투명한 유체로 가득 찬 부스럼으로 바뀐다. 각 부스럼은 딱딱하고 아프며, 머리끝에서 발끝까지 뒤덮는다. 그러면 환자에게서 살이 썩은 냄새가 난다. 6일쯤 지나면 부스럼이 단단한 농포[고름물집]로 변해 꼭 피부 속에 진주가 박힌 것처럼 느껴지기 시작한다. 이 단계는 약 열흘간 이어진다. 농포가 굳기 시작하고 온몸이 수백 개의 딱지로 뒤덮인다.

모든 환자가 운 좋게 살아남는 것은 아니다. 농포가 치유되지 않은 자에게는 죽음이 고통스럽게 서서히 찾아온다. 장기와 내부 조직이 출혈되고 액화되어 마치 미라가 된 것처럼 보이는데, 환자는 여전히 살아 있는 상태다. 이러한 지독한 과정은 4주 동안이나 지속될 수 있다.

죽음을 모면한 자는 결국 딱지가 떨어지고 징그러운 흉터로 남아 피부가 흉물스러워졌다. 그리고 많은 경우 실명했다. 마맛자국이 두창을 시각적으로 상기시키기 때문에 주변 사람들이 피했다. 생존자에게 주어지는 유일한 장점은 남은 평생 재감염이 거의 일어나지 않는다는 것이었다. 당시에 그 이유를 아는 사람은 아무도 없었지만.

1973년이 되어서야 감염에 맞서 싸우기 위해 체내에서 생성되는 특수한 단백질로서 '항체'의 조각에 대한 어렴풋한 그림이 처음으로 등장했다. 두창과의 전쟁에서 승리하는 데 도움을 준 것은 항체였다.

1980년, 세계보건기구는 두창이 근절되었다고 공식적으로 선언했다.[4] 그제서야 인류는 끊임없는 공포를 잠재우고 안도의 한숨을 내쉬었다. 나는 아기 때 예방접종을 받았기 때문에 수십억 명의 다른 사람들과 마찬가지로 두창에 걸려 흉측해지거나 죽는 것을 면할 수 있었다. 나는 두창의 근절 노력이 마지막으로 이루어질 때 접종받은 지구상 최후의 인간들 중 한 명이다.

두창 이야기는 왜 했고, 두창은 여성의 유전학적 우월성과 어떻게 관련되는가? 우리는 체내에서 가장 정교한 생물학적 체계 중 하나인 면역계의 잠재력을 촉발시키고 이용함으로써 두창을 정복했다. 이 장에서 보게 되겠지만, 여성이 휘두르는 면역학적 무기 앞에 남성은 상대가 되지 않는다.

두창을 박멸한 뛰어난 과학적 업적의 대서사는 흔히 18세기 영국의 의사 에드워드 제너Edward Jenner를 소개하는 데서부터 시작된다.[5] 전 세계 어디서든 미생물학이나 의학을 전공하는 학생이라면 면역학의 아버지에 관해 거의 똑같은 이야기를 듣는다. 제너는 종두를 통한 두창 예방법을 발견함으로써 무대에 홀연히 등장하는 의학적 영웅의 역할이 주어졌다.

제너는 종두에 관한 업적을 이루기에 앞서 뻐꾸기의 둥지 트는 습관을 연구하는 것으로 유명했다. 뻐꾸기는 다른 새의 둥지에 알을 낳아 감쪽같이 속은 새로운 부모에게 책임을 떠넘긴다. 제너의 시대에는 우둔한 양부모가 제공하는 먹이와 자원을 자신의 새끼가 독차지하도록, 뻐꾸기 친부모가 다른 알과 새끼를 둥지에서 제거함으로써 양육의 의무를 더 적극적으로, 그리고 상당히 섬뜩한 방식으로 방기한다고 생각되었다. 하지만 제너는 세심한 관찰을 통해 뻐꾸기 친부모의 잘못이 아니라는 것을 밝혔다. 살해범은 뻐꾸기 새끼였다. 뻐꾸기 새끼가 재빨리 다른 알과 새끼를 전부 둥지에서 떨어뜨려 처리한 것이었다. 제너는 이러한 뻐꾸기 연구의 업적으로 당시 과학자가 누릴 수 있는 최고의 영예인 로열소사이어티 회원으로 선출되었다.•[6]

• 제너가 죽은 지 150년이 지나서야 뻐꾸기 새끼가 살해범이라는 그의 이론이 사진으로 증명되었다.

제너가 종두의 아이디어를 내놓게 된 경위에 대해서는 몇 가지 설이 있다.[7] 하나는 그가 글로스터셔주 버클리에서 지역 의사로 훈련을 받고 있을 때 '아하' 하고 깨달았다는 것이다. 거기서 자기는 이미 우두cowpox를 앓았으니 두창에 걸리지 않을 것이라는 우유 짜는 여성의 말을 우연히 들었다.

우두바이러스와 두창바이러스는 유연관계는 깊지만 전혀 별개이며, 전자가 소를 감염시키도록 진화한 반면 후자는 인간을 감염시키는 데 특화되어 있다.•[8] 당시 우두는 소와 함께 굉장히 오랜 시간을 보내는 사람에게 나타나는 직업병이었다.

같은 이야기의 다른 버전으로, 세라 넬름스라는 이름의 우유 짜는 여성이 손에 이상한 발진이 생겨 제너를 찾아왔다. 제너는 소젖을 짜는 여성에게서 이러한 감염증이 많이 보이자 영악하게 우두라고 진단했다. 증상이 훨씬 가벼운 우두를 앓고 나서 두창에 걸리지 않게 되었다는 세라의 말을 듣고 그것이 사실인지 시험해 보기로 했다.

그리하여 제너는 정원사의 여덟 살짜리 아들 제임스 핍스를 이용하여 우두에 걸리면 두창 예방효과가 생기는지 확인해 보았다.••[9] 우두에 감염된 세라의 손에서 고름을 뽑아 소년의 천연 보호 장벽

• 우두바이러스와 두창바이러스는 서로 다르지만 둘 다 오르토폭스바이러스속(*Orthopoxvirus*)에 속해 있다.

•• 인두법과 우두법의 개발과정에서 자행된 인간 생체실험의 윤리에 관해서는 광범위한 논쟁이 지속되고 있다. 아직 합의에 이르지는 못했지만, 이러한 논의는 오늘날 여전히 가치 있고 유효하다.

인 피부를 찢고 그 안에 주입한 것이다. 며칠 후에 제임스는 우두를 앓았다. 우두에 감염되고 나으면 두창에 면역이 생긴다는 것이 아직 입증된 것은 아니었다. 이를 시험하려면 두창이 유행할 때까지 참을성 있게 기다려야 했다.

아니면 빠른 진행을 위해 제임스에게 두창을 직접 주입할 수도 있었다. 제너는 후자를 선택했다. 제임스는 두창에 의도적으로 노출되었지만 다행히도 살아남았다. 제너는 그 기법을 '소에게서'를 뜻하는 라틴어 'vaccinus'를 차용하여 'vaccination'['우두법', '종두'를 뜻하는 'vaccination'은 이후 '예방접종'을 뜻하는 말로 일반화되었다 – 옮긴이]이라고 명명했다.

제너는 조롱당하면서도 다른 아이들에게 접종 실험을 반복하면서 작업을 이어 갔다. 하지만 제너 자신만이 비웃음을 산 것은 아니었다. 이 면역학의 아버지는 1796년에 당대 최고의 동료 심사 학술지인 『로열소사이어티회보*Philosophical Transactions of the Royal Society*』로부터 논문 게재를 거부당했다.[10] 로열소사이어티 회장인 조지프 뱅크스 경Sir Joseph Banks은 제너의 논문을 부정적으로 논평한 두 심사위원 편에 서 있었다.

제너는 결국 자신의 업적을 『잉글랜드 서부의 몇몇 주, 특히 글로스터셔주에서 발견되어 우두라는 이름으로 알려진 소 두창의 원인과 결과에 관한 연구*An Inquiry into the Causes and Effects of the Variolae Vaccinae, a disease discovered in some of the western counties of England, particularly Gloucestershire and Known by the Name of Cow Pox*』라는 제목의 단행본으로

출간했다.[11] 1798년에 자비로 낸 것이었다.

마침내 많은 의사와 환자가 공포스러운 두창을 예방할 수 있는 제너의 방법에 동조하기 시작했다. 그리고 제너는 영국 정부로부터 중요한 과학연구를 계속하도록 총 3만 파운드(현재 가치로 100만 달러 이상)의 보조금을 받았다.[12] 하지만 그는 자금을 자신의 연구에 쓰지 않았다. 정반대였다. 집 근처에 '우두의 전당'이라는 오두막집을 짓고 경제적 여력이 없는 사람들에게 접종을 실시했다.

제너가 출판 직후에 남긴 예언은 적중했다. "인류의 가장 끔찍한 재앙인 두창의 전멸이 본 시술의 최종 결과가 될 것이다."

제너의 첫 실험 이후 불과 10년 만에 수만 명이 우두접종을 받았다.[13] 그런데 역사를 수놓은 획기적인 과학적 성과의 유래가 으레 그렇듯이, 이 이야기에도 또 다른 시작이 있다. 내가 대학에서 (그리고 의료 수련과정에서) 배우지 않은 것이 있었다. 바로 레이디 메리 워틀리 몬태규Mary Wortley Montagu가 종두의 발전에 중요한 역할을 했다는 사실이다.

레이디 메리 몬태규는 1689년 5월 26일, 귀족 가문에 태어났다.[14] 그 신분의 여성에게 요구되는 전형적인 교육을 받으며 런던에서 자랐다. 다만 그녀는 결코 전형적인 여성이 아니었다. 어렸을 때부터 독립심과 호기심이 유별나게 강했다

그러한 불굴의 정신의 소유자가 도체스터 후작인 아버지가 주선한 혼담을 딱 잘라 거절했다는 것은 그리 놀랄 일이 아니다. 아버지의 뜻에 맞서 스스로 결혼 상대를 택한 레이디 메리는 1712년, 에드워드 워틀리 몬태규 경과 함께 달아났다. 그럼으로써 그녀 자신의 삶의 궤적뿐만 아니라 어쩌면 인류의 역사까지도 바꾸게 된다.

레이디 몬태규는 결혼한 지 몇 년 안 되어 두창에 걸렸고, 회복했다. 거울을 들어 얼굴을 볼 때마다 그 질병을 상기시키는 마맛자국 때문에 고통스러웠다. 앓는 과정에서 속눈썹까지 빠졌지만 다시는 자라나지 않았다. 그녀가 회복하고 18개월이 지나자 이번에는 남동생 윌이 두창에 걸렸다. 그는 누나만큼 운이 좋지는 못했다. 감염 직후에 20세의 나이로 세상을 떠났다.

1717년 초에 레이디 몬태규는 오스만제국의 대사로 새로 부임하게 된 남편을 따라 잉글랜드를 떠나 콘스탄티노폴리스로 향했다. 그녀는 그리스어와 터키어를 배우며 현지 문화에 몰두했다. 당시 많은 것들을 목격하고 관찰했지만, 접종engrafting 혹은 인두법variolation이라 불리는 풍습에 특히 관심이 끌렸다.•

레이디 몬태규는 편지에 이렇게 썼다.

질병에 관해 한 가지 들려 드릴게요. 아마 당장 여기로 오고 싶어질 겁

• '인두법'을 뜻하는 영어 'variolation'은 '뾰루지'라는 뜻의 라틴어 'varus'에서 유래한다. 'engrafting(주입)'과 'inoculation(접종)' 등의 용어도 그것과 동일한 의미다.

니다. 우리에게 너무나 치명적이고 보편적인 두창이 여기서는 완전히 무해합니다. 접종이라 불리는 것이 발명되었기 때문이죠. 매해 가을, 폭염이 수그러드는 9월이 되면 노부인 무리가 전문적으로 시술을 합니다. 가족 중에 희망자가 있으면 사람을 보내 알리고요. 희망자들은 접종을 위한 모임을 갖는데, 다들(보통 15~16명) 모이면 노부인이 최량의 두창 물질을 가득 채운 견과류 껍질을 가져와서는 어느 혈관을 열지 묻습니다. 대답한 곳을 즉시 큰 바늘로 찢고(보통 할퀴는 정도만큼만 아프다네요) 바늘 끝에 올릴 수 있을 만큼의 물질을 혈관에 집어넣은 뒤 작은 상처를 빈 껍질로 동여매요. 이런 식으로 네다섯 군데 실시합니다.[15]

레이디 몬태규는 그 접종이 콘스탄티노폴리스 고유의 것이 아니라는 것을 알지 못했다.[16] 그로부터 200년 전에 이미 중국의 의사들이 딱지 가루를 이용한 인두법을 실시하고 있었다.

레이디 몬태규의 생생한 묘사가 어딘가 익숙하게 들릴 것이다. 그 기법은 여러 해 뒤에 제너가 이용한 종두법과 같기 때문이다. 다만 매우 중요한 차이점이 있다. 제너의 종두법은 두창이 아니라 우두에 포함된 물질을 인간에게 주입하는 것이었다. 우두를 사용하는 것이 훨씬 더 안전했다.

우두법과 인두법 모두 인체의 보호에 관한 적응계를 이용한다. 두창바이러스 같은 병원체를 격퇴하기 위해 필요한 면역학적 방어체계를 자극하는 것이다. 여성은 바로 이러한 체계를 평생 동안 남성보다 더 효과적으로 이용한다. 우두법과 인두법의 원리는 신체가 극복할 수 있을 만큼 가벼운 감염을 일으켜 어느 정도의 방어면역을 획득시키는 것이다. 그러한 자극을 받았을 때, 여성은 면역 형성 과정에서 초래되는 공격에 더 강력하게 대응할 수 있다.[17]

레이디 몬태규는 인두법의 두창 예방 능력에 크게 이끌려 영국 대사관 소속 외과의사 찰스 메이틀랜드 앞에서 자신의 아들 에드워드에게 인두접종을 받게 했다고 한다. 일이 잘되어 그녀의 아들은 두창의 증상이 완전히 진행되지 않았다.

그녀는 아들을 접종시킨 직후에 쓴 편지에 이렇게 언명했다. "저는 애국자라서 이 유용한 발명품이 잉글랜드에 널리 퍼지도록 노력할 겁니다. 의사들에게도 그것에 관해 아주 자세히 써서 보내야겠군요. 인류를 위해 그토록 중요한 수입원을 포기할 만큼 덕을 갖춘 자가 그중에 있다면요."[18]

1721년 4월에 잉글랜드로 돌아온 레이디 몬태규는 인두법에 대한 관심을 제고하며 그것을 동포에게 소개하고 싶은 열망을 실천에 옮겼다. 여성으로서도, 동쪽에서 온 미지의 의료기술을 보수적인 의학계에 도입시키려는 자로서도 일이 수월하게 풀릴 리가 없었다. 런던 의학계에 인두법이 레이디 몬태규가 기대한 만큼 신속하게 수용되지 않은 것은 놀라운 일이 아니었다.

1721년에 두창의 유행이 또 한 차례 런던을 강타하자 레이디 몬태규는 네 살짜리 딸 메리도 접종받기를 바랐다. 그녀는 찰스 메이틀랜드에게 시술을 부탁했다. 몇 년 전 콘스탄티노폴리스에서 그녀의 아들이 접종받는 것을 지켜본 의사였다. 그러나 그는 거절했다.

멀쩡한 혈관을 째고 그 안에 두창 환자의 고름을 집어넣는 행위가 당시의 의사, 그리고 수많은 사람의 눈에 기괴하게 비친 것도 무리는 아니었다. 또한 메이틀랜드에게든 누구에게든 인두접종 시 최선의 기법이 무엇인지 분명하지 않았다. 어떤 정맥을 골라 절개해야 하는가? 두창 환자의 고름은 얼마나 주입해야 하는가? 메이틀랜드는 레이디 몬태규의 인두법 시술 요청을 한결같이 거절했다. 더구나 접종을 받은 사람의 2~3퍼센트가 전격적인 두창으로 진행되어 죽는다. 인두법에 내재하는 위험을 고려하여 그녀의 딸이 죽게 되는 만일의 사태에 대해 책임지고 싶지 않았던 것이다.

모든 불확실성에 비추어 볼 때, 메이틀랜드가 어린 소녀에게 접종하는 것에 적잖은 의구심을 품을 만도 했다. 그러나 레이디 몬태규는 시도할 가치가 있다고 믿었다. 그렇지 않으면 어떻게 될지 너무나 잘 알고 있었다. 두창에 걸리면 죽거나 평생 흉한 얼굴로 살아야 한다. 그래서 그녀는 메이틀랜드를 설득하여 참관인 두 명을 앞에 두고 시술을 진행시켰다. 레이디 몬태규의 딸은 접종 후 문제가 없었고, 인두법에 대한 관심이 왕실에서부터 고조되기 시작했다.

1721년 8월 9일, 메이틀랜드는 왕실로부터 인두법의 시험적 실시를 허가받았다.[19] 18세기 영국에는 사형제도가 존재했다. 그는 사소해 보이는 죄목으로 집행 대기 중인 사형수들을 접견하는 독특한 상황에 놓였다. 그들이 첫 번째 실험 대상자였다.

실험에서 운 좋게 살아남는다면 사형집행을 면제받을 가능성을 대가로 죄수 6명이 인두접종을 받았다. 그들 모두 살아남았다. 인두법은 레이디 몬태규가 예측한 대로 효과가 있었다. 면역이 형성되었는지 확인하기 위해 접종받은 죄수 중 한 명을 증상과 감염력이 있는 두창 환자에게 접촉시켰는데 면역이 되어 있었다. 그는 두창에 걸리지 않았고, 교수형의 올가미에서 벗어났으며, 접종받은 동료들과 함께 사면되었다.

마치 디킨스Charles Dickens의 소설에 나오는 것처럼, 메이틀랜드는 다음으로 세인트제임스 교구의 고아들에게 인두법을 시술했고, 다행히 모두 살아남았다. 인두법이 안전하고 두창을 예방한다는 증거가 쌓이자 메이틀랜드는 이제 영국 왕세자비의 두 딸 어밀리아와 캐럴라인에게 시술을 해도 좋다는 허가를 받았다.

비슷한 시기에 다른 의사들이 인두법의 임상경험을 보고한 논문 몇 편이 『로열소사이어티회보』에 실렸다.[20] 런던 로열소사이어티는 이미 1714년에 에마누엘 티모니로부터, 1716년에 자코모 필라리노로부터 각각 서한을 받았었는데, 거기에는 레이디 몬태규가 이스탄불에서 목격한 인두법이 그대로 서술되어 있었다. 내내 묵살하다가 왕가의 자녀들이 인두접종을 받고 관심이 고조되니 태세를 전환한 것이다. 결국 수용되어 레이디 몬태규의 필사적인 바람이 이루어지게 되었다.

인두법에는 두창이 완전히 진행되어 외모가 손상되거나 사망하는 등의 문제가 끊이지 않았다. 시간이 흐르면서 접종 부위를 작게 절개하여 고름을 적게 투여하는 서턴 방법Suttonian method이라 불리는 새로운 기법이 등장하여 초기의 불확실성 중 일부가 극복되었다.

의사도 외과의사도 아닌 대니얼 서턴Daniel Sutton은 그의 아버지가 처음 개발한 기법을 이용하여 1763년부터 1766년까지 2만 2,000명을 접종했지만 단 3명만이 죽었다.[21] 이 정교한 방법 덕택에 인두 접종자의 발병률과 사망률이 현저하게 낮아졌다.•

다시 제너와 내 팔의 종두 자국 이야기로 돌아오면, 왜 두창과 다르지만 동류인 바이러스를 사용하는 것이 크게 유리한지 쉽게 알 수 있다. 우두는 사람이 아니라 소를 감염시키도록 진화되어 위험성이 두창에 훨씬 못 미친다. 따라서 접종에 두창 대신 우두를, 즉 인두법 대신 우두법을 이용한 것은 커다란 진전이었다. 기량이 부족한 의사도 접종을 실시할 수 있었고, 접종자가 죽지는 않을까 염려하지 않아도 되었다.

그렇지만 제너의 업적도 레이디 몬태규의 부단한 노력이 없었다면 불가능했을 것이다. 제너 자신도 어려서 인두접종을 받았기 때문이다. 그렇지 않았다면 두창에 희생되어 무언가의 아버지로 기억되지 못했을지도 모른다. 1774년에 두창으로 죽은 프랑스 왕 루이 15세와 같은 운명에 처할 수도 있었다. 프랑스인은 인두법의 열렬한 반대자였다. 프랑스 왕실을 목격한 사람의 증언에 따르면, "궁전의 공기가 오염되었다. 그저 베르사유의 갤러리를 어슬렁거렸을 뿐인데 50명 이상이 두창에 걸려 그중 10명이 죽었다"[22]고 한다. 루이 15세가 죽자 그의 손자인 루이 16세가 부인 마리 앙투아네트와

• 인두법 자체가 의도와 정반대되는 효과를 낼 수 있다. 서턴 방법으로도 여전히 일부 접종자는 두창이 완전히 진행되어 죽었다.

함께 왕위에 올랐다. 18세기 말에 프랑스혁명이 발발하고 나서야 프랑스에 종두가 도입되었다.

그때 영국인은 제너의 새로운 방법에 저항하며 우두법의 열렬한 반대자가 되었다. 훨씬 더 안전한 예방을 제공하는 우두법에 반대한 것은 자식을 걱정하는 부모들이 아니었다. 안정적인 돈줄을 포기할 수 없는 영국의 인두 시술자들이었다.

우두법과 인두법 모두 B세포라 불리는 전문화된 면역세포를 필요로 한다. 앞서 말했듯이, 여성의 B세포가 생산하는 항체는 수가 더 많을 뿐만 아니라 더 적합하기까지 하다.

우리는 생의 매 순간마다 새로운 유형의 항체를 만들어 낸다. 항체를 생산하는 B세포는 표면에 자신이 만드는 항체와 똑같은 모양의 수용체를 가지고 있다. 고유하고 특정한 형태의 면역원에 반응함으로써 그 수용체를 활성화시키는 것이 주 임무다. B세포는 표면에 이 항체의 복사본 약 10만 개를 마치 안테나처럼 부착하고 기다리고 있다가 완벽하게 들어맞는 면역원이 나타나면 활성화되어 항체를 생산하기 시작한다.[23]

즉 B세포가 어떤 면역원과 마주쳤는데 그것과 충분히 결합된다면 빙고다! 이제 이 B세포는 분열을 시작할 것이다. 수용체가 촉발되고 나서 18~24시간이 지나면 딸세포들과 함께 똑같은 항체 수백만 개를 만들어 온몸으로 순환시킬 것이다.

업무상 실적주의도 존재한다. B세포가 병원체를 성공적으로 제거하는 항체를 생산하면 승진하고 동일한 감염이 일어날 경우를 대비해 존속된다. 예상되는 반격에 맞서기 위해 일부 딸세포가 기억세포로 발탁되어 여러 해 동안 유지되는 것이다.

우리는 예방접종을 할 때마다 이러한 체계를 이용한다. 그렇기 때문에 면역이 생기면 여러 해 동안, 때로는 한평생 보호받을 수 있다. 우리는 과거에 겪었던 모든 감염의 면역학적 기억을 광적으로 수집한다. 그리고 예방접종을 통해 크게 앓지 않고도 면역학적 기억을 형성시킬 수 있다. 대개 통증을 감수할 만한 가치가 있는 것이다.

일부 기억세포나 그 자손은 우리의 나이만큼 오래되었다. 이러한 현상은 어린아이가 자주 아픈 이유와 연관이 있다. 어린이의 면역계는 신체의 나머지 부위처럼 여전히 발달 중이다. 시간이 흐르면서 병원체와 약하게, 때로는 세게 맞붙으며 충분한 면역학적 경험이 축적되고, 이를 통해 수백만 가지 병원체의 침입에 대응할 만큼 방대한 면역학적 레퍼토리가 구축된다. 이러한 면역학적 기억 덕분에 어떤 위협에도, 특히 동일한 바이러스나 세균이 다시 침입하여 재대결이 펼쳐질 때 더 빨리 더 공격적으로 대응할 수 있는 것이다.

면역학적 기억은 생사를 가를 수 있다. 뇌 속의 신경세포가 과거의 사건과 기술을 부호화하여 우리의 생존을 지키는 것처럼, 면역계는 침략자에 들러붙는 항체를 이용하여 기억하고 있다가 재침략한 적을 무찌른다. 이를 적응성 면역반응이라고 부른다. 그리고 여성은 남성에 비해 면역학적으로 기억한 것을 쉽게 잊지 않는다. 여성은 보통 예방접종 후 통증과 부작용이 더 심하지만, 그것은 탁월

한 면역계가 백신과 더욱 효과적으로 반응하기 때문이다.[24]

우리들 대부분은 스스로 항체를 생성할 수 있는 능력을 갖추고 태어나지만, 여성이라면 그 능력이 훨씬 더 뛰어나다. 앞서 개략적으로 살펴보았듯이, B세포는 돌연변이를 반복적으로 일으켜 스스로 성능을 향상시키는데, 여성은 이러한 체세포 과돌연변이 과정에 더 능하므로 더욱 적합한 항체를 생산할 수 있다. 여성의 면역학적 우월성을 나타내는 또 한 가지는 특정 항체를 만드는 기억 B세포가 체내에 훨씬 더 오래 남는다는 것이다. 그래서 여성은 백신접종에 훨씬 더 잘 반응한다. 여성의 면역세포는 말 그대로 망각을 모른다.

레이디 몬태규는 인두나 우두접종에 남녀가 서로 다르게 반응하고 기억한다는 것을 알 수 없었다. 면역학적 관점에서 여성은 또한 동일한 병원체가 다시 침입했을 때 더 강력하고 빠르게 섬멸한다.

당시 레이디 몬태규가 모든 생물학적 과정을 알 수는 없었겠지만, 인두법을 옹호할 수 있었던 것도 바로 면역학적 기억 덕분이었다. 그녀가 매우 특정한 항체를 생성하는 능력을 타고나지 않았더라면, 우두법이든 인두법이든 전혀 효과가 없었을 것이다. 항체를 생성하고 유지하는 것이라면 여성이 우세하다.

미국 조지아주의 애틀랜타와 러시아 노보시비르스크주의 콜초보는 지리적으로 멀리 떨어져 있다.[25] 그러나 두 도시는 마지막 두 무리의 두창바이러스를 보존하고 있다는 공통점이 있다.

1980년에 세계보건기구가 두창의 종식을 선언한 이후, 마지막 남은 두창바이러스의 처리 문제를 두고 말은 많았지만 정작 취해진 조치는 거의 없었다. 우리는 역사상 가장 치명적인 바이러스성 질환 중 하나를 제거하는 불가능해 보이는 일을 해냈다. 오랜 기간 두창과의 관계를 끊기 위해 무엇이든 했지만, 막상 완전히 헤어지려 하니 그것도 힘들었다. 학창 시절 로맨스의 유품이 담겨 있는 신발 상자를 도저히 버릴 수 없는 것처럼, 두창바이러스 샘플도 보이지 않는 곳에 여전히 보관하고 있다.

완전한 파괴를 꺼리는 데는 분명한 이유가 있다. 언젠가 쓸모가 있을지도 모른다. 특히 새로운 두창백신을 만들어야 한다면 더더욱 그렇다.

얼음통 안에 단단히 보관하고 있는 것은 바이러스뿐만이 아니다. 나는 병원체가 무기화될 가능성에 대비하여 항생제 치료법을 개발하는 데 관여한 적이 있다.[26] 특히 흑사병, 즉 페스트를 일으키는 페스트균*Yersinia pestis*에 대한 것도 있었다. 심지어 두창보다도 훨씬 더 치명적인 이 병원체는 폐페스트의 형태로 감염자의 90퍼센트를 죽일 수 있다.

다른 수많은 세균성 병원체와 마찬가지로 페스트균도 숙주 내에 생물학적으로 이용 가능한 철분이 풍부하면 살상력이 증폭된다.[27] 청년기와 중년기의 남성이 체내에 가장 많은 양의 철분을 저장하고 있다. 월경이나 임신을 통한 유실이 없기 때문이다. 그들은 페스트균처럼 철분에 의존하는 병원균과 싸워야 할 때 여성에 비해 불리해질 수 있다.

페스트균은 살상력이 높지만 기존의 항생제에 대단히 민감하다. 이는 다만 무기화되기 전의 이야기다. 가뜩이나 치명적인 병원체를 훨씬 더 파괴적이게 만드는 일은 오늘날 너무나 쉬워졌다. DNA가 조금만 업그레이드되면 페스트균은 현재 구할 수 있는 모든 항생제에 대해 완벽한 저항성을 갖출 수 있다. 페스트균에 유전체 편집 기술을 이용하여 철분을 더 많이 더 빨리 획득할 수 있는 유전학적 능력을 부여하면, 철분이 많이 저장되어 있는 남성을 훨씬 더 큰 위험에 빠뜨릴 수 있다.[28]

무기화된 흑사병이 언제든지 돌아와 전혀 기세가 꺾이지 않은 채 사람들을 닥치는 대로 죽일 수 있다는 사실을 인식하고 대비해야 한다. 페스트균을 항상 예비로 남겨 두는 것이 그래서 매우 중요하다. 그래야 페스트균의 DNA를 수선하고, 그에 맞설 새로운 약물을 개발하고 시험할 수 있다. 그러한 약물을 사용할 필요가 없기를 바랄 뿐이다.

두창에 대해서도 동일한 가능성이 존재한다. 두창바이러스는 실험실에서 합성할 수 있다. 1980년대에 구소련의 과학자들이 서방으로 망명하면서 두창이 생물학적 대량살상무기로 만들어지고 있다는 사실이 알려지기 시작했다. 1992년이 되어서야 보리스 옐친 러시아 대통령이 구소련에서 실제 탄저균, 두창바이러스, 페스트균의 생산이 포함된 광범위한 생물학 무기 프로그램이 운영되었다고 공개적으로 시인했다.

무기화된 바이러스 외에도 두창으로 죽은 인간의 유해나 오랫동안 분실된 조직 샘플이 부주의하게 파헤쳐져 바이러스가 다시 퍼져나갈 우려도 있다. 바이러스에 맞서는 최선의 방법은 여전히 백신 접종이기 때문에 그러한 샘플의 위험성은 좀처럼 사라지지 않을 것이다.

내 왼팔에 있는 흉터는 뉴욕시 보건국의 바키니아vaccinia 바이러스주 생백신에 대해 내 몸이 반응한 결과다. 살아 있는 우두바이러스를 사용한 제너의 백신이나 내가 접종받은 백신과는 달리, 현재 대부분의 백신은 살아 있는 바이러스를 사용하지 않는다. 역효과의 가능성을 낮추기 위해 불활성화 처리되었거나 조각난 바이러스, 혹은 생존 및 증식이 불가능한 세균이 선호된다. 이러한 방식이 더 안전하다. 하지만 면역계가 생물학적 활성이 없는 백신에 반응하도록 자극하는 것은 그 자체로 문제점을 안고 있다.

이를 극복하기 위해 현대의 백신은 면역자극물질과 함께 투여되어 체내에 비상경보를 울리고 면역세포를 동원시키도록 한다. 이 자극물질은 접종 후 생길 수 있는 통증의 부분적인 원인이 되는데, 여성은 남성보다 면역반응이 뛰어나기 때문에 훨씬 더 심한 통증을 감당해야 하는 경우가 많다.

놀랍게도 우리 몸은 필요한 모든 항체를 만들어 낼 수 있다. 심지어 인류의 체내에 존재한 적이 없었던 것도 마찬가지다. 그래서 백신이 아주 잘 기능할 수 있는 것이다. 그런데 항체생성 능력이 결여된 채로 태어나면 어떻게 될까?

항체생성 능력이 없는 사람은 거의 대부분이 남성이다. 선천적으로 X 연관 무감마글로불린혈증XLA에 걸린 남성은 *BTK*라 불리는 X 염색체상의 유전자에 돌연변이가 발생하여 체내에서 제대로 된 항체를 만들어 내지 못한다.[29] 필요할 때 나설 여분의 X염색체가 없기 때문에, 마찬가지로 X염색체와 연관된 색맹처럼 유전적 불이익을 받고 있는 것이다.

X 연관 무감마글로불린혈증 환자가 어려서부터 앓게 되는 가장 흔한 질환 중 하나는 만성 중이염이다. 이러한 남자아이 대부분은 생후 몇 개월 동안은 아주 건강하다. 자궁에 있을 때 어머니로부터 태반을 통해 받은 항체가 아직 충분하기 때문이다. 하지만 그러한 항체는 태어난 후 오래 남지 않는다. 물려받은 항체가 다 소진되면 진짜 문제가 시작된다.

치료법은 감마글로불린(항체의 다른 용어)을 정맥 또는 피하주사로 평생 투여하는 것이다. 수백 명에게 기부받은 감마글로불린을 취합하여 대부분이 남성인 환자에게 주사한다.

본질적으로 X 연관 무감마글로불린혈증 환자는 항체를 만들어

내고 기증한 사람들의 면역학적 기억을 빌림으로써 살아가는 것이다. 하지만 그것만이 생존에 기여하는 것은 아니다.

환자가 기증받은 항체로 생존할 수 있는 이유는 선천성 면역반응이라 불리는 면역계의 일부가 여전히 기능하고 있기 때문이다. 이는 주로 병원체의 침입에 대한, 또는 제멋대로 구는 악성세포 집단에 대한 첫 번째 반응을 뜻한다. 여기에는 피부와 점막처럼 외부 환경과 접촉하는 부위의 장벽 방어가 포함된다. 다방면에서 활약하는, 전문적이지 않은 이러한 선천성 면역반응은 침입자가 나타나면 묻지도 따지지도 않고 신속하게 대응하므로 중요하다.

선천성 면역반응은 일괄적으로 백혈구라 불리는 일군의 세포가 담당한다. 주된 일꾼은 호중구neutrophil라 불리는 유형의 백혈구다.

이러한 세포들은 다방면에 걸쳐 있기 때문에 패턴인식수용체PRR를 사용한다. 이 수용체는 자극을 받으면 마치 귀청이 찢어질 듯한 화재경보기처럼 행동한다. 그럼으로써 체내의 다른 세포들에게 병원체의 침입이 임박했다고 경고한다.

몇몇 패턴인식수용체의 유전자, 즉 톨유사수용체toll-like receptor 유전자 *TLR7*, *TLR8* 등은 X염색체상에 존재한다.[30] 톨유사수용체는 면역세포 표면에 붙어 있으며, 침입한 병원체로부터 외부의 물질을 식별하는 데 사용된다. 여성은 서로 다른 두 가지 버전의 *TLR7*과 *TLR8*을 갖고 있기 때문에 침략자를 식별하는 데 유리하다. 남성은 각 유전자가 하나씩밖에 없으니 불리하다. 체내에 침입하여 기반을 구축하려는 병원체에 대응할 때, 한마디로 말해서 여성은 염색체 덕분에 면역학적 이점이 시너지 효과를 본다는 것이다.

공격이나 반란이 발생하면 호전적인 호중구가 현장에 몇 분 내로 달려온다. 또한 호중구는 면역학적 지원군을 요청하여 다른 세포들을 전투에 참가시킬 수 있다. 때로는 전투가 오래 이어져 세포가 액화되는, 즉 고름이 생기는 부수적 피해를 입기도 한다.

매일 골수에서 생성되는 무수한 호중구 가운데 일부는 혈류로 방출되고 나머지는 간과 지라로 이동한다. 호중구는 체내의 다른 세포에 비해 오래 살지 못한다. 수명이 짧게는 두어 시간에서 길어도 며칠까지밖에 되지 않는다. 그러나 호중구는 마치 태평양 연어가 생의 끝자락에 최후의 안식처로 거슬러 올라오듯이 대부분 골수로 되돌아와서는 할복자살을 하고 재활용된다.

우리는 수많은 호중구를 가지고 있는데, 골수에서 매일 500억 개나 만들어진다. 각 호중구는 X염색체를 하나씩 이용하므로 여성의 호중구는 유전학적으로 더욱 다양하다. 남성의 호중구는 전부 단일 X염색체만을 이용하고 있다.

여성에게 이러한 호중구의 다양성은 암세포나 바이러스에 감염된 세포를 열심히 제거하는 자연살해세포natural killer cell와 대식세포macrophage를 비롯한 다른 유형의 세포에도 마찬가지로 적용된다.

면역계의 두 축인 선천성 면역반응과 후천성 면역반응이 최적의 기능을 발휘해야 우리의 생존이 유지될 수 있다. 이를 어떻게 알 수 있을까? 애석하게도 우리는 '버블 보이'라 불리며 유명해진 데이비드 베터David Vetter 등의 증례를 통해 면역계가 제대로 작동하지 않을 때 인간에게 무슨 일이 벌어지는지 보아 왔다.[31] 데이비드는 단지 생존을 위해 비교적 무균상태로 보호되는 환경에서 12년 동안 살아야 했다.

'버블 걸'이 아니라 '버블 보이'인 이유는 데이비드가 중증 합병성 면역결핍장애SCID라 불리는 X 연관 질환을 앓고 있었기 때문이다. 그 질환의 절반가량은 X염색체에 생긴 돌연변이가 원인이다. 그래서 환자의 4분의 3이 남성이다. 의사들은 데이비드를 치료하려고 골수 수혈을 실시했다. 골수에는 감염에 맞서 싸우는 면역세포가 가득하기 때문에 치유되리라는 기대가 있었다. 불행히도 데이비드는 엡스타인-바 바이러스Epstein-Barr virus에 의한 림프종으로 숨을 거두었다. 골수 수혈과정에서 뜻하지 않게 감염된 것으로 보인다.

X 연관 색맹의 경우와 마찬가지로 데이비드의 유전질환을 통해서도 남성에게는 여성만큼 다양한 유전학적 선택지가 없다는 것을 알 수 있다. 뿐만 아니라 X염색체상의 유전자는 그 위치도 문제가 발생했을 때 결점이 된다.

과학이 발전하여 여성의 항체반응이 유전학적으로 우월하다는 것이 파악됨에 따라 백신 개발에 그러한 사실을 반영할 필요가 있을 것이다. 백신을 접종받을 때 남성이 여성과 동일한 보호효과를 얻으려면 추가로 접종받거나 투여량을 늘려야 할 것이다.[32]

~

감염증이나 암과 투병하고 있는 여성은 면역학적 과활동성이 도움이 될 수 있다. 하지만 이러한 능력은 터무니없는 대가를 치러야 할 수도 있다. 이는 대개 여성만이 치러야 할 대가다.

슈퍼스타 설리나 고메즈Selena Gomez는 수백만의 팬을 거느리고 꽉 찬 투어 스케줄을 소화하며 최고의 나날을 보내고 있었다. 그러던 어느 날, 겨우 22세였던 전 디즈니 스타는 갑자기 심각한 피로감을 느꼈다. 어린 시절부터 끊임없이 스포트라이트를 받고, 저스틴 비버Justin Bieber와의 공개 연애도 파경을 맞은 그녀가 충분한 휴식을 바랐던 것도 무리는 아니었다. 심지어 재활센터에 입원했다는 루머까지 돌았다.

당시 아무도 설리나 고메즈가 사투를 벌이고 있다는 사실을 알지 못했다. 그녀의 신체는 자신과의 전쟁을 선포하고 세포를 하나하나씩 천천히 그리고 조직적으로 죽이고 있었다. 그녀는 재활센터에 있지 않았다. 실제로는 전신홍반루푸스systemic lupus erythematosus 혹은 흔히 루푸스라 불리는 자가면역질환을 치료받고 있었다.

고메즈뿐만이 아니다. 세계적으로 약 500만 명이 이 질환을 앓고 있으며, 여성이 그 짐의 거의 전체를 짊어지고 있다.[33] 진단 사례의 무려 90퍼센트가 여성이다.

비록 히포크라테스는 다른 병명으로 알고 있었지만, 루푸스는 2,000년 전의 기록에도 묘사되어 있다. 얼굴에 흉터를 남기는 이 질병의 영어 명칭은 14세기에 '늑대'를 뜻하는 라틴어에서 비롯되었다고 추정된다. 혹자는 얼굴에 나타날 수 있는 독특한 발진이 늑대 얼굴의 색깔 패턴과 유사하기 때문에 지어진 이름이라고 주장한다. 다른 사람들은 한 유형의 루푸스에서 기인하는 얼굴의 흉터가 늑대에게 물린 자국과 비슷해서 지어졌다고 믿는다.

최근 많은 루푸스 환자가 이 파괴적인 자가면역질환의 증상을 늑대에 빗대어 묘사하고 있다. 루푸스를 앓은 작가 플래너리 오코너Flannery O'Connor는 이렇게 표현했다. "두렵다. 늑대가 내 몸속을 갈기갈기 찢고 있다."[34] 오코너는 결국 루푸스와의 투병 끝에 39세를 일기로 눈을 감았다.

설리나 고메즈의 경우, 과도하게 자기비판적인 면역세포가 정상적으로 기능하는 세포를 잘못 표적 삼아 죽이고 있었다. 그러한 면역세포는 한술 더 떠 신장을 배신하기로 마음먹고 B세포에게 신장을 겨냥한 항체를 만들도록 함으로써 루푸스신장염lupus nephritis이라 불리는 치명적인 합병증을 일으켰다.

그녀가 그 사실을 알기도 전에 양쪽 신장이 멈추고 폐쇄되었다. 투석을 중단한 지 불과 몇 주 만에 그녀의 유일한 희망이었던 신장이식이 가장 친한 친구 프랜시아 레이사의 도움으로 기적적으로 이루어졌다.

현재 약 100가지의 자가면역질환이 알려져 있다. 개별적으로는 희귀한 질환도 있지만, 총괄적으로 자가면역질환을 앓는 사람이 미국에서만 2,000만 명 이상이라고 미국 국립보건원NIH이 추산하고 있다.[35] 그리고 대부분의 선진국에서 발병률과 사망률 3위에 올라와 있다. 해당 질병들은 대체로 환자를 만성적으로 쇠약하게 만드는 공통점이 있다.

자가면역질환은 여성에게 두드러지게 나타나는데, 환자의 80퍼센트 이상이 여성이다.[36] 여성의 사망원인 5위를 차지할 만큼 결코 가벼운 질병이 아니다. 유전학적 관점에서 더 강한 성별인 여성이 자가면역질환에는 더 취약한 이유가 무엇일까?

애초에 과학자들은 면역계가 자기 몸에 공격을 감행하여 해를 입히리라고는 믿지 않았다. 대체 그것이 무슨 의미란 말인가? 자해하는 신체? 터무니없는 얘기였다.

1900년에 파울 에를리히Paul Ehrlich는 면역계가 자신을 공격하는 것은 불가능하다며 '자가독성공포horror autotoxicus'라는 꼬리표를 붙였다. 그로부터 8년 후 그는 면역학의 선구적인 업적으로 노벨 생리의학상을 수상한다.[37] 그러나 에를리히가 자가면역을 부정한 바로 그 무렵, 그 일이 실제로 일어나고 있다는 보고들이 등장하기 시작했다.

1950년대와 1960년대에는 다발성경화증과 루푸스를 비롯한 몇 가지 질병의 원인이 자가면역이라는 과학적 합의가 우세해졌다. 또한 당시에는 여성에게 더 흔하게 발병한다는 것이 밝혀지고 있었다. 하지만 왜 환자 수가 성별 불균형을 이루는지 아무도 알 수 없었다. 수많은 의사와 대체로 남성으로 이루어진 과학계는 셰그렌증후군Sjögren's syndrome, 관절류머티즘rheumatoid arthritis, 자가면역성

갑상샘염autoimmune thyroiditis, 피부경화증scleroderma, 중증 근무력증 myasthenia gravis 등 자가면역질환의 증상으로 겪는 통증과 불편함을 여성이 더 많이 호소할 뿐이라고 치부했다. 의료계에서는 남성은 조용히 참고 치료를 받지 않기 때문에 환자로 잡히지 않는 것이라고 생각했다. 자가면역질환의 발병률이 실제로는 성별에 따른 차이가 없다고 추정한 것이다.

이제 우리는 그렇지 않다는 사실을 분명히 알고 있다. 여성은 자가면역질환을 지나치게 많이 앓는다. 사실상 거의 모든 자가면역질환이 지역을 불문하고 여성에게서 더 많이 발병한다.

우리는 관행적으로 자가면역질환을 후천성 면역반응의 일부로 여긴다. B세포 등이 자기 신체를 표적으로 삼는 자가항체를 만들어 피해를 입히기 때문이다. 침입한 병원체를 추격하지 않고 자기 자신을 겨냥하는 잘못을 저지른다. 항체가 세포 표면의 수용체에 결합하여 그 활동을 차단하기도 한다. 자물쇠의 열쇠구멍을 막아 버려 열쇠를 소용없게 만드는 것과 같다.

때로 이러한 항체는 세포에, 그리고 결과적으로 조직에 직접적인 피해를 입힐 수 있다(이를 제2형 과민반응이라 부른다). 루푸스에 확연히 나타나는 제3형 과민반응에서는 자가항체가 자가항원과 결합하여 서로 엉킨다. 마찬가지로 서로 엉킨 단백질(면역원과 항체의 결합체)이 좁은 통로와 혈관에 걸린다. 나아가 세포와 단백질이 뒤엉킨 덩어리가 비좁은 공간에 갇히게 되면 염증이 촉발되고 통증과 부기가 유발되어 상황이 더욱 악화된다. 고메즈는 자신의 생명을 구해 줄 신장이식을 애타게 기다리면서 이러한 것들을 경험했을 것이다.

여성은 공격적인 면역력을 가진 대가로 자가면역질환의 위험을 감수해야 한다. 고메즈를 병원체의 침입으로부터 지키도록 진화한 면역계는 도리어 멋대로 굴며 그녀를 배신했다. 고메즈가 앓았듯이 잠재적으로 모든 여성이 겪을 수 있는 자가면역질환은 유전학적 우월성의 대가이자 결과라고 믿는다.

가슴샘(흉선)은 일차적으로 목 바로 아래의 흉부에 위치한 림프기관이다. B세포가 항체를 만들어 병원체와 싸우는 동안, 우리에게는 침입자를 겨냥하는 것을 돕고 심지어 직접 죽이기까지 하는 T세포도 있다.•[38] 가슴샘은 후천성 면역반응에 참여하는 T세포가 훈련을 받으러 가는 곳이다.

T세포는 골수에서 태어난다. T세포가 골수를 졸업하면 더 수준 높은 면역학 교육을 받으러 가슴샘에 입소한다. 그리고 혹독한 훈련이 시작된다. T세포 대부분이 살아서 나가지 못한다. 겨우 1퍼센트 정도만이 생존한다고 생각된다.[39] 아주 많은 T세포가 '자기', 즉

• T세포에는 다양한 유형이 있다. 그중 일부는 바이러스에 감염된 세포와 암세포를 표적으로 삼는다. 최신 연구에 따르면, $\gamma\delta$ T세포처럼 세균을 직접 죽일 수 있는 특수한 유형도 존재한다.

'우리 자신의 신체'를 외부 침략자로 인식하여 틈만 나면 공격을 개시하기 때문이다.

가슴샘은 우리의 생명에 대단히 크게 공헌한다. T세포의 핵심 교육기관의 역할을 하는데, 가슴샘이 없다면 T세포는 결코 교화되지 못할 것이다. 가슴샘이 없다면 생명도 없다. 그러나 가슴샘은 심장처럼 뛰지도 않고 간처럼 크지도 않으며 나이가 들수록 위축되기 때문에 그다지 대수롭게 여겨지지 않는다.

특히 여성에게 가슴샘은 복잡한 축복이자 상당한 부담이다. 여성의 가슴샘 안에 있는 T세포가 고도로 훈련되어 공격적인 자객으로 변모한다는 점은 축복이다. 하지만 그러한 살상력이 종종 자기를 겨누기 때문에 부담이 된다. 어떻게 이런 일이 생길까?

모든 것이 *AIRE*autoimmune regulator(자가면역 조절자)라 불리는 유전자 때문이다.[40] *AIRE* 유전자가 합성하는 단백질은 가슴샘 내에서 유전자 수천 개의 전원을 켠다. 가슴샘에는 심장, 폐, 간, 뇌 등의 세포를 이루는 물질이 나타나 세포 전시실을 방불케 한다. 평소라면 결코 함께 발현되지 않을 유전자들이 한꺼번에 켜지는 것이다.

이러한 과정은 신체의 각 부위를 이루는 세포물질을 가슴샘 내에 발현시켜, 골수를 졸업하고 최종 교육을 받기 위해 도착한 T세포 앞에서 전시회를 열도록 한다. 만일 어떤 T세포의 살상 장치가 가슴샘 전시실 내의 물질을 목표로 인식하면, 그 T세포는 자살하도록 명령받는다.

T세포가 잠재적으로 신체의 일부와 반응할지 알아보는 일종의 베타 테스트인 셈이다. 이러한 복잡한 메커니즘을 중추관용이라 부른다. 자가반응성을 띠는 T세포는 가슴샘 밖으로 내보내지지 않는다는 것을 뜻한다. 이 과정은 남녀 공통이지만 한 가지 현저한 차이가 있다. 여성은 *AIRE* 유전자를 남성만큼 많이 이용하지 않는다. 왜일까?

사춘기가 지난 여성은 에스트라디올이라 불리는 에스트로겐이 *AIRE* 유전자를 하향 조절하여 활성을 크게 낮춘다. *AIRE* 유전자의 활성이 저해되면 가슴샘에 전시물을 내놓는 유전자의 수도 감소한다.

그렇다면 왜 여성은 면역학적으로 자신을 공격하는 경우가 많을까?

여성의 가슴샘에서는 틀림없이 자기 신체를 공격할 것이기에 자살하도록 지시받은 T세포가 용서받고 죽지 않는다. 이처럼 T세포 교육에 결함이 생겨 더 많은 반란자들이 가슴샘을 졸업하고 떠난다.

매우 활동적인 면역계를 가진 대가로 아군의 공격을 받는 현상이 벌어지는 것이다. 가끔 여성의 신체는 실제로는 아무 일이 없는데도 병원체의 공격을 받고 있다고 착각할 때가 있다.

나는 이것을 '빨간 모자' 방어법이라고 여긴다. 병원체인 늑대가 '할머니'로 변장하고 있다면, 변장한 늑대에 속아 잡아먹힐 위험을 무릅쓰느니 '할머니'를 죽이는 편이 나을 때가 있다. 우리 자신의 세포와 조직을 파괴할 수 있는 T세포를 곁에 두는 것이 '빨간 모자' 전략을 이용하는 한 가지 방법이다. 신체의 일부로 위장하여 면역계를 기만하는 병원체가 나타날 경우를 대비하여 이러한 T세포를 보유하고 있는 것이다.

우리의 면역계가 '빨간 모자' 방어법을 채용하는 것은 특히 변장에 능숙한 병원체와 맞서 싸우는 데 중대한 역할을 한다. 철마다 다른 유형으로 등장하는 인플루엔자가 그렇다. 인플루엔자바이러스는 끊임없이 겉모습을 바꿔 면역학적 기억과 방어를 회피한다. 그래서 우리의 몸은 항상 경계할 필요가 있다. 이 때문에 자가면역질환을 앓지 않는 사람도 자신을 공격하는 T세포를 늘 어느 정도 가지고 있다. 바로 '할머니'로 변장한 늑대가 어딘가 숨어 있다가 덮치는 일을 방지하기 위해 우리의 신체가 고안해 낸 방식이다.

여성은 자신을 겨냥하는 T세포를 가슴샘에서 더 많이 방출시킴으로써 그에 대비한다. 여성의 T세포가 숨은 늑대 같은 자신의 신체와 유사한 것 또는 불행히도 자기 자신을 공격할 확률이 훨씬 더 높아지는 까닭이다. '할머니'로 변장한 늑대를 죽일 수 있다면 좋다. 하지만 T세포는 종종 악랄한 늑대 대신 무고한 '할머니'를 죽인다. 그런 일이 자주 발생하면 루푸스를 비롯한 자가면역질환이 발병한다.

사춘기 이후 여성에게 자가면역질환의 발병률이 급격히 높아지는 것은 에스트로겐 등 성호르몬의 분비량이 증가하는 것과도 관련이 있다. 사춘기 이전 여성은 루푸스가 드물기는 하지만 발병률은 남성의 2배다. 그런데 사춘기가 지나면 발병률이 남성의 9배로 뛴다. 동일한 패턴이 루푸스뿐만 아니라 다발성경화증에서도 나타난다.

그렇지만 에스트로겐의 영향은 그리 간단하지 않다. 에스트로겐은 체내에 존재하는 양에 따라 서로 다른 효과를 미칠 수 있다. 적은 양으로는 면역계를 자극할 수 있지만, 고농도로는 면역세포의 공격을 중지하거나 억제할 수 있다.

남성은 반대다.

사춘기가 지난 남성은 디하이드로테스토스테론dihydrotestosterone이라 불리는 일종의 테스토스테론의 분비량이 증가함으로써 가슴샘에서 *AIRE* 유전자의 활성이 훨씬 더 높아진다. *AIRE* 유전자가 켜지므로 남성의 T세포는 가슴샘의 전시실에서 더욱 혹독하고 엄격한 교육을 받게 된다.

자신의 신체를 인식한 T세포가 훨씬 더 많이 죽음을 선고받는 것이다. 이는 늑대에게 좋은 일이다. '할머니'로 변장하면 T세포로부터 공격을 받지 않을 것이기 때문이다. 그렇기에 남성의 T세포는 면역학적으로 말해서 훨씬 더 관용적이다.

남성의 단점은 '할머니'로 변장한 늑대가 잘 발각되지 않기 때문에 면역학적 관점에서 더 약해진다는 것이다. 이는 남성이 자가면역질환을 여성만큼 많이 앓지 않는 이유이기도 하다. 남성의 면역계는 그리 비판적이지 않다.

여성이 유전학적 우월성을 대가로 무거운 부담을 지게 되는 또 다른 원인이 있을 수 있다. 예컨대 자가면역질환을 앓는 여성에게서 2개의 X염색체 중 어느 한쪽이 편향적으로 불활성화된 것이 발견되었다. 가슴샘의 전시실에서 X염색체가 한쪽으로 편중되어 있으면 T세포가 자기 신체에 대해 한층 더 비판적으로 굴게 된다. 가슴샘에 잘 나타나지 않는 X염색체에 대해 T세포의 교육이 제대로 이루어지지 않기 때문이다. 체내 다른 조직이나 기관에서 X염색체 편향이 일어나면 T세포가 그것을 적으로 인식하여 충돌이 빚어질 수 있다.

오직 여성에게서만 가능한 X염색체의 편향적 불활성화가 자가면역질환을 발병시키는지 아니면 자가면역질환 때문에 생기는 현상인지 우리는 아직 알지 못한다.[41] 활동이 중지된 X염색체에서 불활성화를 회피하는 유전자가 원인일 가능성도 있다. 애초에 침묵하고 있다고 생각된 X염색체의 유전자 가운데 약 23퍼센트가 실은 침묵을 깨고 활동하고 있다는 것을 기억하자. 그리고 에스트로겐이 백혈구를 자극하면 사이토카인이 분비되고 자가반응성을 띠는 T세포와 B세포의 생존이 촉진되어 결국 자기 자신을 공격하게 된다. 면역계에 남녀 간 차이가 나타나는 것은 복잡한 메커니즘이 작동한 결과다.

자가면역이나 자가반응성은 후천성 면역반응의 가장 큰 난관이다. 그러나 여성의 자가면역에 대해 완전히 부정적인 소식만 있는 것은 아니다. 자가면역질환의 높은 위험성은 이점이 될 수도 있다. 병원체뿐만 아니라 암세포도 더 효과적으로 제거할 수 있기 때문이다.

나는 암세포를 죽이는 것도 자가면역의 일종이라고 생각한다. 특정 암에 대해 여성은 남성보다 저항력과 전투력이 더 높은데, 이는 여성이 누리는 면역학적 특권의 연장이라고 본다.

수백만 년에 걸쳐 우리의 유전자는 세포들로 하여금 신체의 공공선을 위해 일하도록 하는 창의적인 해결책을 찾아냈다. 벤 상처가 아물려면 세포의 생장이 엄격하게 통제되어야 한다.

세포생장에 관한 수많은 점검이 함께 이루어져 모든 세포가 통제하에 놓인다. 그렇지만 이러한 생장 통제 메커니즘은 나이가 들수록 손상될 가능성도 커진다. 이에 반항하는 세포들이 통제를 벗어나 마구잡이로 생장한 결과가 암이다. 따라서 암은 노화의 필연적인 귀결이라 할 수 있다.

남성은 암의 발병률과 그로 인한 사망률이 더 높다. 미국 암학회가 수집한 데이터에 따르면, 남성이 암에 걸릴 확률은 여성보다 20퍼센트 더 높고 그로 인해 사망할 확률은 40퍼센트 더 높다.[42] 미국국립암연구소NCI의 감시·역학·결과SSEER 프로그램의 최근 암 통계에는 이러한 성별 차가 확연하게 드러나 있다.[43] 그 보고에 따르면 방광암, 결장암 및 직장암, 신장암 및 신우암, 간암, 폐암 및 기관지암, 비호지킨 림프종non-Hodgkin's lymphoma, 췌장암과 같은 암을 새로 진단받은 환자에서 남성의 비중이 더 높았다.

남성이 전반적으로 암에 더 취약한 이유는 행동적 요인만으로는 설명할 수 없다. 남성의 높은 암 발병률은 소아백혈병의 가장 흔한 유형인 급성림프구성백혈병ALL에서도 그대로 나타난다.• 남녀 공통 장기에 발생하는 모든 암이 남성에게 더 흔한 것은 아니다. 유방암과 갑상샘암을 비롯한 몇몇 암은 여성에게 더 많이 발생한다.

그러나 신장세포암종 같은 일부 암은 여성 1명당 남성 2명꼴로 진단된다. 이는 지리적 요건, 국내총생산GDP, 환경적 위험인자, 그리고 흡연율(흡연력이 있는 남성이 더 많은 만큼 남녀 차도 더 커진다)까지 고려하여 보정한 결과다. 미국에서는 매년 새로 발생하는 암 환자 가운데 남성이 여성보다 약 15만 3,000명 더 많다.

그렇다면 아프리카코끼리와 아시아코끼리처럼 수명이 긴 동물들은 왜 암에 걸리지 않을까? 아프리카코끼리와 아시아코끼리는 모두 *TP53*라 불리는 유전자의 복사본을 다수 가지고 있다.[44] *TP53* 유전자는 정상적으로 작동하고 있을 때는 세포생장을 조절하고 악성 세포의 증식을 일시적으로 지연시키는 데 매우 중요한 역할을 한다. *TP53* 유전자를 제거하면 세포생장이 무제한으로 이루어진다.

대부분의 인간처럼 가동되는 복사본 2개를 갖고 있으면 그러한 사태로부터 두 발짝 떨어져 있는 것이다. 반면 코끼리는 *TP53* 유전자 복사본을 20개나 가지고 있어 예비자원이 넉넉하다. 코끼리는 암과의 싸움에서 선택지가 많은 것이다.

코끼리는 왜 그리고 어떻게 *TP53* 종양억제유전자의 복사본을 그렇게 많이 물려받는지, 또 그것들이 전부 작동하는지 정확히 알려

• 모든 소아백혈병이 남성에게 더 많이 발생하는 것은 아니다. 예컨대 상대적으로 흔치 않은 유형인 급성골수성백혈병(AML)은 남성과 여성의 발병률이 거의 같다.

져 있지 않지만, 아마도 거대한 몸집과 인간보다 100배나 많은 엄청난 수의 세포와 관련이 있을 것이다.

그러나 세포의 수는 암과 밀접한 관계가 있다. 세포가 많을수록 그중에 멋대로 구는 세포가 나올 확률도 높아진다. 단 하나의 세포가 상호연결체계 전체의 붕괴를 초래할 수 있다. 그렇기 때문에 모든 세포가 *TP53* 유전자의 복사본을 그토록 많이 갖고 있으면 도움이 된다. 수십 년간 수많은 세포 전체에 걸쳐 질서가 유지될 수 있는 것이다.

코끼리는 또한 백혈병억제인자leukemia inhibitory factor라는 뜻의 *LIF* 유전자에 대해서도 여분의 복사본을 갖고 있다.•[45] 키워드는 '억제'이며, *LIF*의 복사본 중 하나인 *LIF6*는 그 이름에 걸맞은 작용을 한다. 즉 *TP53*의 명령에 따라 암세포의 기작을 방해하여 죽게 만든다. 이는 마치 필요할 때 이용할 수 있는 항암화학요법 체계가 내장되어 있는 것과 같다. 오래 사는 거대한 코끼리에게는 좋은 일이다. 아프리카코끼리나 아시아코끼리 등의 동물 연구를 많이 진행할수록 인간을 위한 더 나은 항암치료법도 많이 발견하게 될 것이다.

인간은 남녀 공히 *TP53*나 *LIF* 유전자를 여러 벌 갖고 있지 않다. 하지만 여성에게는 암을 발생시키는 전통적인 경로를 벗어날 길이 있다. 여성은 X염색체상의 종양억제유전자 6개를 지칭하는

• 코끼리가 갖고 있는 *LIF* 유전자의 복사본이 전부 기능하는지는 *TP53* 유전자의 경우와 마찬가지로 아직 밝혀져 있지 않다.

X 불활성화 회피 종양억제escape from X-inactivation tumor-suppressor (EXITS)유전자•를 가지고 있다.[46] 여성은 코끼리처럼 *TP53* 또는 *LIF*의 여러 복사본을 갖지 않는 대신에 EXITS 유전자에 대해 복수의 복사본을 소유하고 있다.

살면서 이러한 유전자에 돌연변이가 생기면, 특히 남성에게서 암이 발생할 확률이 현저하게 높아진다. 남성은 모든 세포에 이들 각 유전자의 복사본이 단 하나씩밖에 없기 때문이다. 여성은 항상 모든 세포에 이들 종양억제유전자의 복사본을 2개씩 갖고 있다. 남성에게는 EXITS 유전자가 없지만 여성에게는 존재한다.•• 여성은 암 예방에 있어 선택지를 가진다.

남녀 공통 장기에 암이 발생할 때 여성은 남성보다 더 늦게 그리고 덜 공격적으로 진행된다. 경우에 따라서는 항암치료 효과도 더 좋고 생존율도 전반적으로 더 높다고 알려져 있다. 하지만 암의 영향을 덜 받는 대가로 거의 모든 자가면역질환에 더 잘 걸린다.

여성이 구축한 유례없는 암 방어 체계의 최전선과 제2선은 서로 협력하여 암세포의 출현을 저지하는 X염색체, 그리고 암세포를 섬멸하는 강력한 면역계로 이루어져 있다.

반대하는 시민을 삼엄하게 단속하는 경찰국가처럼 여성의 세포

• 불활성화되었거나 '침묵하는' X염색체로부터 불활성화를 회피하는 이러한 유전자로는 6개의 종양억제유전자, 즉 *ATRX*, *CNKSR2*, *DDX3X*, *KDM5C*, *KDM6A*, *MAGEC3*가 있다.

•• 비슷한 유전자가 남성의 Y염색체에 있을지도 모르지만, 암을 예방하는 효과는 없는 것으로 보인다.

가 자신의 신체에 늘 친절한 것은 아니다. 피폐하게 만들어 무수한 자가면역질환을 초래하기도 한다. 여성은 더 적합한 항체와 더 공격적인 T세포를 만들어 냄으로써 더욱 효과적으로 암에 맞설 뿐만 아니라 어떤 병원성 장애물도 극복하여 살아남는다.

삶과 죽음, 존속과 멸종을 고려할 때 슈퍼면역력은 비용을 지불할 가치가 있을 것이다.

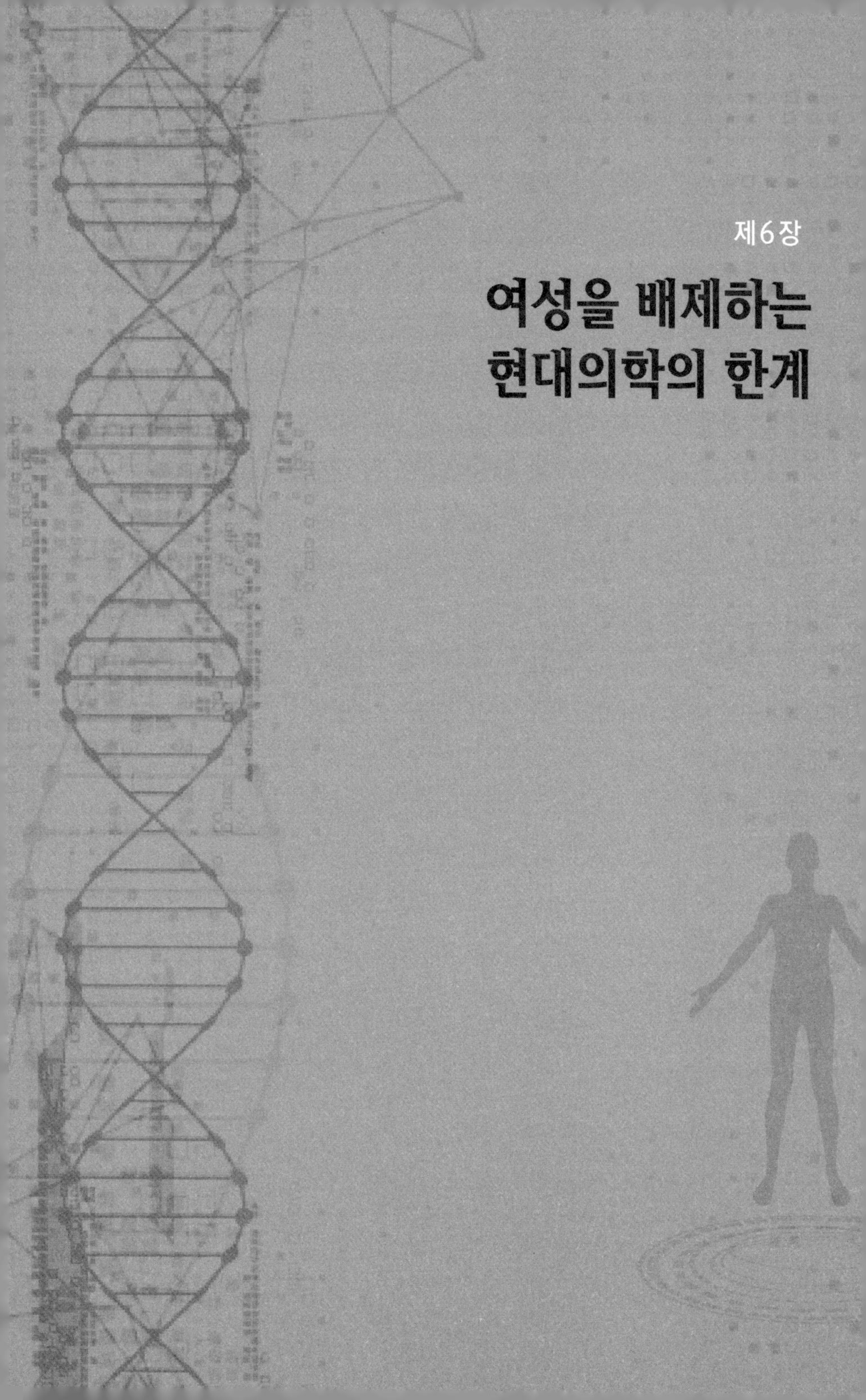

제6장

여성을 배제하는 현대의학의 한계

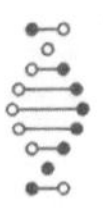

의료는 주로 남성의 세포, 동물 수컷, 남성 피실험자 대상 연구의 토대 위에 확립되어 있다.[1] 그 결과 우리는 건강과 웰빙을 결정하는 요인에 관해 남성에 편중된 지식을 얻게 되었다. 몇 가지 예외는 있지만 여성에 대한 임상진료는 남성과 동일하게 이루어진다.•

임상의학 분야는 성별에 따른 차이가 별로 고려되지 않은 채 발전해 왔다. 주된 이유는 의학계가 여성의 염색체적 특이성에 관해 무지했기 때문이다. 여성의 세포가 유전학적으로 서로 협력하고 활동이 중지된 X염색체의 유전학적 능력을 실제 활용한다는 사실을 인식하지 못했다. 그리고 여성이 뛰어난 선천성 면역반응을 바탕으로 감염증과 암에 더 잘 맞서 싸운다는 것도 물론 알지 못했다. 이제는 이러한 특권의 대가로 자가면역질환의 발병률이 높아진다는 것까지 알게 되었지만, 여성이 2개의 X염색체 덕분에 유전학적 강

• 산부인과 진료와 골다공증 같은 질병이 예외에 해당한다.

인성과 융통성을 타고났다는 사실을 부인할 수는 없다. 이 모든 결정적인 차이가 의학적 발전, 검사, 그리고 임상에서 과소평가되어 온 것이다.

내가 이러한 간극의 심각성을 처음 발견한 것은 메티실린 내성 황색포도상구균MRSA을 비롯한 다제내성미생물을 표적으로 하는 항생제 개발을 시작한 지 얼마 되지 않을 때였다. 연구자들이 약물이나 치료법을 인간에게 시험하기에 앞서 몇 년간은 미국 식품의약국 FDA 같은 정부기관으로부터 전임상preclinical 단계를 거치도록 요구받는다. 이때는 주로 인간의 세포나 실험동물을 이용하여 제안된 치료법의 유효성과 안전성을 검증한다.

아연이나 철 같은 금속은 성별에 따른 필요 섭취량이 다르다.•[2] 내가 개발하고 있던 항생물질은 금속 기반이었기 때문에 수컷과 암컷 생쥐에 투여했을 때 특별히 다른 결과가 나오는지 검사해 보고 싶었다.

머리말에서 언급했듯이 암컷 생쥐를 쉽게 구할 수 없는 것이 문제였다. 보통 이러한 초기 감염 모델 실험에서 수컷 생쥐만 이용되고 있다는 것을 알고는 당혹스러웠다.

미국 식품의약국은 1987년에 새로운 약물이나 치료법을 승인받기 위한 임상시험의 암수 실험동물 이용에 관한 지침을 내놓았다.[3]

• 영양권장량(RDA)은 19세 이상 성인 남녀에 대해 아연의 섭취량을 각각 11밀리그램과 8밀리그램으로 서로 다르게 규정하고 있다. 19~50세 성인 남녀의 철분 권장량은 각각 8밀리그램과 18밀리그램이다.

거기에는 다음과 같이 명시되어 있었다. "남녀 모두를 대상으로 하는 제품의 전임상 약물 안전성은 암수 실험동물 각각에 대해 검증되어야 한다."[4] 문제는 그것이 규정이 아니라 권고사항이라는 것이었다. 이러한 권고에 따르지 않아도 미국 식품의약국에서 약물을 승인받을 수 있었다.

연구를 위해 수컷과 암컷 생쥐를 동일하게 확보하려면 암컷을 특별 주문해야 한다는 것을 알게 되었다. 당시 대부분의 실험동물 사육시설에서 암컷 생쥐를 비축해 놓지 않았기 때문이다. 암컷 생쥐를 주문하는 것이 그토록 드문 일이라는 것을 처음 알고, 내 동료들도 거의 수컷 생쥐만을 이용하여 전임상연구를 수행한다는 것을 깨달았다.

암컷 생쥐를 주문하면 실험 시작이 몇 개월이나 지연되어 프로젝트 전체 스케줄이 틀어질 것이 뻔했다. 하지만 기다렸어야 했다. 그로부터 몇 년 후, 마침내 암컷과 수컷을 모두 준비하여 전임상연구를 진행한 결과는 수컷만 이용하여 얻은 결과와 달랐다. 이러한 차이 때문에 이후의 약물설계 전략 일부를 재고하고 재작업해야 했다. 이것이 나만 겪은 경험이라면, 신약개발의 초기 단계에서 수컷 생쥐만을 이용하여 결과를 얻은 연구자들은 임상적 효능의 예측 정확도가 절반에 그쳤을 것이다.

전임상연구에 암컷 생쥐를 투입한다고 해서 문제가 완전히 해결되지는 않을 것이다. 오늘날 사용되는 암컷 생쥐 대부분은 여러 대에 걸쳐 근친교배되었다. 2개의 X염색체가 서로 판이하게 다른 인간 여성과 달리, 근친교배된 암컷 생쥐는 동일한 X염색체를 2개 가지고 있다(따라서 수컷 생쥐와 유전학적으로 거의 비슷하다). 근친교배된 암컷 생쥐에게는 인간 여성이나 근친교배되지 않은 암컷 생쥐가 누리는 유전학적 다양성이 없고, 유전학적 협력도 그들과 같은 방식으로 이루어지지 않는다는 것을 뜻한다. 따라서 실험에 더 많은 암컷 생쥐를 이용할지라도 이러한 중요한 뉘앙스를 감안해야 한다.

비교적 최근에 들어서야 임상연구에서 성별이 고려되기 시작했다. 1980년대와 1990년대에도 신약허가신청(신약승인에의 길고 고된 여정의 첫 번째 단계)을 위한 연구에서 여성이 임상시험에 포함되기는 했지만 대체로 적은 인원밖에 참여하지 않았다.[5]

이러한 불균형을 해소하고자 1993년에 미국 국립보건원은 자금 지원을 받는 임상연구에 여성을 포함시킬 것을 의무화했다.[6] 임상시험의 여성 포함 문제를 다룬 최근의 연구에 따르면, 약 18만 5,000명의 임상시험 참가자를 검토한 결과 여성의 과소 참여는 그리 눈에 띄지 않았다.[7] 좋은 소식이다. 이는 올바른 방향으로 나아가는 중요한 한 걸음이다. 그러나 앞서 이루어진 의학 연구 대부분이 성별에 따른 차이를 근본적으로 무시했기 때문에 개선해야 할

점이 여전히 많다.

임상시험에 여성이 포함되었을지라도 모든 연구에서 성별과 젠더에 따른 약물 및 치료 경과의 차이가 충분히 다루어지고 있지는 않다. 예를 들어 미국 식품의약국의 신약허가신청 내역을 살펴보면 성별에 따른 권장 투여량이 명시되어 있지 않다. 이러한 약물이 남녀에 따라 서로 다르게 대사되고 배출되는데도 그렇다.

알코올을 예로 들어보자. 에탄올은 세계적으로 매우 많이 소비되는 기분전환용 약물 중 하나다. 그리고 평균적으로 여성의 알코올 대사속도는 남성보다 느리다. 이는 여성은 술을 마실 때마다 남성에 비해 알코올 섭취의 부작용을 더 많이 겪으리라는 것을 의미한다.

성별에 따라 약물대사가 다르게 이루어지는 예는 그 외에도 많이 있다. 나는 의사 수련을 받을 때 수면제인 앰비엔Ambien(졸피뎀)을 여성과 남성에게 동일한 용량으로 처방하라고 배웠다. 하지만 왜 성별에 따라 복용량을 달리해야 했는가?

이 경우 복용량을 구별하지 않으면 위험할 수 있다는 것이 밝혀졌다. 여러 해 동안 수많은 처방전이 발급되고 나서야 여성은 남성보다 졸피뎀의 졸리게 하는 효과에 더 민감하다는 보고가 나오기 시작했다. 결국 졸피뎀의 안전성 검토가 이루어졌다. 아무도 그러한 결과를 예상하지 못했던 것이다.

2013년 4월에 미국 식품의약국은 졸피뎀의 투여량이 성별에 따라 달라야 한다고 인정했다.[8] 이것이 발표되기 전에 대부분의 의사는 졸피뎀을 비롯한 약물의 대사가 여성에게서 더 느리게 이루어진다는 사실을 알지 못했다. 이전 권장량의 졸피뎀을 복용하고 다음 날 아침에 일어났을 때 남성은 피로가 풀리고 개운함을 느낀 반면 여성은 나른하고 몽롱한 상태에 빠진 것은 바로 이 때문이다. 결과적으로 미국 식품의약국은 새로운 가이드라인에서 여성의 복용량을 10밀리그램에서 5밀리그램으로 낮추었다.•

남성과 여성은 약물의 흡수·배포·대사·제거 과정이 서로 다르게 이루어진다는 데 의심의 여지가 없다. 예컨대 타이레놀(아세트아미노펜) 같은 일반 의약품도 체내에서 배출되는 속도가 서로 다른데 남성이 무려 22퍼센트나 더 빠르다.[9] 21세기 초에 인간 유전체의 염기서열이 분석된 이래 해당 연구에 많은 진전이 있었지만, 우리는 이러한 성별 차를 근본적으로 설명하는 유전학적 원리를 아직 이해하지 못하고 있다.

인체의 약물처리 방식을 연구하는 전문 분야를 약물동태학 pharmacokinetics이라고 한다. 이 분야에 종사하는 사람들은 오래전부터 남녀 간에 상당한 차이가 있다는 것을 알고 있었다. 앞서 언급한 흡수와 제거를 비롯한 약물동태학적 인자 하나하나가 성별에 따라 체내의 약물농도를 높이거나 낮출 수 있다. 이는 약물의 특정 용량이 어느 한쪽 성별에 유독하거나 유해할 수 있다는 것을 의미한다.

• 2013년에 앰비엔(졸피뎀)의 여성 복용량은 여성은 하루 10밀리그램에서 5밀리그램(속방성[일반] 제제), 12.5밀리그램에서 6.25밀리그램(서방성 제제)으로 절반이 줄어든 반면, 남성 복용량은 그대로 유지되었다.

아니면 어느 한쪽 성별에서는 너무 빨리 분해되어 그 효능이 떨어지거나 완전히 사라질 수도 있다.

남성 세포와 수컷 동물만 사용해서 전임상 안전성과 효과를 평가하면 특정 처방약에 대한 부작용의 위험성이 여성에게 더 커진다. 약물의 임상시험에 여성의 약물처리 방식이 항상 고려되는 것은 아니다.[10] 약물 자체가 남성 세포와 수컷 동물만을 이용한 전임상시험의 결과를 바탕으로 설계되기 때문이다. 거기에 여성 세포와 암컷 동물이 포함되지 않는 이유는 미국 식품의약국 같은 신약승인기관이 특별히 요구하지 않기 때문이다.

그 결과, 임상시험에서 약물이 처방되기 전에, 또는 새로운 약물이 승인받은 후에 여성이 약물을 처리하는 상이한 능력은 검사되지 않는다. 예를 들어 여성의 심장리듬, 즉 심장이 박동하여 혈액을 온몸으로 순환시키는 방식이 일부 처방약에 민감하다는 사실을 고려하지 않으면, 심장약이 여성의 생명을 위협할 수 있다. 여성에게 치명적인 부정맥(예컨대 염전성 심실빈맥torsades de pointes)을 일으킬 위험성이 증대되어 시장에서 퇴출된 약물도 있다. 초기 연구와 임상시험에 남성과 여성이 동등하게 포함되었다면 그러한 사태는 방지되었을 것이다.

오랫동안 많은 여성이 야간 가슴쓰림의 완화를 위해 항히스타민제 셀데인Seldane(터페나딘terfenadine)이나 프로펄시드Propulsid(시사프라이드cisapride)를 복용했지만, 심장리듬을 교란시킬 위험성이 증대된다는 사실을 모르고 있었다.[11] 얼마나 많은 약물이 이처럼 여성의 심장에 해로운 영향을 미치는지 여전히 알려져 있지 않다.

여성은 심장약 디곡신digoxin을 처리하는 데 시간이 더 오래 걸리는데, 이는 간에 있는 우리딘이인산 글루쿠론산전이효소UDP-glucuronosyltransferase의 활성이 더 낮기 때문인 것으로 여겨진다.[12] 이러한 효소는 우리가 섭취하는 독성물질뿐만 아니라 수많은 처방약도 분해한다.

일반적으로 여성은 남성보다 횡행결장transverse colon이 더 길다. 또한 위의 운동과 장내 통과도 더 느려서 여성이 섭취한 음식물이 소화관을 통과하여 다른 쪽 끝으로 나오기까지 시간이 더 오래 걸린다. 이는 곧 여성이 알레르기 치료약 클라리틴Claritin(로라타딘loratadine)처럼 공복에 투여해야 하는 약물을 복용하려면 음식을 먹고 나서 더 오래 기다릴 필요가 있다는 것을 의미한다.[13] 이러한 전략을 통해 위를 충분히 비워 약물의 흡수를 극대화시킬 수 있다.

더 복잡한 문제는 여성에게만 듣고 남성에게는 효과가 없는 약물도 있다는 것이다. 젤놈Zelnorm(테가세로드tegaserod)이 그렇다.[14] 젤놈은 변비를 동반한 과민성대장증후군에 처방되는데, 남성에게는 듣지 않기 때문에 여성에게만 승인되었다. 만일 임상연구에 여성이 참여하기 전에 효능검사가 이루어졌다면, 여성에게 유익하다는 사실이 발견되지 않았을 것이다.

최근 미국 국립보건원 여성건강연구자문위원회 회의에서 뇌졸중 연구자인 루이즈 매컬러프Louise McCullough 박사는 자신이 실험에 사용한 수컷과 암컷 생쥐 세포의 허혈성 사멸 경로가 서로 달라서 왜곡된 결과를 얻고 있다는 충격적인 결론에 도달했다.[15] 수컷과 암컷의 세포가 표면상으로는 구분되지 않지만 사멸하는 방식이 판이하게 달랐다는 것을 뜻한다(생존처럼 사멸도 암수 동일하게 진행된다고 생각되었기 때문에 놀라운 발견이다). 매컬러프 박사의 발견에 촉발된 연구자들은 이 세포들의 사멸방식이 서로 다르다면 근본적인 생명활동 과정도 어딘가 상이할지도 모른다는 의문을 품게 되었다. 성별 차이 연구에 새로운 길을 연 그녀의 발견은 궁극적으로 남녀 모두에게 더 효과적인 치료법을 낳게 될 것이다.

성별 차이에서 비롯된 놀라운 의학적 영향을 우리는 이제 막 파악하기 시작했다. 신약 임상시험에 참여하는 여성이 늘어날수록, 그리고 이러한 관점에서 과거의 의학적 지식을 재평가할수록 우리의 지혜도 분명 풍부해질 것이다.

수년간 깨닫게 되었듯이 남녀의 해부학적 차이에 관해 여전히 밝혀져야 할 부분이 많이 남아 있다. 지금까지 우리들 대부분은 인체의 해부학을 완전히 마스터했다고 여겨 왔을 것이다. 거의 맞는 말이다. 모든 인류가 남성이라면.

나는 의학대학원 4년차 때 스테퍼니를 알게 되었다. 40대 중반이었던 그녀는 첫째 아이를 낳은 후에 더 고질화된, '오래 묵은 난처한 문제' 때문에 진료상담을 받으러 왔다. 스테퍼니의 병력과 현재의 증상을 더 알아내는 것이 그날 내가 할 일이었다.

그녀는 주치의로부터 요도 슬링 수술을 전문으로 하는 비뇨기과 의사에게 보내졌다. 기침, 웃음, 재채기 등으로 인해 방광에 압력이 가해지면 의지와 상관없이 소변이 흘러나오는 복압성 요실금을 앓고 있기 때문에 수술이 필요하다는 것이었다. 스테퍼니는 그 수술과 이후의 경과에 대해 몇 가지 기본적인 궁금증을 갖고 있었다.

나는 소변 유출의 자극요인에 관한 통상적인 질문을 던졌다. 미리 준비한 체크리스트의 질문 대부분에 그녀는 '아니요'라고 대답했다. 나는 리스트와 클립보드를 옆으로 치워 두고 정확히 무슨 일을 겪었는지 설명해 달라고 했다.

그녀가 말했다. "그게 … 항상 그런 건 아니에요. 증상이 나타나는 건 남편과 섹스를 하는 도중이에요. 끝날 무렵 오르가슴에 달하려고 할 때 소변을 봐야겠다는 느낌이 드는데 바로 그때 일이 벌어져요. 진짜 축축하고 불쾌한데요. 제 남편은 이해해 줍니다 … 그는 별 신경 안 쓰는 것 같지만 전 아니거든요. 앞으로도 멈출 수 없을 것 같아서 그게 제일 싫어요."

그녀의 증상은 복압성 요실금 같지 않았다.[16] 최소한 질문지에 있는 증상은 아니었다. 성관계 중에 의지와 상관없이 소변이 흘러나오는 일(성관계 요실금)은 여성에게 일어날 수 있지만, 보통은 스테퍼니처럼 오르가슴과 연관되지 않는다.

나는 외과의사에게 스테퍼니의 증례를 소개하고 그녀가 말한 모든 것을 전달했다. 그는 내게 감사를 표하며 요실금의 증상은 다양하게 나타날 수 있다고 알려 주었다.

몇 달 후 스테퍼니가 수술을 받았다는 것을 알게 되었지만, 성공적이지 못했다고 한다. 그 부분은 크게 놀랄 일은 아니었다. 이러한 수술의 단기 '치유'율은 결코 100퍼센트에 달하지 않는다. 80퍼센트 정도가 현실적이다. 하지만 뭔가 다른 일이 있지 않을까 하는 염려가 계속되었다. 진짜 '문제'는 요실금이 아니라 여성의 사정ejaculation이었음이 밝혀졌다.[17]

오늘날 의료계의 주류는 여성의 해부학과 성에 관해 여전히 침묵하고 있다. 이는 내 자신의 임상교육과 경험을 통해 단언할 수 있다. 의사들은 교육과정에서 여성의 해부학과 성에 대해 좀처럼 배우지 못한다.

그러나 1,500년도 더 지난 옛날에 아리스토텔레스와 의사 갈레노스는 여성이 '여성 체액'을 사정할 수 있다는 사실을 잘 알고 있었다.[18] 당대 많은 사람들은 그것이 남성의 정액에 상당하며 두 체액이 섞여야 임신이 이루어진다고 믿었다. 그런데 그러한 체액은 여성의 어디에서 나오는가?

당연히 여성의 전립샘이다. 이것 또한 최근의 발견이 아니다. 17세기에 네덜란드의 해부학자이자 의사인 레이니르 더 흐라프Reinier de Graaf는 여성의 생식기를 세심히 해부한 후에 아주 상세한 기록을 남겼다.[19] 여기에는 그가 남성의 전립샘에 빗대어 '여성 전립샘'이라 부른 것이 포함되어 있다. 더 흐라프는 더 나아가 여성 전립샘에서 나오는 체액과 성교 시 윤활작용을 하는 질 분비물을 구별했다.

더 흐라프만이 여성의 이러한 해부학적 속성과 기능을 확인한 것은 아니다. 18세기의 의사였던 스코틀랜드인 윌리엄 스멜리William Smellie도 여성의 사정을 "전립샘이나 그와 유사한 분비샘에서 배출하는 체액"이라 기술했다.[20]

그러나 현대의학은 스테퍼니가 요실금을 앓고 있다고 받아쓰게 했다. 아무도 다른 임상적 해석조차 고려하지 않는데, 이러한 몰이해는 19세기 스코틀랜드의 산부인과의사 알렉산더 스킨Alexander Skene에게로 거슬러 올라갈 수 있다. 심지어 지금도 전 세계의 교수와 의대생이 의존하는 임상해부학 교과서에는 한 가지가 명백히 누락되어 있다. 아니면 잘못 명명되어 있다.

스킨은 요도 양쪽에 작은 구멍이 나 있는 미소한 분비샘을 동정同定했는데, 이때 중대한 실수를 범했다. 바로 그 분비샘을 더 흐라프가 스킨보다 200년 앞서 기록했던 것이다. 더 흐라프는 그것이 체액을 요도로 직접 방출하며 무엇보다 여성 사정의 원천이라고 믿었다. 나는 더 흐라프의 업적을 결코 알지 못했고, 스킨의 작업에 관해서만 배웠다.

지금 당장 임상해부학 교과서에서 스킨의 항목을 찾아보면, '여성 전립샘'이 아닌 '스킨샘'이 적어도 한두 페이지에 걸쳐 설명되어 있을 것이다.[21] 따라서 우리가 아직도 스킨샘이라 부르는 것은 본질적으로 여성 전립샘인 것이다. 스킨은 자신이 기술한 분비샘의 기능에 관해, 혹은 여성 전립샘이 남성 전립샘과 발생학적으로 연관되어 있다는 사실에 관해 별 생각이 없었다.

2001년, 국제연합해부학용어위원회FICAT는 '스킨샘'의 명칭을 '여성 전립샘'으로 공식 변경했다.[22] 모든 여성이 자신의 전립샘에서 체액이 나오는지 알아채지는 못하지만 한 가지는 분명하다. 모든 유전학적 여성은 전립샘을 가지고 있다. 한때 오로지 남성 전립샘에서만 생성된다고 여겨졌던 전립샘특이항원PSA과 전립샘산성인산분해효소PAP가 일부 여성의 체액에 포함될 수 있다는 사실이 밝혀지기도 했다.[23]

하지만 이상하게도 이 글을 쓰고 있는 시점에서 수많은 의학 교과서가 이 명칭 변경을 반영하여 정정하거나 개정하지 않았다. 성교 중 의도치 않게 소변이 나오는 성관계 요실금만이 여성이 흥분에 도달해 있을 때 분출되는 이질적인 체액을 설명할 수 있다고 보는 의사들이 있기 때문이다.

21세기를 사는 스테퍼니는 19세기의 구닥다리 여성 해부학 및 생리학 모델을 기반으로 치료받았다. 아이러니하게도 현대의학이 300년 된 더 흐라프의 설명을 이용했다면 스테퍼니의 증상은 병리화되지도 잘못된 수술을 받지도 않았을 것이다.

스테퍼니의 증례 경험은 이후 그와 관련이 없어 보이는 다른 환자에게 필요한 실마리를 제공해 주었다. 서맨사는 41세의 건강한 여성으로, 새로운 고용주가 제공한 컨시어지 클리닉의 종합건강검진에서 설명되지 않는 결과를 받고 나를 소개받아 찾아왔다.

이따금 급성 편두통을 앓아 트렉시메트Treximet(수마트립탄sumatriptan

과 나프록센naproxen)를 복용하는 것 말고는 건강했다. 상담받기 6개월 전쯤에 호르몬 함유 자궁내피임장치를 했고, 부작용은 없었다.

서맨사가 나를 찾은 구체적인 이유는 건강진단 중에 발생한 의료과실 때문이었다. 의료시스템이 아무리 좋아도 의료과실은 사소한 것부터 중대한 것에 이르기까지 여전히 일어나고 있다.

그녀가 컨시어지 클리닉에 처음 갔을 때, '서맨사'라는 이름이 흔히 '샘'이라 불리는 탓인지 직원은 그녀를 남성으로 등록했다. 내 이름 샤론이 남성에게는 비교적 드물기 때문에 이러한 일이 얼마나 자주 일어나는지 개인적으로 잘 알고 있었다. 내가 건강검진을 받으러 가면 내게는 의학적으로 필요 없는 산부인과 검사가 미리 준비되어 있는 경우가 많다.

서맨사가 클리닉의 전자진료기록에 남성으로 등록되었기 때문에 그녀의 혈액 샘플이 분석실로 보내졌을 때 자동적으로 남성을 위한 혈액검사패널이 지시되었다. 그런데 놀랍게도 서맨사의 혈액에서 높은 수치의 전립샘특이항원이 검출되었다. 보통 전립샘특이항원이 밀리리터당 4.0나노그램 아래일 때 정상으로 간주된다. 전립샘암 검사에 전립샘특이항원을 이용하는 것에 대해 여전히 일부 논란이 있기는 하지만, (서맨사의 결과인) 밀리리터당 43.2나노그램이라는 수치는 서맨사가 남성이었다면 전립샘의 영상의학적 검사와 조직검사를 즉각 실시하도록 강력히 권고되는 수준이다. 하지만 서맨사는 유전학적 여성이었고, 따라서 현대의학에 따르면 전립샘을 갖고 있지 않았어야 했다. 그녀에게 왜 그렇게 높은 수치의 전립샘특이항원이 검출되었는가?

그녀는 어떻게 혹은 왜 높은 수치의 전립샘특이항원을 갖고 있는지 해명되지 못한 채 더 광범위한 정밀검사를 받게 되었다.

나는 서맨사에게 비뇨기종양을 전문으로 하는 비뇨기과의사를 소개시켜 주었고, 그녀는 스킨샘암종, 즉 전립샘암 진단을 받았다.[24] 그녀의 전립샘특이항원 수치가 높았던 것은 여성에게는 거의 발생하지 않는 암에 걸렸기 때문이었다. 수술을 받은 후 그 문제는 해결되었다.

스테퍼니의 증례를 통해 배운 것은, 여성에게 분명히 전립샘이 있다는 것이다. 서맨사의 증례를 통해서는, 극히 드물기는 하지만 여성도 전립샘이 있기 때문에 전립샘암에 걸릴 수 있다는 사실이었다. 처음에는 유방암이 여성에게만 발생할 것이라고 추정했지만 남녀 모두 유방암 진단을 받을 수 있다고 알게 된 것처럼 말이다.

의료과실이 좋은 결과로 이어지는 일은 거의 없지만, 서맨사의 경우 다행스러운 결과를 낳았다. 처음부터 의학적으로 여성이 아닌 남성 취급을 받았기 때문에 목숨을 건지게 된 것이다. 바라건대 우리는 성별에 따른 차이점과 유사점에 관한 지식을 확장함으로써 남녀 모두에 대한 치료법을 발전시킬 수 있을 것이다.

의학의 미래에 관한 화제로 돌리기 전에 잠시 이탈리아의 도시 볼로냐로 가까운 과거 여행을 떠나 보자. 고대 포르티코와 실내 보도는 1,000년 이상 볼로냐의 보행자들에게 피난처와 편의를 제공해 주었다. 도시 자체는 2,000년 전 로마제국하에서 번영하며 대도시가 되었다. 오늘날 볼로냐는 '라 도타, 라 그라사, 라 로사la dotta, la grassa, la rossa'라는 별명으로 알려져 있다. 각각 유서 깊은 대학이 있어 '지식인', 모르타델라[소시지]와 라구[미트소스]와 토르텔리니[만두형 파스타]의 발생지라서 '비만', 탑과 담벼락과 궁전 등에 쓰인 벽돌의 색깔 때문에 '빨강'을 뜻한다.

도시로 이주해 오는 사람들이 늘어나면서 더 많은 주택공급이 필요해졌지만, 건물을 지을 공간이 남아 있지 않자 기존 주택의 증축이 시작되어 말 그대로 거리를 메우게 되었다. 이것이 결국 약 40킬로미터에 이르는 포르티코를 만들어 낸 것이다. 현재 이러한 포르티코는 볼로냐대학에서 공부하기 위해 이탈리아 전역에서 모여든 수천 명의 학생으로 가득 차 있다.

11세기에 설립된 볼로냐대학은 서양에서 가장 오랫동안 고등교육을 담당해 온 기관이다. 라디오의 발명자 굴리엘모 마르코니Guglielmo Marconi와 단테라는 이름으로 알려져 있는 이탈리아의 시인 두란테 델리 알리기에리Durante degli Alighieri를 비롯한 저명한 동문을 수많이 배출했다.

볼로냐의 포르티코를 거닐고 있자니 아이언 레드 색깔의 벽돌이 내가 이탈리아에 온 이유를 상기시켜 주었다. 나는 철[아이언]이 인간 질병의 발생과정에 미치는 유전학적 영향에 관해 내 연구를 토대로 강연을 하고 있었다.

구체적으로 말하면 내 연구는 당시 잘 알려지지 않은 유전성 혈색소침착증hereditary hemochromatosis이라는 유전질환에 초점을 맞춘 것이었다.[25] 혈색소침착증에 걸리면 섭취한 음식물로부터 과도한 양의 철분이 몸에 흡수된다. 혈색소침착증과 관련 있는 유전자는 *HFE*라 불리며 6번 염색체에 존재한다.[26]

내가 혈색소침착증 연구를 시작한 것은 20년도 더 되었는데, 당시에는 희귀한 것으로 여겨졌다. 드물다고 인식되기는 해도 그 질병이 건강에 미치는 부정적인 영향은 기존의 치료법으로 예방 가능하다. 지금도 그렇지만 그때도 나는 혈색소침착증의 인식을 제고하여 무자각 환자를 돕는 것이 중요하다고 생각했다.

지금은 혈색소침착증이 '조용한 살인자'라는 것이 알려져 있다. 서유럽과 북유럽 혈통의 사람들에게 가장 흔한 돌연변이 중 하나에서 기인하는데, 해당 남성의 최대 3분의 1이 *C282Y*와 *H63D*라 표기하는 돌연변이유전자 중 적어도 하나를 갖고 있다. 환자의 몸에 철이 축적되면서 산화 스트레스가 생물학적으로 '녹스는' 해로운 과정을 초래한다. 혈색소침착증 환자가 치료를 받지 않으면 기름을 쳐 주지 않으면 녹이 슬어 버리는 '양철 나무꾼'처럼 된다. 많은 관절에 증상이 나타나며 고관절 치환술이 필요해질 수도 있다. 결국에는 간이나 심장 같은 장기도 큰 피해를 입어 작동을 멈추게 된다.

혈색소침착증에 관해 일부 사람들이 놀라워하는 사실은 유전적 돌연변이가 X염색체와 연관되어 있지 않지만 남성에게 더 자주 나타난다는 것이다. 이는 대부분의 여성이 월경이나 임신이라는 혈액과 체내의 철 함유량을 자연스럽게 감소시키는 생명활동을 통해 철분을 잃기 때문이다.[27] 그래서 여성 대부분은 혈색소침착증으로부터 자연적으로 보호받는다. 이 질환을 앓는 여성은 대개 폐경 이후 여분의 철분이 월경혈로 빠져나가지 않게 되어 발병한다.

지금까지도 혈색소침착증의 치료법에는 정기적인 정맥절개술 혹은 사혈瀉血이 포함되어 있다.[28] 몇 세기 전에 흔히 세모날로 정맥을 절개하여 피를 뽑았던 것과 유사하다(그러나 이보다 더 안전하다).

볼로냐에서 비아 델라르키진나시오의 포르티코를 남쪽으로 걷고 있을 때, 이발소 간판 기둥이 그려진 포스터가 눈에 띄었다. 이발소 간판 기둥은 원래 몇 세기 전 그 지역의 이발사 혹은 외과의사가 사혈을 광고하는 상징이었다. 오늘날에도 의사들이 몇백 년 전 바로 이 거리를 따라 시행되었던 방법으로 혈색소침착증을 치료한다니 놀라운 일이다.

이처럼 혈액에 관해 생각하다가 그만 볼로냐 아르키진나시오 궁전의 입구를 지나쳐 버려 되돌아와야 했다. 거기에 도착했을 때, 내가 의학의 과거이자 미래로 여기는 곳으로 통하는 그 관문을 보고 감탄이 절로 나왔다. 현재 우리가 알고 있는 의학적 지식의 상당 부분이 이곳 볼로냐와 파도바 등 이탈리아의 여러 도시에서 이루어진 인체해부에서 유래한다. 거만하지 않은 이 통로는 과거 수많은 의학의 거장들이 매일 출근길에 지났던 바로 그 길이었다.

나는 아르키진나시오 해부학 강당으로 들어갔다. 원래 1637년에 지어진 건축물을 현대에 복원한 것으로, 유럽 전역에서 사람들이 모여들어 당대 최첨단의 의학을 배운 장엄한 공간이다. 원래의 해부학 강당은 제2차세계대전 당시 패색이 짙어질 무렵 연합국의 폭격을 맞고 거의 완전히 파괴되었다.

현대에 복원된 중세 원형 강당 한복판에는 대리석판 하나가 놓여 있다. 거기서 인체가 천천히 그리고 조심스레 해부되는 광경을 호기심 많은 구경꾼들이 꼼짝 않고 지켜보았다.

긴 의자의 한 자리에 앉아 해부대를 내려다보며 예나 지금이나 변한 것이 거의 없다는 사실에 강한 인상을 받았다. 여전히 죽은 자는 살아 있는 자에게 많은 것을 가르쳐 준다.

내가 인체의 비밀을 처음으로 풀었던 해부실도 떠난 지 한참 되었다. 나의 해부학 강당은 세련된 목재 장식이 없었고, 조용히 눈길을 끄는 17세기의 아폴로 조각상이 천장에서 지켜보지도 않았다. 크림색 리놀륨 바닥이었고, 해부용 시신은 잘 건조된 나무벽돌을 베개 삼아 스테인리스제 들것 위에 누워 있었다. 그렇지만 창문 밖으로는 훨씬 더 인상적인 광경, 21세기 맨해튼 스카이라인이 펼쳐져 있었다.

해부prosection•의 기술과 인체해부학의 연구는 근본적으로 바뀐 것이 없다. 인체가 바뀌지 않았기 때문이다. 하지만 해부용 시신이 입수되는 과정은 현저히 달라졌다. 옛날에 해부대 위에 놓인 것은 의학연구의 진보를 위해 서약한 기증자의 시신이 아니었다. 이곳에

• 해부에는 해부학 교육을 위한 시신의 절개가 포함되어 있다.

서 공개적으로 절개된 시신은 주로 훔쳐 오거나 망나니의 도끼 또는 교수형 올가미로 사형이 집형된 후에 취득한 것이었다. 남성이 훨씬 더 많이 처형되었기 때문에 절개하고 면밀히 연구할 시신 또한 남성이 더 많았다.

여성은 처형되는 인원이 적었지만, 분만 시 문제가 생겨 죽은 여성이 해부대에 오르는 경우가 종종 있었다. 모든 해부학적 연구를 통해 분명히 드러나는 것은 남녀의 차이에 대한 당시의 큰 관심이다. 여성 생식기, 특히 자궁의 구조에 대해 각별한 주의가 기울여졌다.

남성, 여성, 아기, 태아의 상세하고 사실적인 해부학 모형도 피렌체를 비롯한 이탈리아의 여러 도시에서 만들어졌다. 조직과 뼈와 밀랍을 조합한 이러한 강렬한 모형은 살이 썩어 진동하는 악취를 맡지 않고서도 인체를 볼 수 있게 해주었다. 밀랍 모형 상당수가 여전히 볼로냐대학에 전시되어 있다.

전시된 밀랍 모형 가운데 특히 내 관심을 끈 것은 임신한 젊은 여성의 모습이었다. 그 여성의 이름은 '작은 비너스'라는 뜻의 베네리나Venerina였다. 18세기 피렌체의 유명한 밀랍 예술가 클레멘테 수시니Clemente Susini의 작품이었다. 베네리나는 200여 년 전에 죽은 젊은 여성이 충실히 재현된 모형이다. 만일 이것이 실존 인물을 모델로 한 것이라면, 그녀는 키가 145센티미터 정도이고 임신 중이던 10대 때 죽은 것이 된다.

죽은 베네리나의 모습을 쳐다보기란 심약한 사람에게는 쉽지 않은 일이다. 그러나 주의 깊게 살펴보고 배울 만한 인내심을 가진 사람들에게는 무언가를 알려 준다.

그녀는 유리 상자 안에서 안전하게 등을 대고 누워 있다. 복부와 흉부의 덮개는 떼어 낼 수 있도록 설계되었다. 해체되면서 여러 내부 장기를 드러내기 때문에 가상의 해부가 가능하다. 가슴 안쪽에 들어 있는 심장은 절개되어 있어 좌우 심실을 볼 수 있다. 하지만 유리 상자에 가까이 다가가 자세히 살펴보면 베네리나의 밀랍 심장에 무언가 특이한 것이 보일 것이다.

그녀의 심장은 좌우 심실의 두께가 똑같은데, 이는 평범한 것이 아니다. 보통은 동맥혈을 내보낼 때 더 큰 압력에 맞서야 하는 좌심실이 더 두껍다. 베네리나의 좌우 심실의 두께가 똑같은 이유도 밀랍으로 정확히 재현되었기 때문이다.[29] 그녀의 대동맥과 폐동맥을 잇는 작은 관도 볼 수 있다. 오늘날 베네리나의 증례를 동맥관개존증PDA이라 부른다. 태아 때는 정상적으로 열려 있지만 출생 직후 닫혀야 하는 관이 성인이 될 때까지 그대로 열려 있는 질환이다. 동맥관개존증은 여성에게 2배나 더 흔하게 나타난다는 것이 알려져 있지만, 그 이유는 여전히 알 수 없다. 이 질환을 앓으면 정맥혈과 동맥혈이 섞이고 심장 내 압력이 균등해진다. 이 때문에 베네리나의 심실 두께가 비정상적으로 동일한 것이다. 이 모든 것이 밀랍 모형에 드러나 있다.

그처럼 상세하고 종합적인 관찰은 200여 년 후의 해부학 실습 시간에도 컴퓨터 시뮬레이션의 도움을 받지 않으면 불가능하다. 세부적인 것에 대한 주의가 이러한 모형에 생기를 불어넣고 현실적으로 느끼게 만든다. 모형들 중 일부는 실물과 너무나 똑같아서 전시실에서 빠져나와 내가 묵는 호텔까지 따라올 것 같은 기분마저 들었다.

의학이 현대화됨에 따라 내가 볼로냐에서 목격한 남녀 간의 크고 작은 차이를 우리는 올바로 인식하지 못하게 되었다. 그런데 이러한 차이를 파악하는 것이 의료에서 생사를 가르는 결과를 가져온다. 여기에는 베네리나의 경우처럼 질병의 징후를 시각적으로 살펴보는 것도 포함되어 있다.

의사가 시각적으로 진단하는 능력은 편차가 심하다는 연구 결과가 나와 있다.[30] 때로는 어디를 보고 무엇을 찾아야 하는지 알아야 할 때가 있다. 악성흑색종malignant melanoma을 예로 들어 보자. 환자의 생존 가능성을 담보하는 것은 여전히 조기의 철저한 시각적 진단이다. 악성흑색종은 피부암 중에서는 가장 드문 유형이지만, 특히 나이 든 백인 남성에게는 치명적이다.[31] 피부색이 밝을수록 태양의 자외선을 통해 DNA가 손상될 가능성이 크다는 사실을 고려하면, 예측 가능성이 상당히 높다. 하지만 왜 남성의 발병률이 더 높은지는 여전히 설명되지 않는다.

햇빛을 피하는 것이 흑색종에 대한 최고의 예방책 중 하나다. 내가 감자 연구를 위해 방문했던 페루의 알티플라노에서는 자외선량이 해수면에 비해 30퍼센트나 높았기 때문에 자외선 차단제를 열심히 바르고 항상 모자를 쓰고 태양이 가장 강렬한 오전 11시부터 오후 2시 사이에는 햇빛을 쐬지 않으려 노력했다. 그러나 불행히도 잘 지켜지지 않았다. 남성이 흑색종에 더 잘 걸리고 예후도 더 좋지 않으며, 게다가 치유율도 훨씬 더 낮다는 사실을 생각하면 좋은 일이 아니었다.

연구에 따르면, 흑색종은 유전적인 차이뿐만 아니라 행동과도 관련이 있다. 그래서 흑색종이 발생하는 부위가 성별에 따라 다르다. 주로 남성은 등과 몸통, 여성은 무릎 아래쪽이다.[32] 사람들은 보통 시대의 유행에 따라 옷을 입는데, 이는 특정 부위가 다른 부위에 비해 더 노출될 수 있다는 것을 의미한다. 아마도 그 때문에 흑색종의 발생 위치가 남녀에 따라 다른 것 같다. 결국 햇빛의 자외선에 노출되는 것이 흑색종을 일으키는 가장 주요한 환경 위험인자인 것이다.

행동적으로도 많은 영향을 받기 때문에 남녀 간 발병률과 치유율이 다른 정확한 이유를 판단하는 것은 곤란하다. 우리가 알고 있는 것은 여성의 면역학적 특권이 피부암을 저지하고 극복하는 데 중요한 역할을 하리라는 것이다.

흑색종은 성별에 따라 발병과 치료 결과에 차이를 보이는 유일한 암이 아니다. 앞서 언급했듯이 대장암도 남성에게 더 흔하다.[33] 여성에게 대장암이 발병했다면 그 위치는 보통 오른쪽 결장이고, 남성이라면 대개 왼쪽 결장이다. 그 이유는 알려져 있지 않지만, 이러한 차이는 현실 세계가 반영된 것이다. 여성에게서는 암으로 발전할 결장의 폴립Polyp이 더 높이 자라고 S상 결장경검사에서 놓칠 가능성이 더 크다. 게다가 여성이 대장암 진단을 받는 시기는 남성보다 통상 5년 늦다. 따라서 여성은 결장경검사를 더 오래 지속하는 것이 오른쪽 결장의 암을 발견하는 데 이롭다.

아직 발견하는 과정에 있는 또 다른 남녀 간 차이는 비흡연자에게서 발병하는 폐암이다. 이유는 알 수 없지만 여성 비흡연자는 남성 비흡연자에 비해 폐암 발병률이 높다. 남성 흡연자는 여성 흡연자에 비해 폐암에 더 잘 걸리는 경향이 있다.

인체의 어느 부위를 보아도 남녀의 장기가 똑같은 방식으로 작동하지 않는다는 것만은 분명하다. 세포 하나하나에 성별이 있고, 따라서 세포로 이루어진 조직, 기관, 신체에도 성별이 있다는 사실을 고려하면, 남녀 간의 다양한 차이는 놀랄 일이 아니다.

동일한 유형의 손상이 성별에 따라 어떻게 다른 영향을 미치는지 의학은 좀처럼 관심을 갖지 않는다. 최근 들어 외상성뇌손상TBI이 그러한 예라는 것이 알려지기 시작했다.[34] 외상성뇌손상은 타격, 요동, 혹은 충격으로 인해 머리가 부서지거나 뇌의 기능에 변화가 생기는 것이다. 급작스런 가속이나 감속 때문에 젤리처럼 부드러운 뇌가 두개골 안에서 떠밀려 발생할 수도 있다. 갑자기 격렬히 움직여도 전단력剪斷力이 발생하여 연약한 뇌를 손상시킬 수 있다.

그런데 모든 외상성뇌손상이 동일한 것은 아니다. 가벼운 뇌진탕 등의 경미한 뇌손상에서 즉각적인 치료를 필요로 하는 치명적인 뇌손상에 이르기까지 다양하게 일어날 수 있다.

2018년 12월, 세계 최장 기간 및 최고령 복싱 챔피언 중 한 명인 캐나다인 아도니스 스티븐슨Adonis Stevenson은 타이틀 방어전에서 심각한 외상성뇌손상을 입었다. 올렉산드르 그보즈디크Oleksandr Gvozdyk와의 경기 제11라운드에서 스티븐슨은 머리에 강력한 펀치 세례를 맞고 녹아웃되었다. 그는 몸을 일으키려고 애쓰며 비틀거렸다. 뭔가가 잘못된 것이 분명했다. 응급수술과 집중치료를 받지 않았더라면 분명 죽었을 것이다.

모든 외상성뇌손상 환자가 충격 당시 증상을 자각하는 것은 아니다. 외상성뇌손상의 영향은 몇 년 후에 나타나는 경우도 있고, 뇌의 기능방식뿐만 아니라 성격까지 변화시킬 수 있다. 하지만 그 영향이 너무나 명백해서 심지어 텔레비전 중계를 통해 심각성을 쉽게 알아챌 수 있는 경우도 있다.

오늘날 외상성뇌손상 환자 대부분은 남성이다. 그래서 외상성뇌손상이 여성에게 미치는 장기적인 영향은 이제 막 인식되기 시작했으며 결과에 관심이 모아진다. 농구와 축구처럼 남녀 경기의 규칙이 비슷한 스포츠 종목의 연구에 따르면, 여성이 남성보다 뇌진탕을 더 잘 일으킬 뿐만 아니라 장기적인 증상도 더 심했다.[35]

게다가 목과 머리의 평균적인 신체적 비율도 남녀가 다른데, 여성이 머리를 맞았을 때 발생하는 각가속도가 더 크다. 이 모든 것들이 훨씬 더 심각한 외상성뇌손상을 초래한다.[36]

로레나는 외상성뇌손상이 개인의 인생을 어떻게 변화시키는지 직접 가르쳐 주었다. 처음 보았을 때, 그녀는 밝은 오렌지색 점프슈트 차림으로 똑바로 누워 있었고, 양손은 수갑이 채워져 병원 침상에 묶여 있었다. 병실에 들어가자 날 경멸하듯 흘겨보았다. "꺼져 버려." 그녀가 유일하게 내뱉은 말이다.

나는 심호흡을 했다. 당시 의학대학원 4년차였던 나는 뉴욕 시내 병원에서 마지막 내과 실습을 돌고 있었다. 대기 중인 상급 의료직원이 나를 로레나에게 배정하여 그녀의 진료에 책임을 지게 되었다. 어둑한 병실에 들어가 가까이 다가가 보니 그녀의 얼굴이 꽤 창백하고 지쳐 보였다. 드러나 있는 발 근처의 금속성 물체에서 반짝이는 불빛이 보였다. 그때 다리에도 족쇄가 채워져 있다는 것을 알았다.

로레나 이전에는 수감자를 진료해 본 적이 없었고, 몹시 추운 2월의 어느 아침에 두 명의 무장 경비원에 이끌려 병원에 도착하기 전까지 어떤 병력이 있었는지 알 수 없었다. 의료 차트에 따르면, 지난 2주간 두 번 기절하여 병원으로 이송된 적이 있다.

진료기록만 보면 극심한 과다월경을 겪는 것 같았다. 4주 전에 시작했는데 아직도 누그러지지 않았다. 명백히 정상이 아니었다. 로레나와 증상에 관해 이야기해 보려고 했지만, 초면에 받은 호쾌한 인사 말고는 좀처럼 들을 수 없었다. 그녀의 상태를 생각하니 상당히 걱정되었다.

나는 첫 대면에 기초하여 진료기록을 작성하고, 극심한 출혈의 원인을 밝히기 위해 혈액검사, 기본적인 영상검사, 그리고 산부인과 진찰을 요청했다.

로레나의 병력에서 유일하게 중대한 사안은 고등학교 시절 라크로스 시합 때 중증 외상성뇌손상을 입었다는 것이었다. 그 후 그녀의 가족과 친구들이 뚜렷한 성격의 변화와 개인적 트러블을 보고했다. 그러나 청소년기 때의 일이기 때문에 이번 증상과 밀접한 관련이 있다고는 여겨지지 않았다.

다음날 출혈에 대한 설명이 있었다. 호출기가 울려 답신을 했다. 산부인과 레지던트였는데, 계속되는 출혈은 악성종양, 아마도 자궁경부암 4기 때문일 것이라고 했다. 하지만 그 레지던트는 임상적 의혹을 확인할 수 없었다. 로레나가 조직검사를 비롯한 더 이상의 진찰을 거부했기 때문이다.

아직 통화가 끝나지 않았는데 호출기가 다시 울렸다. 내선번호를 확인해 보니 병원 실험실의 긴급호출이었다. 통화를 마무리하고 그 번호로 전화를 걸었다. 실험실 기사가 받더니 무뚝뚝하게 요점만 전해 주었다. "○○번 환자 오늘 오전 혈액검사 헤모글로빈 수치 데시리터당 5그램으로 위험." 로레나가 곤경에 빠져 있었다.

헤모글로빈 수치는 생명유지에 필요한 산소를 외부로부터 각 세포로 옮기는 능력을 나타내는 지표다. 그 능력이 일정 수준 아래로 떨어지면 몸 안쪽에서 바깥쪽으로 세포들이 하나하나 질식사한다. 이것은 일반적인 의료가 성별을 고려하는 드문 예외 중 하나다. 여성의 경우 헤모글로빈 수치가 데시리터당 12그램 아래로 떨어지면 빈혈이 생긴다.[37] 남성의 기준은 조금 더 높은 데시리터당 13그램이다. 남녀 불문하고 데시리터당 6~7그램 아래로 떨어지면 보통 신속한 수혈이 필요하다.

엘리베이터를 타고 로레나의 병실이 있는 층으로 올라가면서 이것이 마음에 걸렸다. 수혈이 분명히 필요하지만, 그녀의 허락 없이는 방법이 없었다. 그리고 수혈을 하지 않으면 생명이 위험해질 것이 뻔했다.

로레나를 돌보는 간호사에게 그녀가 다이어트 콜라를 좋아한다는 말을 들은 적이 있어서 병실로 가는 도중 자판기 코너에 들렀다. 화해의 선물이 도움이 될지도 몰랐다. 다행스럽게도 로레나는 수혈과 조직검사의 중요성을 듣고 나서 양쪽 모두에 동의했다. 나는 최소한 수혈을 통해 긴박한 위기에서 벗어나리라는 것을 알고 작은 승리에 도취된 기분으로 병실을 나섰다.

수혈 준비를 한 후에 그날 내가 맡은 다른 환자에게로 이동했다. 한 시간 후에 호출기가 울렸다. 로레나의 간호사였다. "지금 수혈을 거부하고 직원을 위협해서 중지하고 있어요." 나는 로레나가 아직도 출혈이 계속되고 있느냐고 물었다. 그렇다고 했다.

"좋은 신호가 아닌데요. 그녀와 다시 얘기해 볼게요 … 어쩌면 마음을 돌릴 수 있을지도 몰라요. 지금 올라가고 있어요." 내가 말했다.

출혈이 그치지 않고 있어 헤모글로빈이 훨씬 더 부족해질 것 같았다. 나는 그녀에게 도움이 필요한 의학적인 이유와 거부하면 닥칠 위험성을 다시 설명했다. 로레나는 마음이 누그러져 수혈에 다시 동의했다.

재난은 면했다. 아니, 어쩌면 그건 나만의 생각이었다. 30분쯤 후에 호출기가 다시 울렸다. 로레나의 간호사였다. "또 수혈을 거부하고 있어요. 다시 오셔서 말씀 좀 해보실래요?"

그녀의 병실로 돌아가 우려하는 바를 다시 말했다. 로레나는 납득한 듯 세 번째로 수혈에 동의했지만, 병실을 나선 지 몇 분도 안 되어 다시 거부했다.

그녀의 머리맡으로 다시 돌아갔다. "로레나, 계속 이럴 수는 없어요. 출혈이 계속되고 있으니 수혈받지 않으면 목숨이 심각하게 위태로워질 겁니다." 나는 말을 이었다. "제 근무시간이 곧 끝나는데, 당신이 위험에서 벗어났다는 걸 알고 떠나고 싶네요. 다른 직원이 당신 생명을 구해 줄 혈액을 들고 병실 밖에서 기다리고 있어요. 혈액은행에서 한번 꺼내 오면 안전상의 이유로 다시는 되돌릴 수 없습니다. 그리고 당신은 Rh 네거티브 O형이라서 Rh 네거티브 O형 혈액만 받을 수 있어요. 드문 혈액형이니까 다시 거부할 생각이라면 이 혈액으로 다른 누군가를 구할 수도 있었다는 걸 명심하세요."

그녀는 내 말을 가만히 듣고 나서 차분하고 점잖은 투로 이렇게 말했다. "좋아요. 이번엔 진짜 할게요." 나는 곧바로 수혈 준비를 했다.

끝내 수혈은 이루어지지 않았다.

병원을 나서는데 원내 방송에서 코드블루code blue가 울렸다. 나는 로레나의 병실로 달려갔다. 이미 응급 카트가 나와 있고 심정지 대응 팀 리더가 다급히 처치를 지시하고 있었다. 팀원 한 명이 그녀의 흉부를 압박하고 다른 의사는 필사적으로 정맥주사를 놓으려고 하고 있었다.

로레나는 그 직후 사망선고를 받았다.

신체적 외상이 무수하고 복잡한 방식으로 평생 뇌에 영향을 미친다는 사실은 현재 분명히 알려져 있다. 로레나가 경험한 성격의 변화에 대한 가장 그럴듯한 설명은 그것이 뇌손상의 직접적인 결과라는 것이다. 우리는 여전히 외상성뇌손상에 관해 충분히 알지 못하며, 그것이 여성의 뇌에 미치는 영향은 더더욱 알지 못한다. 뇌에 손상이 가해진 후 일어나는 많은 변화가 뇌의 작동에 영구적으로 파급되는데, 이 때문에 실행기능에 결함이 생겨 궁극적으로 개인의 감정적, 인지적, 사회적 기능이 영향을 받는다.

아주 중대한 현상을 가리키는 증거가 늘어나고 있다. 다른 모든 조건이 똑같고 뇌에 똑같은 물리적 힘이 가해질 때, 경험하는 것이 성별에 따라 다르다는 것이다. 지금까지 충분한 연구가 이루어진 것은 아니지만, 여성이 남성보다 운동경기와 관련된 외상성뇌손상을 입을 위험이 더 클 뿐만 아니라 치료 결과도 더 나쁘다는 것을 시사한다.[38]

유사한 손상이 남녀에게 미치는 영향의 차이는 직접 알아보기 전까지는 충분히 알 수 없다. 운동경기를 통해 머리에 반복적인 뇌진탕 역치미달손상subconcussive이 가해질 때 일어날 수 있는 뇌의 구조적, 대사적, 기능적 변화를 검토한 최근의 연구 결과에서 그 예를 찾아볼 수 있다.[39] 운동선수는 자신이 경기 중에 뇌진탕 역치미

달손상을 입었다는 사실조차 인식하지 못할 수도 있다.

그 연구에서 대학 수준 아이스하키선수 25명(남성 14명과 여성 11명)이 하키 시즌 전과 후에 확산강조 자기공명영상dMRI을 찍었다. 그 결과 백질白質의 위치를 나타내는 색상이 마치 만화경처럼 변화하며 미술관을 방불케 했다.

확산강조 자기공명영상이 만들어 낸 이미지는 뇌의 배선상태, 특히 신체적 외상 때문에 발생한 전단력에 의해 손상되기 쉽다고 보고된 영역을 알아보는 데 유용하다. 뇌의 내부 배선에 손상이 가해지면 끔찍한 결과가 초래될 수 있다.

하키 시즌이 끝난 후 찍은 뇌 영상에서 위세로다발superior longitudinal fasciculus, 속섬유막internal capsule, 뇌 우반구의 방사관corona radiata 영역에 현저한 변화가 관찰되었다. 이는 외상성뇌손상을 입은 사람에게서 보이는 손상 유형과 일치한다.

확산강조 자기공명영상이 보여 준 것과 달리, 그 연구에 참여한 25명의 선수들 가운데 어떤 유형이든 머리 부상을 경험했다고 주관적으로 보고한 사람은 아무도 없었다. 뿐만 아니라 영상을 통해 관찰된 뇌의 변화가 남자 하키선수에게는 전혀 나타나지 않았다. 오로지 여자 하키선수만이 시즌 종료 후 뇌에 변화가 생긴 것으로 판명되었다. 외상성뇌손상이 여성의 뇌에 미치는 구체적인 영향을 의학적, 신경학적으로 밝혀 나갈수록 더욱 효과적인 치료가 가능해지리라는 것은 의심의 여지가 없다.

~

의사는 환자에게서 가장 중요하고 지속적인 교훈을 얻을 수 있다. 어맨다는 나를 가르쳐 준 또 한 명의 환자였고, 그녀의 증례는 여성의 치료에 관한 현대의학의 깊은 한계를 집중적으로 깨닫게 해 주었다.

심혈관계질환 분야에서는 남녀 간에 중대한 차이가 있다는 과학적 사실이 확립되어 있다.[40] 그런데도 이러한 차이는 최신 진료에서 여전히 자주 간과되고 있다. 심근경색, 즉 심장마비를 겪을 때 여성과 남성이 서로 다른 증상을 보인다는 기본적인 지식을 알게 된 것도 그리 오래되지 않았다. 이러한 의학적 배경에서 나는 어맨다를 처음 알게 되었다.

어느 일요일 새벽, 매우 분주한 뉴욕시의 병원에서 교대근무를 시작하며 토요일 밤 늦게 실려 온 어맨다의 진료를 이어받았다.

어맨다는 47세였고, 완벽한 건강의 화신이었다. 거의 매일 운동을 했고, 신선한 과일과 채소를 고집하며 균형 잡힌 식사를 했다. 그녀의 가족은 비만과 더불어 비인슐린의존당뇨병이 흔했는데, 이러한 사실은 퇴근 후 운동을 건너뛰고 친구들과 칵테일 몇 잔 마시고 싶은 날에 특히 동기부여가 되었다.

그녀는 결국 운동을 마친 후 친구들을 따라갔고, 항상 바쁘고 사교적인 활동을 유지하려고 애썼다. 이러한 모든 이야기를 첫 진찰 때 들려주면서 최근에 결혼생활이 끝났으며 그에 따른 감정적 중압을 견디느라 힘든 시기를 보내고 있다고 조용히 일러 주었다.

다행히도 그녀는 자해할 생각이 없었지만, 그 일 때문에 완전히 비탄에 빠져 있었다. 12년 동안 같이 산 남편이 그녀의 친한 친구와 바람을 피웠을 뿐만 아니라 둘의 아이까지 생겼기 때문에 이해할 만했다. 남편이 실토하고 즉각적인 이혼을 요구한 것은 그녀가 응급실에 실려 오기 불과 일주일 전이었다. 어맨다가 그 순간에 무슨 일을 겪었을지 생각하면 오히려 잘 대처했다고 생각했다.

의료진이 그녀의 차트에 남긴 유일한 단서는 말끔한 삼지창[Ψ]이었다. 이것은 흔히 정신의학의 약칭으로 쓰인다. 아무도 그녀의 건강문제를 심각하게 받아들이지 않는 것 같았다. 의료진은 그녀가 정신과의 아무나에게 최근의 결혼 파탄에 관해 이야기할 필요가 있었을 뿐이라고 여겼는데, 그렇게 생각할 만도 했다.

어맨다를 처음 보았을 때, 그녀는 들것에 차분하게 앉아 있었다. 그날 아침 응급실에 이송되어 온 대부분의 사람들처럼 극심하게 아프거나 부상을 당한 것 같지는 않았다. 응급실에는 술에 취해 쓰러진 사람, 싸우다 다친 사람, 아편류 약물을 과다복용한 사람이 죽 늘어서 있었다.

어맨다의 증상은 모호하고 비특이적이었다. 주로 불안, 무기력, 구역질을 보였고, 전날의 지나친 운동에서 비롯된 약간의 흉부 통증이 있었다. 어맨다가 응급실에 들어오는 것을 처음으로 본 의사보조사는 그녀가 임신 중이라 생각하여 혈액검사를 주문했는데, 최근 두 번의 주기 동안 월경이 없었기 때문에 온당한 추정이었다.

일반적인 혈액검사와 소변검사는 결과가 정상이었고, 임신 테스트도 음성이었다. 우리는 결국 어맨다를 퇴원시키며 후속 조치로 그 주에 정신과 진료 예약을 잡았다.

그날 교대근무를 마치고 다음날 아침에 응급실로 돌아왔는데 다시 어맨다가 등록절차를 밟고 있어 놀랐다. 이번에는 급성 흉통이 있었고 양팔로도 퍼진 것 같았다. 그녀는 자신이 심장마비를 일으켰다고 생각했다. 믿기 힘들지만 우리는 어맨다의 진짜 문제를 완전히 놓친 것이었다.

우리는 재빨리 심전도검사를 실시했고, 심근경색의 표지를 확인하기 위해 혈액 샘플을 실험실로 보냈으며, 심장 초음파검사도 시작했다. 심전도와 초음파검사 결과 모두 비정상이었다. 하지만 실제 어맨다는 심근경색을 겪고 있지 않았다. 심장 영상을 통해 좌심실에 풍선확장ballooning이 나타난 것을 즉시 확인했다. 이는 스트레스성 심근병증 혹은 다코쓰보 심근증takotsubo cardiomyopathy이라 불리는 질환과 관련이 있다.

스트레스성 심근병증 진단을 받은 환자의 90퍼센트 이상이 여성이다.[41] '다코쓰보蛸壺'라는 명칭은 비정상적인 심장의 형태가 일본의 문어 잡이 항아리와 비슷하다는 데서 비롯되었다. 더욱 불가사의한 점은 스트레스성 심근병증이 항상 극심한 감정적 사건을 겪은 후에 발병한다는 것이다. 그래서 '상심증후군broken-heart syndrome'이라 불리기도 한다.

어맨다는 운이 좋았고 완전히 회복되었다. 스트레스성 심근병증은 한때 매우 희귀한 질환으로 여겨졌지만, 최근의 연구에 따르면 생각보다 훨씬 더 흔하게 나타날 수 있다. 흥미로운 것은 거의 여성에게서 나타나는 질환이지만 남성이 한번 걸리면 회복되지 않는다는 사실이다. 우리의 몸을 구성하는 세포처럼 우리의 장기도 태어나기 훨씬 전부터 선택된 아주 명확한 성별을 갖기 때문일 것이다.

인간의 모든 신장(콩팥)은 남성 또는 여성이다. 신장은 길이가 10~13센티미터 정도이고 거대한 콩처럼 생겼다. 각 신장에서는 약 100만 개의 네프론nephron이 혈액을 여과시킨다. 신체가 계속 가지고 있으려는 것은 재흡수하고 생명활동 과정에서 나온 유독한 노폐물은 걸러 내거나 배설하는데, 그 결과 생성되는 것이 소변이다. 단백질 섭취량이 증가하면 신장은 더 열심히 일해서 단백질 대사에서 만들어지는 모든 노폐물을 제거해야 한다. 그래서 만성신부전을 앓아 신장이식을 기다리는 사람은 단백질 섭취에 신중을 기해야 한다.

현재 미국에서는 약 10만 명이 신장이식을 대기하고 있다.[42] 대다수는 기다리다 죽을 것이다. 간이든 심장이든 폐든 이식을 받아야 하는 사람이 10분마다 1명씩 추가되고 있다. 이미 장기이식 대기명단에 올라와 있는 사람들 중 미국에서만 매일 20명씩 죽는다.

신부전이 발생하는 이유는 다양하다. 설리나 고메즈의 신장을 희생시킨 루푸스신장염 같은 자가면역질환도 하나의 원인이다. 고혈압, 당뇨병, 그리고 신장동맥협착증이라 불리는 신장혈관의 폐색 등도 이식수술을 필요케 하는 원인이다.

대체로 남성의 신장에 네프론이 더 많이 포함되어 있고, 여성의 경우 그보다 10~15퍼센트 더 적다.[43] 이는 남성 신장의 혈액 여과 능력이 전반적으로 더 높다는 것을 의미한다. 선택할 수 있다면 고출력의 신장을 받는 것이 더 낫다.

양쪽 신장의 기능이 모두 멈췄다면, 신장이식을 기다리는 동안 유일한 생존법은 투석이다. 이는 혈액 내 노폐물을 인위적으로 걸러 내는 작업이다. 자연상태의 신장보다 효율이 훨씬 떨어진다. 이식할 신장도 살아 있는 기증자에게 제공받아야 결과가 좋다. 투석을 받는 사람들 대부분은 새로운 신장을 이식받으면 삶에 커다란 변화가 생긴다. 그것은 즉각적이고도 중대한 것이다. 대부분의 사람들에게 영구적인 해결책이 되지는 않지만, 생명을 구하고 연장시킬 수 있는 유일한 방법이다.

신장이식을 필요로 하는 사람들의 대다수는 유전학적 남성이다.[44] 그리고 그들에게 신장을 제공하는 살아 있는 기증자 대부분은 유전학적 여성이다. 이식이 필요한 환자 중 남성의 비율이 높은 것은 성별과 관련된 생물학적 요인과 관련이 있다. 예컨대 남성에게 더 흔한 고혈압은 신장의 손상을 일으킬 수 있다.

남성이 여성의 장기를 이식받으면 거부반응과 사망의 위험성이 모두 높다는 것이 여러 임상시험을 통해 밝혀졌다.[45] 게다가 여성은 남성의 신장을 이식받으면 성공률이 높아지지만 여성의 신장을 이식받으면 그 반대다. 또한 남성이 심장이나 간 등의 장기를 여성에게 제공받으면 최악의 결과가 빚어진다는 것도 알려져 있다.

왜 그럴까? 먼저 앞서 언급했듯이 모든 장기에 성별(남성 또는 여성)이 있는 것과 관련이 있을 것이다. 신장을 이식받으면 '외부' 장기에 대한 공격을 막기 위해 면역억제제를 복용해야 하는데, 남성의 신장세포는 그로 인한 부작용에 덜 취약하다. 여성 환자가 남성의 신장을 이식받으면 회복기간 동안 투여되는 약제의 부작용을 덜 겪게 된다는 뜻이다.

또 다른 중요한 이유는 남성의 장기 안에 있는 모든 세포가 동일한 X염색체를 사용한다는 사실이다. 여성의 신장에는 서로 다른 X염색체를 이용하는 세포가 섞여 있다. 이 때문에 여성의 신장은 유전학적으로 훨씬 더 다양하며 결과적으로 남성의 신장보다 면역성이 높다. 그래서 여성의 장기가 거부반응을 더 잘 일으키는 것이다.

이식 결과의 차이는 기증받는 장기의 질과도 관련이 있을 것이다.[46] 여성 기증자 대부분은 남성에 비해 나이가 더 많지만 받는 쪽은 그 반대다. 이식을 받는 수많은 남성은 건강도 더 나쁘다. 궁극적으로 가장 뚜렷한 요인은 장기의 성별인 것이다.

지금까지 살펴보았듯이, 남성과 여성 사이에는 건강, 수명, 장애에 관한 수많은 차이가 존재한다. 이러한 차이 대다수는 생명을 유지시키는 세포, 조직, 그리고 기관의 성별과 관련이 있다.

여성의 건강을 위한 의학을 진정으로 발전시키려면, 연구에 더 많은 여성을 참여시키고 여성과 남성에 대한 연구 결과를 효과적으로 비교할 방법을 찾아야 한다. 예를 들어 여성은 허혈성 뇌졸중과 알츠하이머병에 더 취약하다.

의학연구는 이제 막 성별에 따른 차이를 고려하기 시작했기 때문에 여성에게 알츠하이머병 같은 질환의 발병률이 높은 이유를 아직은 이론적으로 충분히 설명할 수 없다. 이러한 여성을 정확히 어떻게 치료해야 더 나은 임상적인 결과를 얻을 수 있는지도 여전히 알지 못한다. 그렇기 때문에 연구자들은 여성의 세포와 암컷 실험동물을 의식적으로 그리고 지속적으로 이용할 필요가 있다. 남녀 간의 차이를 이해하면 남녀 모두를 치료하는 데 도움이 될 것이다.

지식의 생성이 남성 기반의 개념적 틀에 기초하여 이루어질 때, 단순히 연구 자체를 늘리자고 주장하는 것만으로는 충분하지 않다. 우리에게 필요한 것은 여성에게 적용되는 의학연구와 임상에 관한 완전히 새로운 시선이다. 따라서 유전학적 우월성을 이끌어 내는 여성 특유의 유전적 다양성과 세포 협력을 먼저 고려해야 한다.

그리고 새로 얻게 된 지식을 여성 질환의 치료와 연구에 지체 없이 적용해야 한다. 이는 의학적으로 여성을 오로지 생물학적 남성의 시선으로 바라보는 연구는 지양해야 한다는 것을 뜻한다.

의료계, 학계, 그리고 일반 대중이 염색체상 성별을 가르는 유전학적 간극을 이해하기 시작하면, 의학은 이러한 지식을 최선을 다해 임상에 적용시켜야 할 것이다. 바로 이제부터가 중요하다.

맺음말

우리의 더 나은 반쪽에 대한 연구

우리들 대부분은 자신이 물려받은 성염색체에 관해 별로 생각하지 않는다. 실제 가까이서 살펴볼 기회조차 거의 없지만, 이러한 미세한 DNA 가닥은 생명활동의 모든 측면에서 핵심적인 역할을 수행한다. 성염색체가 적절히, 조용히 그리고 부지런히 작동한다면, 그것에 대해 생각할 필요는 없을 것이다. 어쨌든 성염색체는 우리가 태어나기 한참 전부터 작동해 왔다. 어머니에게서 물려받은 X염색체는 어머니가 외할머니 자궁 속에 있을 때 만들어진 것이다. Y염색체를 갖고 있다면 아버지로부터 물려받은 것이고, 아버지의 Y염색체는 할아버지에게서 온 것이다.

처음으로 내 백혈구에서 염색체를 추출하여 관찰했을 때, Y염색체가 너무 작은 것이 인상적이었다. 46개의 염색체를 크기와 띠의 패턴에 따라 나열하여 시각적으로 확인하는 핵형 분석과정에서 Y염색체가 제일 먼저 눈에 들어왔다. 염색체를 각각의 쌍과 함께 배열하면 작고 유일한 Y염색체는 짝 없이 남는다. 결국 Y염색체를 X염색체 옆에 두니 여성이 유전물질을 훨씬 더 많이 갖고 있다는 것을 시각적으로 이해할 수 있었다.

나는 대학교와 대학원 시절 내내, 심지어 의학대학원에서도 인간이라는 종에서 Y염색체가 차지하는 중요성에 관해 귀에 못이 박이도록 들었다. 그들이 이야기하듯 결국 그것은 남성을 만들어 낸다. 이토록 Y염색체를 주목하는 데는 여러 가지 이유가 있겠지만, 그것에 관해 숨도 안 쉬고 떠들어 대는 사람들 대부분이 Y염색체를 갖고 있다는 사실과 관계가 있을 것이라 생각한다.

우리의 23가지 염색체 가운데 유독 X염색체에 관해서는 거의 부정적인 의미에서만 논의가 이루어졌다. X염색체가 일으키는 다양한 문제—색맹에서 지적장애에 이르는 모든 것—에 관한 강의는 끝도 없었다. 어떤 염색체가 잘못을 저지르고 있다고 생각될 때마다 문제아처럼 학급 앞으로 불려 나와 야단맞는 염색체가 하나 있다. 바로 X염색체다. 오늘날에도 의학연구와 임상 대부분이 X염색체를 부정적인 의미에서 파악하고 있는 것을 보면 그 시절 이후로 별로 변한 것이 없다.

그런데 이미 알려져 있듯이 이런 이야기가 틀린 말은 아니다. 유전학적 남성에 한해서라면 말이다. 그러나 X염색체 2개를 갖고 태어났다면 색맹이 되는 대신 4색형 색각을 통해 남성보다 수백만 가지의 색상을 더 볼 수도 있다. 그리고 손상된 면역계 대신 더 강력한 면역계를 소유함으로써 일반적인 남성이라면 쓰러질 만한 심각한 감염증에 맞서 싸울 수 있다.

그러니까 물려받은 성염색체가 가져오는 결과는 크게 다르다. 의사들이 약을 처방하거나 암 검진을 할 때 성염색체의 중요성을 모르고 성별을 고려하지 않는 것은 의도적인 무시에서 비롯된 것이 아니다. 오랫동안 의학연구의 모든 단계에서 여성이 심각하게 배제된 결과가 의학교육과 임상에까지 반영된 것이다. 다행스럽게도 이제 바뀌기 시작했다.

현재 내가 여성의 유전학적 우월성에 관해 알고 있는 지식 대부분은 직접적인 연구 경험을 통해 배운 것이다. 하지만 이론적으로 얻은 지식을 끔찍이도 실제적이게 만든 것은 늘 개인적 경험이었다.

나는 아내가 될 에마와 허니문 준비를 하면서 둘 다 장티푸스 예방접종을 받았다. 캄보디아의 앙코르와트 사원 유적을 몇 주 동안 탐험할 예정이었다.

장티푸스균은 지독한 감염증을 일으킬 수 있으며, 주로 비위생적으로 준비된 음식을 먹을 때 감염된다.[1] 장티푸스에 걸렸는데 치료받지 않으면 5명 중 1명은 죽을 것이다.

우리는 동일한 예방접종을 동시에 받았지만 나는 다음날 출근을 한 반면 에마는 그러지 못했다. 백신에 대한 신체적 반응의 차이 때문에 마치 서로 다른 백신접종을 받은 것처럼 느껴질 정도였다.[2] 그녀는 팔의 접종 부위가 너무 아파서 내가 옷 입는 것을 도와주어야 했고, 불쾌한 두통 때문에 그 주 내내 침대에 누워 있어야 했다.

우리에게 예방접종을 해준 간호사에게 이야기하니 자신의 경험에 비추어 우리가 겪은 일은 흔하다고 했다. 여성이 주사에 더 격렬하게 반응한다는 것이다. 나는 접종 후 거의 아무것도 느끼지 않았다. 그리고 이 때문에 큰 대가를 치러야 했다.

3개월 후 캄보디아의 고온다습한 정글을 탐험하고 있을 때, 나는 컨디션이 썩 좋지 않다는 것을 인지했다. 처음에는 시차증이거나 숨 막히는 더위 때문이겠거니 했지만, 머지않아 완전히 진행된 장티푸스의 증상이라는 것을 깨달았다.

병원 침대에 누워 있는 동안 생명을 구해 줄 일련의 항생제가 포함된 수액 주머니를 올려다본 것이 기억난다. 그리고 캄보디아에 도착한 이후 아내와 항상 똑같은 음식을 먹었다는 생각도 했었다. 그렇다면 왜 나는 식품 매개성 병원체에 감염되었는데 그녀는 아주 멀쩡히 내 침대 옆에 앉아 있을까? 결국 그녀는 백신접종을 받은 후에 쓸데없이 앓은 것이 아니었다.

나의 면역계가 백신을 무시하는 것처럼 보였을 때, 그녀의 몸은 캄보디아에서 직면하게 될 것에 대한 준비를 갖추고 있었다. 내 아내의 면역계는 2개의 X염색체를 이용하여 계획적으로 백신에 반응함으로써 생명을 위협하는 진짜 병원체의 침입이라는 최악의 사태에 대비하고 있었던 것이다. 그녀의 B세포는 체세포 과돌연변이에 의해 촉발된 과정을 통해 장티푸스균을 골라 죽일 최상의 항체를 개발하고 있었다.

우리는 서로 유사한 DNA를 갖춘 똑같은 부류의 면역세포를 혈액 속에 보유하고 있는데도 동일한 예방접종에 대해 결코 유사하게 반응하지 않았다. 남녀의 면역세포는 유사한 DNA를 갖고 있지만,

그렇다고 해서 동일한 유전자를 동등하게 이용하는 것은 아니다. 나의 세포 내에서는 면역과 관련된 유전자 대다수가 백신접종 후 침묵을 지키고 있었지만, 내 아내의 면역세포와 그 안의 DNA는 절박하게 백신에 반응했다.

심지어 면역과 관련이 없는 유전자도 성별에 따라 다르게 쓰인다. 최근의 연구에 따르면, 여성과 남성은 공통으로 갖고 있는 45가지 조직에서 2만 개의 유전자 가운데 무려 6,500개를 서로 다른 방식으로 이용한다.[3] 체모의 성장과 근육의 형성에 관여하는 유전자는 남성에게서 더 활동적인 반면, 지방의 축적과 약물대사•에 관여하는 유전자는 여성에게서 더 활동적이다.

서로 대비되는 예방접종 경험을 통해 실증된 내 아내의 면역학적 활력은 여성이 생리학적으로 남성을 압도하는 방식을 보여 주는 하나의 예에 불과하다. 이러한 힘 때문에 여성은 강력한 면역학적 방어 메커니즘이 자신을 공격하는 자가면역질환의 위험에 더 크게 노출되기도 한다.

결국 어떤 성별이 종합적으로 우월한지 판단하는 방법은 단 하나밖에 없다. 패기에 대한 진정한 시험은 생의 고난에서 살아남는

• 성별에 따라 다르게 행동하는 6,500개의 유전자 가운데 약물대사에 관여하는 2개의 유전자, 즉 *CYP3A4*와 *CYP2B6*[사이토크롬(cytochrome) P450 효소 계열의 일부]는 여성에게서 더 활동적인 것으로 드러났다. 이 2개의 유전자는 오늘날 남성과 여성 모두에게 처방되는 약물 가운데 50퍼센트 이상의 대사에 관여하는 2개의 효소를 합성시킨다. 여성이 남성에 비해 처방약의 부작용을 훨씬 더 많이 겪는 이유 중 하나는 유전자의 작용과 약물의 대사가 서로 다른 데서 기인하는 것 같다.

능력을 보는 것이다. 생의 끝자락까지 남는 자는 누구인가?

수치를 검토해 보자. 유전학적 남성은 인구통계학적으로 생을 유리하게 시작한다.[4] 여자아이 100명당 평균적으로 남자아이 105명이 태어나기 때문이다. 하지만 이 책의 첫머리에서 신생아집중치료실의 조던과 에밀리 사례를 보았듯이, 생이 진행되기 시작하면 그 유리함이 금방 줄어들고 결국 완전히 사라진다. 40세가 되는 시점에서 여성과 남성 인구는 거의 동일해진다.[5] 그러나 100세가 되면 생존자의 약 80퍼센트가 여성이다. 그리고 110세 이상 인구의 95퍼센트가 여성이다.

미국인의 사망원인 상위 15가지 중 13가지 항목에서 남성이 더 많이 죽는다.[6] 여기에는 심장질환, 암, 간질환, 신장질환, 당뇨병 같은 질병이 장황하게 늘어서 있다. 상위 15가지 원인 중 여성이 더 큰 비중을 차지하는 것은 오로지 알츠하이머병뿐이고 뇌혈관질환은 동률을 이룬다.

여성이 남성보다 오래 사는 것은 미국에서만 나타나는 현상이 아니다. 최근에 세계 곳곳의 출생 시 기대여명이 분석되었는데, 조사 대상인 54개국 모두에서 여성이 더 길었다.

죽음을 따돌리는 것이 유전학적 능력의 궁극적인 지표라면, 여성은 110세라는 결승선을 통과하는 대성공을 통해 부정할 수 없는 승자로 등극한다. 최고령자 타이틀을 거의 항상 여성이 거머쥐는 것은 놀라운 일도 아니다. 다나카 가네 씨는 엄청나게 긴 줄 맨 뒤에 서서 이 대단한 타이틀을 보유하고 있다.

다나카 씨의 생애는 여성의 뛰어난 생존력을 보여 주는 실례다.[7] 그녀는 라이트형제가 첫 비행에 성공한 해인 1903년 1월 2일에 조산아로 태어났지만, 마침내 남편과 아들보다 더 오래 살게 되었다.

다나카 씨는 100번째 생일 이후 최고령자 타이틀을 갈망해 왔다고 밝혔다. 그리고 116세 때 드디어 소원을 이루었다. 최고령자이자 최고령 여성으로 기네스 세계기록을 인정받은 것이 살면서 가장 흥분되는 순간이었다고 감격하며 말했다. 기념식전에서 그녀는 인생에서 가장 즐거웠던 일이 무엇이냐는 질문을 받고 이렇게 대답했다. "바로 지금이죠."

동물 344종의 성체 성비를 조사한 최근의 연구에서 내가 20년 전 신경유전학 연구자로서 직접 관찰한 것이 확증되었다.[8] 인간처럼 XY-수컷과 XX-암컷 염색체 체계를 가진 종에서는 만년에 암컷이 더 많이 살아남았다. 반면 조류처럼 수컷이 동일한 성염색체 2개, 즉 ZZ, 암컷이 ZW를 갖는 종은 그 반대였다. 동일한 성염색체 2개를 보유하고 이용함으로써 이익을 얻는 종은 인간만이 아닌 것이다.

이 책에서 살펴보았듯이, 여성이 가진 유전학적 이점은 약 1,000개의 유전자가 포함되어 있는 X염색체를 2개 중 1개 선택할 수 있는 여성의 모든 세포에서 비롯된다. X염색체에 존재하는 유전자는 생명활동에 필수적이며, 면역계뿐만 아니라 두뇌의 발달과 유지에도 결정적인 역할을 한다. X 연관 지적장애와 색맹을 비롯한 X 연관 유전질환을 통해 보았듯이 여분의 X염색체는 매우 귀중하다. 유전학적 다양성과 세포 협력이 여성에게 유전학적 이점을 제공하는 것이다.

이 모든 사실에도 불구하고 유전학적 남성은 함부로 버릴 만한 성별이 아니다. 우리가 번식하고 번창하기 위해 양성이 모두 필요하다는 것은 명백하다. 하지만 유전학적으로 말해서 더 나은 반쪽으로 진화한 것은 여성이다. 이러한 사실을 더 빨리 받아들이고 연구와 의료의 방식을 더 신속하게 조정할수록 우리 모두는 더 나아질 것이다.

미주

머리말: 여성에게만 주어진 유전학적 선택지

1 인간 수명의 성별 차이에 관해 더 궁금하다면 다음을 참조할 것. Ostan R, Monti D, Gueresi P, Bussolotto M, Franceschi C, Baggio G. (2016). Gender, aging and longevity in humans: An update of an intriguing/neglected scenario paving the way to a gender-specific medicine. *Clin Sci (Lond)* 130(19): 1711-1725; Zarulli V, Barthold Jones JA, Oksuzyan A, Lindahl-Jacobsen R, Christensen K, Vaupel JW. (2018). Women live longer than men even during severe famines and epidemics. *Proc Natl Acad Sci USA* 115(4): E832-E840.

2 성별에 따라 면역학적 반응이 어떻게 다른지 더 자세히 알고 싶다면 다음을 참조할 것. Giefing-Kröll C, Berger P, Lepperdinger G, Grubeck-Loebenstein B. (2015). How sex and age affect immune responses, susceptibility to infections, and response to vaccination. *Aging Cell* 14(3): 309-321; Spolarics Z, Peña G, Qin Y, Donnelly RJ, Livingston DH. (2017). Inherent X-linked genetic variability and cellular mosaicism unique to females contribute to sex-related differences in the innate immune response. *Front Immunol* 8: 1455.

3 남성이 지적장애에 더 취약하다는 것을 소개하는 문헌은 다음과 같다. Muthusamy B, Selvan LDN, Nguyen TT, Manoj J, Stawiski EW, Jaiswal BS, Wang W, Raja R, Ramprasad VL, Gupta R, Murugan S, Kadandale JS, Prasad TSK, Reddy K, Peterson A, Pandey A, Seshagiri

S, Girimaji SC, Gowda H. (2017). Next-generation sequencing reveals novel mutations in X-linked intellectual disability. *OMICS* 21(5): 295-303; Niranjan TS, Skinner C, May M, Turner T, Rose R, Stevenson R, Schwartz CE, Wang T. (2015). Affected kindred analysis of human X chromosome exomes to identify novel X-linked intellectual disability genes. *PLoS One* 10(2): e0116454.

4 인간의 일반적인 색채지각 능력에 관해 더 궁금하다면 다음을 참조할 것. John D. Mollon, Joel Pokorny, Ken Knoblauch. (2003). *Normal and Defective Colour Vision.* Oxford, UK: Oxford University Press; Kassia St. Claire. (2017). *The Secret Lives of Color.* New York: Penguin; Veronique Greenwood. The humans with super human vision. *Discover,* June 2012; Jameson KA, Highnote SM, Wasserman LM. (2001). Richer color experience in observers with multiple photopigment opsin genes. *Psychon Bull Rev* 8(2): 244-261; Jordan G, Deeb SS, Bosten JM, Mollon JD. (2010). The dimensionality of color vision in carriers of anomalous trichromacy. *J Vis* 10(8): 12.

5 여성의 장수에 관한 문헌은 수도 없이 많다. 이 주제에 관심이 있다면 다음 논문부터 읽으면 좋을 것이다. Marais GAB, Gaillard JM, Vieira C, Plotton I, Sanlaville D, Gueyffier F, Lemaitre JF. (2018). Sex gap in aging and longevity: Can sex chromosomes play a role? *Biol Sex Differ* 9(1): 33; Pipoly I, Bokony V, Kirkpatrick M, Donald PF, Szekely T, Liker A. (2015). The genetic sex-determination system predicts adult sex ratios in tetrapods. *Nature* 527(7576): 91-94; Austad SN, Fischer KE. (2016). Sex differences in lifespan. *Cell Metab* 23(6): 1022-1033.

6 Parra J, de Suremain A, Berne Audeoud F, Ego A, Debillon T. (2017). Sound levels in a neonatal intensive care unit significantly exceeded recommendations, especially inside incubators. *Acta Paediatr* 106(12): 1909-1914; Laubach V, Wilhelm P, Carter K. (2014). Shhh … I'm growing: Noise in the NICU. *Nurs Clin North Am* 49(3): 329-344; Almadhoob A, Ohlsson A. (2015). Sound reduction management in the neonatal intensive care unit for preterm or very low birth weight infants. *Cochrane Database Syst Rev* 1: CD010333.

7 가장 어린 환자들의 치료법은 많이 발전해 왔다. 이 주제에 관해서는 다음을 참조할 것. Benavides A, Metzger A, Tereshchenko A, Conrad A,

Bell EF, Spencer J, Ross-Sheehy S, Georgieff M, Magnotta V, Nopoulos P. (2019). Sex-specific alterations in preterm brain. *Pediatr Res* 85(1): 55-62; Glass HC, Costarino AT, Stayer SA, Brett CM, Cladis F, Davis PJ. (2015). Outcomes for extremely premature infants. *Anesth Analg* 120(6): 1337-1351; EXPRESS Group, Fellman V, Hellström-Westas L, Norman M, Westgren M, Källén K, Lagercrantz H, Marsál K, Serenius F, Wennergren M. (2009). One-year survival of extremely preterm infants after active perinatal care in Sweden. *JAMA* 301(21): 2225-2233.

8 Macho P. (2017). Individualized developmental care in the NICU: A concept analysis. *Adv Neonatal Care* 17(3): 162-174; Doede M, Trinkoff AM, Gurses AP. (2018). Neonatal intensive care unit layout and nurses' work. *HERD* 11(1): 101-118; Stoll BJ, Hansen NI, Bell EF, Walsh MC, Carlo WA, Shankaran S, Laptook AR, Sánchez PJ, Van Meurs KP, Wyckoff M, Das A, Hale EC, Ball MB, Newman NS, Schibler K, Poindexter BB, Kennedy KA, Cotten CM, Watterberg KL, D'Angio CT, DeMauro SB, Truog WE, Devaskar U, Higgins RD; Eunice Kennedy Shriver National Institute of Child Health and Human Development Neonatal Research Network. (2015). Trends in care practices, morbidity, and mortality of extremely preterm neonates, 1993-2012. *JAMA* 314(10): 1039-1051; Stensvold HJ, Klingenberg C, Stoen R, Moster D, Braekke K, Guthe HJ, Astrup H, Rettedal S, Gronn M, Ronnestad AE; Norwegian Neonatal Network. (2017). Neonatal morbidity and 1-year survival of extremely preterm infants. *Pediatrics* 139(3): pii, e20161821.

9 외상을 입은 남성 10만 566명과 여성 3만 9,762명의 경과를 검토한 19건의 연구를 메타분석한 결과, 남성은 사망위험이 크고 입원기간이 길며 합병증 발생률이 높았다. 이에 관해서는 다음을 참조할 것. Liu T, Xie J, Yang F, Chen JJ, Li ZF, Yi CL, Gao W, Bai XJ. (2015). The influence of sex on outcomes in trauma patients: A meta-analysis. *Am J Surg* 210(5): 911-921. 이 주제에 관해 더 관심이 있다면 다음 서적과 논문을 참조할 것. Al-Tarrah K, Moiemen N, Lord JM. (2017). The influence of sex steroid hormones on the response to trauma and burn injury. *Burns Trauma* 5: 29; Bösch F, Angele MK, Chaudry IH. (2018).

Gender differences in trauma, shock and sepsis. *Mil Med Res* 5(1): 35; Barbara R. Migeon. (2013). *Females Are Mosaics: X-Inactivation and Sex Differences in Disease*. New York: Oxford University Press; Pape M, Giannakópoulos GF, Zuidema WP, de Lange-Klerk ESM, Toor EJ, Edwards MJR, Verhofstad MHJ, Tromp TN, van Lieshout EMM, Bloemers FW, Geeraedts LMG. (2019). Is there an association between female gender and outcome in severe trauma? A multi-center analysis in the Netherlands. *Scand J Trauma Resusc Emerg Med* 27(1): 16.

10 Spolarics Z, Pena G, Qin Y, Donnelly RJ, Livingston DH. (2017). Inherent X-linked genetic variability and cellular mosaicism unique to females contribute to sex-related differences in the innate immune response. *Front Immunol* 8: 1455.

11 Billi AC, Kahlenberg JM, Gudjonsson JE. (2019). Sex bias in autoimmunity. *Curr Opin Rheumatol* 31(1): 53–61; Chiaroni-Clarke RC, Munro JE, Ellis JA. (2016). Sex bias in paediatric autoimmune disease—not just about sex hormones? *J Autoimmun* 69: 12–23.

12 Peña G, Michalski C, Donnelly RJ, Qin Y, Sifri ZC, Mosenthal AC, Livingston DH, Spolarics Z. (2017). Trauma-induced acute X chromosome skewing in white blood cells represents an immuno-modulatory mechanism unique to females and a likely contributor to sex-based outcome differences. *Shock* 47(4): 402-408; Chandra R, Federici S, Németh ZH, Csóka B, Thomas JA, Donnelly R, Spolarics Z. (2014). Cellular mosaicism for X-linked polymorphisms and IRAK1 expression presents a distinct phenotype and improves survival following sepsis. *J Leukoc Biol* 95(3): 497-507.

13 Petkovic J, Trawin J, Dewidar O, Yoganathan M, Tugwell P, Welch V. (2018). Sex/gender reporting and analysis in Campbell and Cochrane systematic reviews: A cross-sectional methods study. *Syst Rev* 7(1): 113; Sandberg K, Verbalis JG. (2013). Sex and the basic scientist: Is it time to embrace Title IX? *Biol Sex Differ* 4(1): 13.

14 Institute of Medicine (U.S.), Committee on Understanding the Biology of Sex and Gender Differences, Mary-Lou Pardue, Theresa M. Wizemann. (2001). *Exploring the Biological Contributions to Human Health: Does Sex Matter?* Washington, DC: National Academies Press.

제1장 여분의 X염색체에 대한 진실

1 Steven L. Gersen, Martha B. Keagle. (2013). *The Principles of Clinical Cytogenetics*. New York: Humana Press; R. J. McKinlay Gardner, Grant R. Sutherland, Lisa G. Shaffer (2013). *Chromosome Abnormalities and Genetic Counseling*. New York: Oxford University Press; Reed E. Pyeritz, Bruce R. Korf, Wayne W. Grody, eds. (2018). *Emery and Rimoin's Principles and Practice of Medical Genetics and Genomics*. London: Academic Press.

2 Crawford GE, Ledger WL. (2019). In vitro fertilisation/intracytoplasmic sperm injection beyond 2020. BJOG 126(2): 237-243; Vogel G, Enserink M. (2010). Nobel Prizes honor for test tube baby pioneer. *Science* 330(6001): 158-159.

3 Lina Gálvez, Bernard Harris. (2016). *Gender and Well-Being in Europe: Historical and Contemporary Perspectives*. Abingdon: Routledge; McCauley E. (2017). Challenges in educating patients and parents about differences in sex development. *Am J Med Genet C Semin Med Genet* 175(2): 293-299.

4 이 사례에 관해서는 나의 저서 *Inheritance: How Our Genes Change Our Lives-and Our Lives Change Our Genes* (Grand Central Publishing, 2014)[『유전자, 당신이 결정한다』, 정경 옮김, 김영사, 2015]에서 다루었다. *SOX3* 유전자와 XX 성전환에서의 역할에 관해 더 자세히 알고 싶다면 다음을 참조할 것. Moalem S, Babul-Hirji R, Stavropolous DJ, Wherrett D, Bägli DJ, Thomas P, Chitayat D. (2012). XX male sex reversal with genital abnormalities associated with a de novo *SOX3* gene duplication. *Am J Med Genet A* 158A(7): 1759-1764; Vetro A, Dehghani MR, Kraoua L, Giorda R, Beri S, Cardarelli L, Merico M, Manolakos E, Parada-Bustamante A, Castro A, Radi O, Camerino G, Brusco A, Sabaghian M, Sofocleous C, Forzano F, Palumbo P, Palumbo O, Calvano S, Zelante L, Grammatico P, Giglio S, Basly M, Chaabouni M, Carella M, Russo G, Bonaglia MC, Zuffardi O. (2015). Testis development in the absence of SRY: Chromosomal rearrangements at *SOX9* and *SOX3*. *Eur J Hum Genet* 23(8): 1025-1032; Xia XY, Zhang C, Li TF, Wu QY, Li N, Li WW, Cui YX, Li XJ, Shi YC. (2015). A duplication upstream of *SOX9* was not

positively correlated with the SRY-negative 46,XX testicular disorder of sex development: A case report and literature review. *Mol Med Rep* 12(4): 5659-5664.

5 Bhatia R. (2018). *Gender Before Birth: Sex Selection in a Transnational Context*. Seattle: University of Washington Press.

6 Vergara MN, Canto-Soler MV. (2012). Rediscovering the chick embryo as a model to study retinal development. *Neural Dev* 7: 22; Haqq CM, Donahoe PK. (1998). Regulation of sexual dimorphism in mammals. *Physiol Rev* 78(1): 1-33.

7 '성 선택'을 위한 약물과 약초는 사산을 수도 없이 일으킬 뿐만 아니라 선천성 기형의 위험을 증가시키는 것으로 추정된다. 최근의 연구에 따르면, 임신 중 약초를 복용하면 선천성 기형의 발병률이 3배 증대된다. 연구 현황에 관해서는 다음의 논문과 논설을 참조할 것. Neogi SB, Negandhi PH, Sandhu N, Gupta RK, Ganguli A, Zodpey S, Singh A, Singh A, Gupta R. (2015). Indigenous medicine use for sex selection during pregnancy and risk of congenital malformations: A population-based case-control study in Haryana, India. *Drug Saf* 38(9): 789-797; Neogi SB, Negandhi PH, Ganguli A, Chopra S, Sandhu N, Gupta RK, Zodpey S, Singh A, Singh A, Gupta R. (2015). Consumption of indigenous medicines by pregnant women in North India for selecting sex of the foetus: What can it lead to? *BMC Pregnancy Childbirth* 15: 208.

8 Nettie M. Stevens and the discovery of sex determination by chromosomes. *Isis* 69(2): 163-172; Wessel GM. (2011). Y does it work this way? Nettie Maria Stevens (July 7, 1861-May 4, 1912). *Mol Reprod Dev* 78(9): Fmi; Ogilvie MB, Choquette CJ. (1981). Nettie Maria Stevens (1861-1912): Her life and contributions to cytogenetics. *Proc Am Philos Soc* 125(4): 292-311.

9 Kalantry S, Mueller JL. (2015). Mary Lyon: A tribute. *Am J* Hum *Genet* 97(4): 507-510; Rastan S. (2015). Mary F. Lyon (1925-2014). *Nature* 518(7537): 36; Watts G. (2015). Mary Frances Lyon. *Lancet* 385(9970): 768; Morey C, Avner P. (2011). The demoiselle of X-inactivation: 50 years old and as trendy and mesmerising as ever. *PLoS Genet* 7(7): e1002212.

10 Sahakyan A, Yang Y, Plath K. (2018). The role of Xist in X-chromosome dosage compensation. *Trends* Cell Biol 28(12): 999-1013; Gendrel AV, Heard E. (2014). Noncoding RNAs and epigenetic mechanisms during X-chromosome inactivation. *Annu Rev Cell Dev* Biol 30: 561-580; Wutz A. (2011). Gene silencing in X-chromosome inactivation: Advances in understanding facultative heterochromatin formation. *Nat Rev Genet* 12(8): 542-553.

11 메리 라이언 박사의 획기적인 최초 논문은 다음과 같다. Lyon, MF. (1961). Gene action in the X-chromosome of the mouse (*Mus musculus L.). Nature* 190: 372-373.

12 Breed MD, Guzmán-Novoa E, Hunt GJ. (2004). Defensive behavior of honey bees: Organization, genetics, and comparisons with other bees. *Annu Rev Entomol* 49: 271-298; Metz BN, Tarpy DR. (2019). Reproductive senescence in drones of the honey bee (*Apis mellifera*). *Insects* 10(1).

13 Howard SR, Avarguès-Weber A, Garcia JE, Greentree AD, Dyer AG. (2019). Numerical cognition in honeybees enables addition and subtraction. *Sci Adv* 5(2): eaav0961; Howard SR, Avarguès-Weber A, Garcia JE, Greentree AD, Dyer AG. (2019). Symbolic representation of numerosity by honeybees (*Apis mellifera*): Matching characters to small quantities. *Proc Biol Sci* 286(1904): 20190238.

14 출생 성비에 관해서는 전 세계 거의 모든 국가의 자료가 이용 가능하며, 다음의 국제연합(UN) 웹사이트에 정리되어 있다. http://data.un.org/Data.aspx?d=PopDiv&f=variableID%3A52.

제2장 왜 여성의 면역계가 더 강력한가

1 Enserink M. (2005). Physiology or medicine: Triumph of the ulcer-bug theory. *Science* 310(5745): 34-35; Sobel RK. (2001). Barry Marshall. A gutsy gulp changes medical science. *US News World Rep* 131(7): 59; Kyle RA, Steensma DP, Shampo MA. (2016). Barry James Marshall—discovery of *Helicobacter pylori* as a cause of peptic ulcer. *Mayo Clin Proc* 91(5): e67-68.

2 Barry J. Marshall, ed. (2002). *Helicobacter Pioneers: Firsthand Accounts from the Scientists Who Discovered Helicobacters*, 1892-1982. Carlton

South: Wiley-Blackwell.

3 Pamela Weintraub. The doctor who drank infectious broth, gave himself an ulcer, and solved a medical mystery. *Discover,* April 2010; Groh EM, Hyun N, Check D, Heller T, Ripley RT, Hernandez JM, Graubard BI, Davis JL. (2018). Trends in major gastrectomy for cancer: Frequency and outcomes. *J Gastrointest Surg.* doi: 10.1007/s11605-018-4061-x.

4 Rosenstock SJ, Jørgensen T. (1995). Prevalence and incidence of peptic ulcer disease in a Danish County—a prospective cohort study. *Gut* 36(6): 819-824; Räihä I, Kemppainen H, Kaprio J, Koskenvuo M, Sourander L. (1998). Lifestyle, stress, and genes in peptic ulcer disease: A nationwide twin cohort study. *Arch Intern Med* 158(7): 698-704.

5 Schurz H, Salie M, Tromp G, Hoal EG, Kinnear CJ, Möller M. (2019). The X chromosome and sex-specific effects in infectious disease susceptibility. *Hum Genomics* 13(1): 2; Sakiani S, Olsen NJ, Kovacs WJ. (2013). Gonadal steroids and humoral immunity. *Nat Rev Endocrinol* 9(1): 56-62; Spolarics Z, Peña G, Qin Y, Donnelly RJ, Livingston DH. (2017). Inherent X-linked genetic variability and cellular mosaicism unique to females contribute to sex-related differences in the innate immune response. *Front Immunol* 8: 1455; Ding SZ, Goldberg JB, Hatakeyama M. (2010). *Helicobacter pylori* infection, oncogenic pathways and epigenetic mechanisms in gastric carcinogenesis. *Future Oncol* 6(5): 851-862.

6 Ohtani M, Ge Z, García A, Rogers AB, Muthupalani S, Taylor NS, Xu S, Watanabe K, Feng Y, Marini RP, Whary MT, Wang TC, Fox JG. (2011). 17 β-estradiol suppresses *Helicobacter pylori*-induced gastric pathology in male hypergastrinemic INS-GAS mice. *Carcinogenesis* 32(8): 1244-1250; Camargo MC, Goto Y, Zabaleta J, Morgan DR, Correa P, Rabkin CS. (2012). Sex hormones, hormonal interventions, and gastric cancer risk: A meta-analysis. *Cancer Epidemiol Biomarkers Prev* 21(1): 20-38.

7 Schurz H, Salie M, Tromp G, Hoal EG, Kinnear CJ, Möller M. (2019). The X chromosome and sex-specific effects in infectious

disease susceptibility. *Hum Genomics* 13(1): 2.

8 이 인상적인 업적에 관해서는 다음을 참조할 것. Lolekha R, Boonsuk S, Plipat T, Martin M, Tonputsa C, Punsuwan N, Naiwatanakul T, Chokephaibulkit K, Thaisri H, Phanuphak P, Chaivooth S, Ongwandee S, Baipluthong B, Pengjuntr W, Mekton S. (2016). Elimination of mother-to-child transmission of HIV-Thailand. *MMWR Morb Mortal Wkly Rep* 65(22): 562-566; Thisyakorn U. (2017). Elimination of mother-to-child transmission of HIV: Lessons learned from success in Thailand. *Paediatr Int Child Health* 37(2): 99-108.

9 Griesbeck M, Scully E, Altfeld M. (2016). Sex and gender differences in HIV-1 infection. *Clin Sci (Lond)* 130(16): 1435-1451; Jiang H, Yin J, Fan Y, Liu J, Zhang Z, Liu L, Nie S. (2015). Gender difference in advanced HIV disease and late presentation according to European consensus definitions. *Sci Rep* 5: 14543.

10 Beckham SW, Beyrer C, Luckow P, Doherty M, Negussie EK, Baral SD. (2016). Marked sex differences in all-cause mortality on antiretroviral therapy in low- and middle-income countries: A systematic review and meta-analysis. *J Int AIDS Soc* 19(1): 21106; Kumarasamy N, Venkatesh KK, Cecelia AJ, Devaleenol B, Saghayam S, Yepthomi T, Balakrishnan P, Flanigan T, Solomon S, Mayer KH. (2008). Gender-based differences in treatment and outcome among HIV patients in South India. *J Womens Health* 17(9): 1471-1475.

11 Hwang JK, Alt FW, Yeap LS. (2015). Related mechanisms of antibody somatic hypermutation and class switch recombination. *Microbiol Spectr* 3(1): MDNA3-0037-2014; Kitaura K, Yamashita H, Ayabe H, Shini T, Matsutani T, Suzuki R. (2017). Different somatic hypermutation levels among antibody subclasses disclosed by a new next-generation sequencing-based antibody repertoire analysis. *Front Immunol* 8: 389; Methot SP, Di Noia JM. (2017). Molecular mechanisms of somatic hypermutation and class switch recombination. *Adv Immunol* 33: 37-87; Sheppard EC, Morrish RB, Dillon MJ, Leyland R, Chahwan R. (2018). Epigenomic modifications mediating antibody maturation. *Front Immunol* 9: 355; Xu Z, Pone

EJ, Al-Qahtani A, Park SR, Zan H, Casali P. (2007). Regulation of *AICDA* expression and AID activity: Relevance to somatic hypermutation and class switch DNA recombination. *Crit Rev Immunol* 27(4): 367-397; Methot SP, Litzler LC, Subramani PG, Eranki AK, Fifield H, Patenaude AM, Gilmore JC, Santiago GE, Bagci H, Côté JF, Larijani M, Verdun RE, Di Noia JM. (2018). A licensing step links AID to transcription elongation for mutagenesis in B cells. *Nat Commun* 9(1): 1248.

12 Schurz H, Salie M, Tromp G, Hoal EG, Kinnear CJ, Möller M. (2019). The X chromosome and sex-specific effects in infectious disease susceptibility. *Hum Genomics* 13(1): 2; Spolarics Z, Peña G, Qin Y, Donnelly RJ, Livingston DH. (2017). Inherent X-linked genetic variability and cellular mosaicism unique to females contribute to sex-related differences in the innate immune response. *Front Immunol* 8: 1455; Vázquez-Martínez ER, García-Gómez E, Camacho-Arroyo I, González-Pedrajo B. (2018). Sexual dimorphism in bacterial infections. *Biol Sex Differ* 9(1): 27.

13 Tromp I, Kiefte-de Jong J, Raat H, Jaddoe V, Franco O, Hofman A, de Jongste J, Moll H. (2017). Breastfeeding and the risk of respiratory tract infections after infancy: The Generation R Study. *PLoS One* 12(2): e0172763; Gerhart KD, Stern DA, Guerra S, Morgan WJ, Martinez FD, Wright AL. (2018). Protective effect of breastfeeding on recurrent cough in adulthood. *Thorax* 73(9): 833-839.

14 Ding SZ, Goldberg JB, Hatakeyama M. (2010). *Helicobacter pylori* infection, oncogenic pathways and epigenetic mechanisms in gastric carcinogenesis. *Future Oncol* 6(5): 851-862; Matsumoto Y, Marusawa H, Kinoshita K, Endo Y, Kou T, Morisawa T, Azuma T, Okazaki IM, Honjo T, Chiba T. (2007). *Helicobacter pylori* infection triggers aberrant expression of activation-induced cytidine deaminase in gastric epithelium. *Nat Med* 13(4): 470-476.

15 카프카의 병력에 관해 더 알고 싶다면 다음을 참조할 것. Felisati D, Sperati G. (2005). Famous figures: Franz Kafka (1883-1924). *Acta Otorhinolaryngol Ital* 25(5): 328-332; Mydlík M, Derzsiové K. (2007). Robert Klopstock and Franz Kafka—the friends from Tatranské

Matliare (the High Tatras). *Prague Med Rep* 108(2): 191–195; Vilaplana C. (2017). A literary approach to tuberculosis: Lessons learned from Anton Chekhov, Franz Kafka, and Katherine Mansfield. *Int J Infect Dis* 56: 283–285.

16 Lange L, Pescatore H. (1935). Bakteriologische Untersuchungen zur Lübecker Säuglingstuberkulose. *Arbeiten a d Reichsges-Amt* 69: 205–305; Schuermann P, Kleinschmidt H. (1935). Pathologie und Klinik der Lübecker Säuglingstuberkuloseerkrankungen. *Arbeiten a d Reichsges-Amt* 69: 25–204.

17 세계보건기구는 결핵에 관한 종합적인 정보를 수집하고 있는데, 이에 따르면 다제내성결핵이 세계적으로 약 55만 8,000건 보고되어 있다. 결핵에 관해 더 자세히 알고 싶다면 세계보건기구의 관련 웹사이트를 먼저 둘러보는 것이 좋다. https://www.who.int/tb/en/.

18 전염병이 인류의 역사에 미친 무수한 영향에 관심이 있다면 나의 전작인 다음을 참조할 것. Sharon Moalem with Jonathan M. Prince. (2007). *Survival of the Sickest: A Medical Maverick Discovers Why We Need Disease*. New York: William Morrow[『아파야 산다』, 김소영 옮김, 김영사, 2010].

제3장 왜 남성이 지적장애에 더 취약한가

1 Loomes R, Hull L, Mandy WPL. (2017). What is the male-to-female ratio in autism spectrum disorder? A systematic review and meta-analysis. *J Am Acad Child Adolesc Psychiatry* 56(6): 466–474.

2 Kogan MD, Vladutiu CJ, Schieve LA, Ghandour RM, Blumberg SJ, Zablotsky B, Perrin JM, Shattuck P, Kuhlthau KA, Harwood RL, Lu MC. (2018). The prevalence of parent-reported autism spectrum disorder among US children. *Pediatrics* 142(6); Christensen DL, Braun KVN, Baio J, Bilder D, Charles J, Constantino JN, Daniels J, Durkin MS, Fitzgerald RT, Kurzius-Spencer M, Lee LC, Pettygrove S, Robinson C, Schulz E, Wells C, Wingate MS, Zahorodny W, Yeargin-Allsopp M. (2018). Prevalence and characteristics of autism spectrum disorder among children aged 8 years—Autism and Developmental Disabilities Monitoring Network, 11 Sites, United

States, 2012. *MMWR Surveill Summ* 65(13): 1-23.

3 Benavides A, Metzger A, Tereshchenko A, Conrad A, Bell EF, Spencer J, Ross-Sheehy S, Georgieff M, Magnotta V, Nopoulos P. (2019). Sex-specific alterations in preterm brain. *Pediatr Res* 85(1): 55-62; Skiöld B, Alexandrou G, Padilla N, Blennow M, Vollmer B, Adén U. (2014). Sex differences in outcome and associations with neonatal brain morphology in extremely preterm children. *J Pediatr* 164(5): 1012-1018; Zhou L, Zhao Y, Liu X, Kuang W, Zhu H, Dai J, He M, Lui S, Kemp GJ, Gong Q. (2018). Brain gray and white matter abnormalities in preterm-born adolescents: A meta-analysis of voxel-based morphometry studies. *PLoS One* 13(10): e0203498; Hintz SR, Kendrick DE, Vohr BR, Kenneth Poole W, Higgins RD; NICHD Neonatal Research Network. (2006). Gender differences in neurodevelopmental outcomes among extremely preterm, extremely-low-birthweight infants. *Acta Paediatr* 95(10): 1239-1248.

4 Neri G, Schwartz CE, Lubs HA, Stevenson RE. (2017). X-linked intellectual disability update. *Am J Med Genet A* 176(6): 1375-1388; Takashi Sado. (2018). *X-Chromosome Inactivation: Methods and Protocols*. New York: Springer Nature; Stevenson RE, Schwartz CE. (2009). X-linked intellectual disability: Unique vulnerability of the male genome. *Dev Disabil Res Rev* 15(4): 361-368.

5 Lubs HA, Stevenson RE, Schwartz CE. (2012). Fragile X and X-linked intellectual disability: Four decades of discovery. *Am J* Hum Genet 90(4): 579-590; Roger E. Stevenson, Charles E. Schwartz, R. Curtis Rogers. (2012). *Atlas of X-Linked Intellectual Disability* Syndromes. New York: Oxford University Press.

6 Hagerman RJ, Berry-Kravis E, Hazlett HC, Bailey DB Jr, Moine H, Kooy RF, Tassone F, Gantois I, Sonenberg N, Mandel JL, Hagerman PJ. (2012). Fragile X syndrome. *Nat Rev Dis Primers* 3: 17065; Bagni C, Tassone F, Neri G, Hagerman R. (2012). Fragile X syndrome: Causes, diagnosis, mechanisms, and therapeutics. *J Clin Invest* 122(12): 4314-4322; Bagni C, Oostra BA. (2013). Fragile X syndrome: From protein function to therapy. *Am J Med Genet A* 161A(11): 2809-2821; Lubs HA, Stevenson RE, Schwartz CE. (2012).

Fragile X and X-linked intellectual disability: Four decades of discovery. *Am J Hum Genet* 90(4): 579-590.

7 Boyle CA, Boulet S, Schieve LA, Cohen RA, Blumberg SJ, Yeargin-Allsopp M, Visser S, Kogan MD. (2011). Trends in the prevalence of developmental disabilities in US children, 1997-2008. *Pediatrics* 127(6): 1034-1042; Xu G, Strathearn L, Liu B, Yang B, Bao W. (2018). Twenty-year trends in diagnosed attention-deficit/hyperactivity disorder among US children and adolescents, 1997-2016. *JAMA Netw Open* 1(4): e181471.

8 Gissler M, Järvelin MR, Louhiala P, Hemminki E. (1999). Boys have more health problems in childhood than girls: Follow-up of the 1987 Finnish birth cohort. *Acta Paediatr* 88(3): 310-314.

9 Boyle CA, Boulet S, Schieve LA, Cohen RA, Blumberg SJ, Yeargin-Allsopp M, Visser S, Kogan MD. (2011). Trends in the prevalence of developmental disabilities in US children, 1997-2008. *Pediatrics* 127(6): 1034-1042. 더 자세한 정보는 다음의 질병예방통제센터 웹사이트를 참조할 것. https://www.cdc.gov/ncbddd/developmentaldisabilities/features/birthdefects-dd-keyfindings.html.

10 다음 논문은 2014년부터 2016년까지 미국의 3~17세 아동을 대상으로 발달장애 발병률을 논의한 것이다. 결과는 남자아이 8.15퍼센트, 여자아이 4.29퍼센트였다. 더 자세한 정보가 궁금하면 다음을 참조할 것. Zablotsky B, Black LI, Blumberg SJ. (2017). Estimated prevalence of children with diagnosed developmental disabilities in the United States, 2014-2016. *NCHS Data Brief* 291: 1-8.

11 뇌 발달에 관여하는 복잡한 발생과정에 관해 더 자세히 알고 싶다면 나의 저서 *Inheritance: How Our Genes Change Our Lives—and Our Lives Change Our Genes* (Grand Central Publishing, 2014)[『유전자, 당신이 결정한다』]를 참조할 것.

12 Hong P. (2013). Five things to know about … ankyloglossia (tongue-tie). *CMAJ* 185(2): E128; Power RF, Murphy JF. (2015). Tongue-tie and frenotomy in infants with breastfeeding difficulties: Achieving a balance. *Arch Dis Child* 100(5): 489-494.

13 내반족 혹은 선천성 만곡족은 어린이에게 흔히 나타나는 정형외과적 족부 기형이다. 석고붕대를 이용하는 폰세티(Ponseti) 방법은 오늘날 만곡족 치

료에 선호되는 요법이다. 이 질환 및 다른 치료법에 관해 더 자세히 알고 싶다면 다음 논문을 참조할 것. Ganesan B, Luximon A, Al-Jumaily A, Balasankar SK, Naik GR. (2017). Ponseti method in the management of clubfoot under 2 years of age: A systematic review. *PLoS One* 12(6): e0178299; Michalski AM, Richardson SD, Browne ML, Carmichael SL, Canfield MA, Van Zutphen AR, Anderka MT, Marshall EG, Druschel CM. (2015). Sex ratios among infants with birth defects, National Birth Defects Prevention Study, 1997-2009. *Am J Med Genet A* 167A(5): 1071-1081.

14 John D. Mollon, Joel Pokorny, Ken Knoblauch. (2003). *Normal and Defective Colour Vision*. Oxford, UK: Oxford University Press.

15 Neitz J, Neitz M. (2011). The genetics of normal and defective color vision. *Vision Res* 51(7): 633-651; Simunovic MP. (2010). Colour vision deficiency. *Eye(Lond)* 24(5): 747-755.

16 다음 논문에서 인간에게 4색형 색각이 존재할 가능성이 최초로 언급되었다고 생각된다. de Vries H. (1948). The fundamental response curves of normal and abnormal dichromatic and trichromatic eyes. *Physica* 14(6): 367-380. 4색형 색각에 관해 더 상세히 알고 싶다면 다음의 논문을 참조할 것. Jordan G, Deeb SS, Bosten JM, Mollon JD. (2010). The dimensionality of color vision in carriers of anomalous trichromacy. *J Vis* 10(8): 12; Jameson KA, Highnote SM, Wasserman LM. (2001). Richer color experience in observers with multiple photopigment opsin genes. *Psychon Bull Rev* 8(2): 244-261; Kawamura S. (2016). Color vision diversity and significance in primates inferred from genetic and field studies. *Genes Genomics* 38: 779-791; Neitz J, Neitz M. (2011). The genetics of normal and defective color vision. *Vision Res* 51(7): 633-651; Veronique Greenwood. The humans with super human vision. *Discover*, June 2012.

17 Lamb TD. (2016). Why rods and cones? *Eye (Lond)* 30(2): 179-185; Lamb TD, Collin SP, Pugh EN Jr. (2007). Evolution of the vertebrate eye: Opsins, photoreceptors, retina and eye cup. *Nat Rev Neurosci* 8(12): 960-976; Nickle B, Robinson PR. (2007). The opsins of the vertebrate retina: Insights from structural, biochemical, and evolutionary studies. *Cell Mol Life Sci* 64(22): 2917-2932.

18 Kassia St. Claire. (2017). *The Secret Lives of Color*. New York: Penguin; Xie JZ, Tarczy-Hornoch K, Lin J, Cotter SA, Torres M, Varma R; Multi-Ethnic Pediatric Eye Disease Study Group. (2014). Color vision deficiency in preschool children: The multi-ethnic pediatric eye disease study. *Ophthalmology* (7): 1469-1474; Yokoyama S, Xing J, Liu Y, Faggionato D, Altun A, Starmer WT. (2014). Epistatic adaptive evolution of human color vision. *PLoS Genet* 10(12): e1004884.

19 Troscianko J, Wilson-Aggarwal J, Griffiths D, Spottiswoode CN, Stevens M. (2017). Relative advantages of dichromatic and trichromatic color vision in camouflage breaking. *Behav Ecol* 28(2): 556-564; Doron R, Sterkin A, Fried M, Yehezkel O, Lev M, Belkin M, Rosner M, Solomon AS, Mandel Y, Polat U. (2019). Spatial visual function in anomalous trichromats: Is less more? *PLoS One* 14(1): e0209662; Melin AD, Chiou KL, Walco ER, Bergstrom ML, Kawamura S, Fedigan LM. (2017). Trichromacy increases fruit intake rates of wild capuchins (*Cebus capucinus imitator*). *Proc Natl Acad Sci USA* 114(39): 10402-10407.

20 『타임』의 1940년 기사 원문에 관심이 있다면 다음 웹사이트를 참조할 것. http://content.time.com/time/magazine/article/0,9171,772387,00.html.

21 Richard Roche, Sean Commins, Francesca Farina. (2018). *Why Science Needs Art: From Historical to Modern Day Perspectives*. Abingdon: Routledge.

22 유전자가 개개인의 식이 요구량에 어떤 영향을 주는지 관심이 있다면 다음을 참조할 것. Sharon Moalem. (2016). *The DNA Restart: Unlock Your Personal Genetic Code to Eat for Your Genes, Lose Weight, and Reverse Aging*. New York: Rodale. 다음 논문은 비타민 C 합성의 유전학을 잘 정리했다. Drouin G, Godin JR, Pagé B. (2011). The genetics of vitamin C loss in vertebrates. *Curr Genomics* 12(5): 371-378.

23 Nishikimi M, Kawai T, Yagi K. (1992). Guinea pigs possess a highly mutated gene for L-gulono-gamma-lactone oxidase, the key enzyme for L-ascorbic acid biosynthesis missing in this species. *J Biol Chem* 267(30): 21967-21972; Cui J, Yuan X, Wang L, Jones G, Zhang S.

(2011). Recent loss of vitamin C biosynthesis ability in bats. *PLoS One* 6(11): e27114.

24 Melin AD, Chiou KL, Walco ER, Bergstrom ML, Kawamura S, Fedigan LM. (2017). Trichromacy increases fruit intake rates of wild capuchins (*Cebus capucinus imitator*). *Proc Natl Acad Sci USA* 114(39): 10402-10407.

25 Melin AD, Kline DW, Hickey CM, Fedigan LM. (2013). Food search through the eyes of a monkey: A functional substitution approach for assessing the ecology of primate color vision. *Vision Res* 86: 87-96; Nevo O, Valenta K, Razafimandimby D, Melin AD, Ayasse M, Chapman CA. (2018). Frugivores and the evolution of fruit colour. *Biol Lett* 14(9); Michael Price. You can thank your fruit-hunting ancestors for your color vision. *Science,* February 19, 2017.

26 Chao MV, Calissano P. (2013). Rita Levi-Montalcini: In memoriam. *Neuron* 77(3): 385-387; Chirchiglia D, Chirchiglia P, Pugliese D, Marotta R. (2019). The legacy of Rita Levi-Montalcini: From nerve growth factor to neuroinflammation. *Neuroscientist*. doi: 10.1177/1073858419827273; Federico A. (2013). Rita Levi-Montalcini, one of the most prominent Italian personalities of the twentieth century. *Neurol Sci* 34(2): 131-133.

27 Cepero A, Martín-Hernández R, Prieto L, Gómez-Moracho T, Martínez-Salvador A, Bartolomé C, Maside X, Meana A, Higes M. (2015). Is *Acarapis woodi* a single species? A new PCR protocol to evaluate its prevalence. *Parasitol Res* 114(2): 651-658; Ochoa R, Pettis JS, Erbe E, Wergin WP. (2005). Observations on the honey bee tracheal mite *Acarapis woodi* (Acari: Tarsonemidae) using low-temperature scanning electron microscopy. *Exp Appl Acarol* 35(3): 239-249.

28 Manca A, Capsoni S, Di Luzio A, Vignone D, Malerba F, Paoletti F, Brandi R, Arisi I, Cattaneo A, Levi-Montalcini R. (2012). Nerve growth factor regulates axial rotation during early stages of chick embryo development. *Proc Natl Acad Sci USA* 109(6): 2009-2014; Levi-Montalcini R. (2000). From a home-made laboratory to the Nobel Prize: An interview with Rita Levi Montalcini. *Int J Dev Biol*

44(6): 563-566.

29 Götz R, Köster R, Winkler C, Raulf F, Lottspeich F, Schartl M, Thoenen H. (1994). Neurotrophin-6 is a new member of the nerve growth factor family. *Nature* 372(6503): 266-269; Skaper SD. (2017). Nerve growth factor: A neuroimmune crosstalk mediator for all seasons. *Immunology* 151(1): 1-15.

30 De Assis GG, Gasanov EV, de Sousa MBC, Kozacz A, Murawska-Cialowicz E. (2018). Brain derived neutrophic factor, a link of aerobic metabolism to neuroplasticity. *J Physiol Pharmacol* 69(3); Mackay CP, Kuys SS, Brauer SG. (2017). The effect of aerobic exercise on brain-derived neurotrophic factor in people with neurological disorders: A systematic review and meta-analysis. *Neural Plast*. doi: 10.1155/2017/4716197.

31 Susan Tyler Hitchcock. (2004). *Rita Levi-Montalcini (Women in Medicine)*. Langhorne, PA: Chelsea House; Yount L. (2009). *Rita Levi-Montalcini: Discoverer of Nerve Growth Factor (Makers of Modern Science)*. Langhorne, PA: Chelsea House.

32 Bradshaw RA. (2013). Rita Levi-Montalcini (1909-2012). *Nature* 493(7432): 306; Levi-Montalcini R, Knight RA, Nicotera P, Nisticó G, Bazan N, Melino G. (2011). Rita's 102!! *Mol Neurobiol* 43(2): 77-79; Chao MV, Calissano P. (2013). Rita Levi-Montalcini: In memoriam. *Neuron* 77(3): 385-387.

33 Lennie P. (2003). The cost of cortical computation. *Curr Biol* 13(6): 493-497; Magistretti PJ, Allaman I. (2015). A cellular perspective on brain energy metabolism and functional imaging. *Neuron* 86(4): 883-901.

34 Rodríguez-Iglesias N, Sierra A, Valero J. (2019). Rewiring of memory circuits: Connecting adult newborn neurons with the help of microglia. *Front Cell Dev Biol* 7: 24.

35 Paolicelli RC, Bolasco G, Pagani F, Maggi L, Scianni M, Panzanelli P, Giustetto M, Ferreira TA, Guiducci E, Dumas L, Ragozzino D, Gross CT. (2011). Synaptic pruning by microglia is necessary for normal brain development. *Science* 333(6048): 1456-1458; Salter MW, Stevens B. (2017). Microglia emerge as central players in brain disease. *Nat Med* 23(9): 1018-1027.

36 Weinhard L, di Bartolomei G, Bolasco G, Machado P, Schieber NL, Neniskyte U, Exiga M, Vadisiute A, Raggioli A, Schertel A, Schwab Y, Gross CT. (2018). Microglia remodel synapses by presynaptic trogocytosis and spine head filopodia induction. *Nat Commun* 9(1): 1228.

37 van der Poel M, Ulas T, Mizee MR, Hsiao CC, Miedema SSM, Adelia, Schuurman KG, Helder B, Tas SW, Schultze JL, Hamann J, Huitinga I. (2019). Transcriptional profiling of human microglia reveals grey-white matter heterogeneity and multiple sclerosis-associated changes. *Nat Commun* 10(1): 1139; Zrzavy T, Hametner S, Wimmer I, Butovsky O, Weiner HL, Lassmann H. (2017). Loss of "homeostatic" microglia and patterns of their activation in active multiple sclerosis. *Brain* 140(7): 1900-1913.

38 미세아교세포가 다양한 질환의 발병에 어떤 역할을 하는지 궁금하다면 다음을 참조할 것. Felsky D, Roostaei T, Nho K, Risacher SL, Bradshaw EM, Petyuk V, Schneider JA, Saykin A, Bennett DA, De Jager PL. (2019). Neuropathological correlates and genetic architecture of microglial activation in elderly human brain. *Nat Commun* 10(1): 409; Inta D, Lang UE, Borgwardt S, Meyer-Lindenberg A, Gass P. (2017). Microglia activation and schizophrenia: Lessons from the effects of minocycline on postnatal neurogenesis, neuronal survival and synaptic pruning. *Schizophr Bull* 43(3): 493-496; Regen F, Hellmann-Regen J, Costantini E, Reale M. (2017). Neuroinflammation and Alzheimer's disease: Implications for microglial activation. *Curr Alzheimer Res* 14(11): 1140-1148; Sellgren CM, Gracias J, Watmuff B, Biag JD, Thanos JM, Whittredge PB, Fu T, Worringer K, Brown HE, Wang J, Kaykas A, Karmacharya R, Goold CP, Sheridan SD, Perlis RH. (2019). Increased synapse elimination by microglia in schizophrenia patient-derived models of synaptic pruning. *Nat Neurosci* 22(3): 374-385.

39 Meltzer A, Van de Water J. (2017). The role of the immune system in autism spectrum disorder. *Neuropsychopharmacology* 42(1): 284-298.

40 Borgaonkar DS, Murdoch JL, McKusick VA, Borkowf SP, Money JW, Robinson BW. (1968). The YY syndrome. *Lancet* 2(7565): 461-462;

Nielsen J, Stürup G, Tsuboi T, Romano D. (1969). Prevalence of the XYY syndrome in an institution for psychologically abnormal criminals. *Acta Psychiatr Scand* 45(4): 383-401; Fox RG. (1971). The XYY offender: A modern myth? *Journal of Crim Law and Crimonol* 62(1): 59-73.

41 Godar SC, Fite PJ, McFarlin KM, Bortolato M. (2016). The role of monoamine oxidase A in aggression: Current translational developments and future challenges. *Prog Neuropsychopharmacol Biol Psychiatry* 69: 90-100.

42 Brunner HG, Nelen M, Breakefield XO, Ropers HH, van Oost BA. (1993). Abnormal behavior associated with a point mutation in the structural gene for monoamine oxidase A. *Science* 262(5133): 578-580.

43 Godar SC, Bortolato M, Castelli MP, Casti A, Casu A, Chen K, Ennas MG, Tambaro S, Shih JC. (2014). The aggression and behavioral abnormalities associated with monoamine oxidase A deficiency are rescued by acute inhibition of serotonin reuptake. *J Psychiatr Res* 56: 1-9; Godar SC, Bortolato M, Frau R, Dousti M, Chen K, Shih JC. (2011). Maladaptive defensive behaviours in monoamine oxidase A-deficient mice. *Int J Neuropsychopharmacol* 14(9): 1195-1207; Scott AL, Bortolato M, Chen K, Shih JC. (2008). Novel monoamine oxidase A knock out mice with human-like spontaneous mutation. *Neuroreport* 19(7): 739-743.

44 McDermott R, Tingley D, Cowden J, Frazzetto G, Johnson DD. (2009). Monoamine oxidase A gene (*MAOA*) predicts behavioral aggression following provocation. *Proc Natl Acad Sci USA* 106(7): 2118-2123; Chester DS, DeWall CN, Derefinko KJ, Estus S, Peters JR, Lynam DR, Jiang Y. (2015). Monoamine oxidase A (*MAOA*) genotype predicts greater aggression through impulsive reactivity to negative affect. *Behav Brain Res* 283: 97-101; González-Tapia MI, Obsuth I. (2015). "Bad genes" and criminal responsibility. *Int J Law Psychiatry* 39: 60-71.

45 *MAOA* 유전자에 관해 더 알고 싶다면 다음을 참조할 것. Hunter P. (2010). The psycho gene. *EMBO Rep* 11(9): 667-669.

46 Palmer EE, Leffler M, Rogers C, Shaw M, Carroll R, Earl J, Cheung NW, Champion B, Hu H, Haas SA, Kalscheuer VM, Gecz J, Field M. (2016). New insights into Brunner syndrome and potential for targeted therapy. *Clin Genet* 89(1): 120-127.

47 이 인용문은 세라 앤 머피Sarah Anne Murphy의 학위논문 "Born to Rage?: A Case Study of the Warrior Gene"에서 따온 것이다. 다음 웹사이트에서 볼 수 있다. https://wakespace.lib.wfu.edu/bitstream/handle/10339/37295/Murphy_wfu_0248M_10224.pdf.

제4장 왜 여성이 더 오래 견디는가

1 Adair T, Kippen R, Naghavi M, Lopez AD. (2019). The setting of the rising sun? A recent comparative history of life expectancy trends in Japan and Australia. *PLoS One* 14(3): e0214578; GBD 2015 Mortality and Causes of Death Collaborators. (2016). Global, regional, and national life expectancy, all-cause mortality, and cause-specific mortality for 249 causes of death, 1980-2015: A systematic analysis for the Global Burden of Disease Study. *Lancet* 388(10053): 1459-1544. For an article particularly focusing on countries with long-lived individuals, including Japan, see Marina Pitofsky. What countries have the longest life expectancies. *USA Today*, July 27, 2018. https://eu.usatoday.com/story/news/2018/07/27/life-expectancies-2018-japan-switzerland-spain/848675002/.

2 더 많은 데이터와 정보는 미국 국제개발처의 「아프가니스탄 사망률 조사 2010」을 참조할 것. 웹사이트: https://www.usaid.gov/sites/default/files/documents/1871/Afghanistan%20Mortality%20Survey%20Key%20Findings.pdf.

3 이 주제에 관해서는 다음을 참조할 것. Griffin JP. (2008). Changing life expectancy throughout history. *J R Soc Med* 101(12): 577.

4 Benjamin B, Clarke RD, Beard RE, Brass W. (1963). A discussion on demography. *Proc R Soc Lon Series B Bio* 159(74): 38-65.

5 John Kelly. (2005). *The Great Mortality: An Intimate History of the Black Death, the Most Devastating Plague of All Time*. New York: Harper; Greenberg SJ. (1997). The "dreadful visitation": Public health and

public awareness in seventeenth-century London. *Bull Med Libr Assoc* 85(4): 391-401; Raoult D, Mouffok N, Bitam I, Piarroux R, Drancourt M. (2013). Plague: History and contemporary analysis. *J Infect* 66(1): 18-26. 14~17세기 런던의 가래톳페스트 사망률에 관해서는 다음을 참조할 것. Twigg G. (1992). Plague in London: Spatial and temporal aspects of mortality. https://www.history.ac.uk/cmh/epitwig.html.

6 런던의 역사에서 '조사관'이 맡은 중요한 역할에 관해서는 다음을 참조할 것. Munkhoff R. (1999). Searchers of the dead: Authority, marginality, and the interpretation of plague in England, 1574-1665. *Gend Hist* 11(1): 1-29.

7 Morabia A. (2013). Epidemiology's 350th anniversary: 1662-2012. *Epidemiology* 24(2): 179-183; Slauter W. (2011). Write up your dead. *Med Hist* 17(1): 1-15.

8 Bellhouse DR. (2011). A new look at Halley's life table. *J Royal Stat Soc Series A* 174(3): 823-832; Halley E. (1693): An estimate of the degrees of the mortality of mankind, drawn from curious tables of the births and funerals at the city of Breslaw; with an attempt to ascertain the price of annuities upon lives. *Phil Trans Roy Soc London* 17: 596-610; Mary Virginia Fox. (2007). *Scheduling the Heavens: The Story of Edmond Halley*. Greensboro, NC: Morgan Reynolds; John Gribbin, Mary Gribbin. (2017). *Out of the Shadow of a Giant: Hooke, Halley, and the Birth of Science*. New Haven, CT: Yale University Press.

9 Anders Hald. (2003). *A History of Probability and Statistics and Their Applications Before 1750*. Hoboken, NJ: John Wiley and Sons.

10 Peter Sprent, Nigel C. Smeeton. (2007). *Applied Nonparametric Statistical Methods*. Boca Raton, FL: CRC Press.

11 여성의 장수에 관한 문헌은 많이 있다. 이 주제에 관해 더 알고 싶다면, 다음 논문들이 좋은 길잡이가 될 것이다. Marais GAB, Gaillard JM, Vieira C, Plotton I, Sanlaville D, Gueyffier F, Lemaitre JF. (2018). Sex gap in aging and longevity: Can sex chromosomes play a role? *Biol Sex Differ* 9(1): 33; Pipoly I, Bokony V, Kirkpatrick M, Donald PF, Szekely T, Liker A. (2015). The genetic sex-determination system predicts adult sex ratios in tetrapods. *Nature* 527(7576): 91-94; Austad

SN, Fischer KE. (2016). Sex differences in lifespan. *Cell Metab* (6): 1022-1033.

12 마르그리트가 정확히 어떤 섬에 버려졌는지 여전히 논쟁이 계속되고 있다. 벨섬(Belle Isle)이 가장 유력하지만, 다른 섬이라고 주장하는 사람도 있다. 마르그리트의 이야기를 다룬 역사소설에 관심이 있다면 다음을 참조할 것. Elizabeth Boyer. (1975). *Marguerite de La Roque: A Story of Survival*. Novelty, OH: Veritie Press.

13 도너 파티의 운명적인 여정은 많이 회자되고 있다. 그에 대한 몇 가지 설명으로는 다음을 참조할 것. Donald L. Hardesty. (2005). *The Archaeology of the Donner Party*. Reno: University of Nevada Press; Grayson DK. (1993). Differential mortality and the Donner Party disaster. *Evol Anthropol* 2: 151-159.

14 평균수명 추정치는 다음을 참조할 것. France Meslé, Jacques Vallin. (2012). *Mortality and Causes of Death in 20th-Century Ukraine*. New York: Springer Science and Business Media. 여기서 이용된 역사 및 통계자료는 그 시대에 관해 가장 신뢰할 만한 것으로 여겨진다. 더 자세한 정보는 다음을 참조할 것. Zarulli V, Barthold Jones JA, Oksuzyan A, Lindahl-Jacobsen R, Christensen K, Vaupel JW. (2018). Women live longer than men even during severe famines and epidemics. *Proc Natl Acad Sci USA* 115(4): E832-E840.

15 남녀 간 신체적 차이에 관해 더 알고 싶다면 다음을 참조할 것. Ellen Casey, Joel Press J, Monica Rho M. (2016). *Sex Differences in Sports Medicine*. New York: Springer Publishing.

16 Lindahl-Jacobsen R, Hanson HA, Oksuzyan A, Mineau GP, Christensen K, Smith KR. (2013). The male-female health-survival paradox and sex differences in cohort life expectancy in Utah, Denmark, and Sweden 1850-1910. *Ann Epidemiol* 23(4): 161-166.

17 미국에서 일어나는 치명적 업무상 재해의 원인에 관해서는 다음을 참조할 것. Clougherty JE, Souza K, Cullen MR. (2010). Work and its role in shaping the social gradient in health. *Ann N Y Acad Sci* 1186: 102-124; Bureau of Labor Statistics. Census of fatal occupational injuries summary, 2017. https://www.bls.gov/news.release/cfoi.nr0.htm.

18 Austad SN, Fischer KE. (2016). Sex differences in lifespan. *Cell Metab*

23(6): 1022-1033; Luy M. (2003). Causes of male excess mortality: Insights from cloistered populations. *Pop and Dev Review* 29(4): 647-676.

19 Tukiainen T, Villani AC, Yen A, Rivas MA, Marshall JL, Satija R, Aguirre M, Gauthier L, Fleharty M, Kirby A, Cummings BB, Castel SE, Karczewski KJ, Aguet F, Byrnes A; GTEx Consortium; Laboratory, Data Analysis and Coordinating Center (LDACC)—Analysis Working Group; Statistical Methods groups—Analysis Working Group; Enhancing GTEx (eGTEx) groups; NIH Common Fund; NIH/NCI; NIH/NHGRI; NIH/NIMH; NIH/NIDA; Biospecimen Collection Source Site—NDRI; Biospecimen Collection Source Site—RPCI; Biospecimen Core Resource—VARI; Brain Bank Repository—University of Miami Brain Endowment Bank; Leidos Biomedical—Project Management; ELSI Study; Genome Browser Data Integration &Visualization—EBI; Genome Browser Data Integration and Visualization—UCSC Genomics Institute, University of California Santa Cruz; Lappalainen T, Regev A, Ardlie KG, Hacohen N, MacArthur DG. (2017). Landscape of X chromosome inactivation across human tissues. *Nature* 550(7675): 244-248; Snell DM, Turner JMA. (2018). Sex chromosome effects on male-female differences in mammals. *Curr Biol* 28(22): R1313-R1324; Raznahan A, Parikshak NN, Chandran V, Blumenthal JD, Clasen LS, Alexander-Bloch AF, Zinn AR, Wangsa D, Wise J, Murphy DGM, Bolton PF, Ried T, Ross J, Giedd JN, Geschwind DH. (2018). Sex-chromosome dosage effects on gene expression in humans. *Proc Natl Acad Sci USA* 115(28): 7398-7403; Balaton BP, Dixon-McDougall T, Peeters SB, Brown CJ. (2018). The eXceptional nature of the X chromosome. *Hum Mol Genet* 27(R2): R242-R249.

20 Marcel Mazoyer, Laurence Roudart. (2006). *A History of World Agriculture: From the Neolithic Age to the Current Crisis*. New York: Monthly Review Press.

21 Attwell L, Kovarovic K, Kendal J. (2015). Fire in the Plio-Pleistocene: The functions of hominin fire use, and the mechanistic, developmental and evolutionary consequences. *J Anthropol Sci* 93:

1-20; Gowlett JA. (2016). The discovery of fire by humans: A long and convoluted process. *Philos Trans R Soc Lond B Biol Sci* 371: 1696.

22 Dribe M, Olsson M, Svensson P. (2015). Famines in the Nordic countries, AD 536-1875. *Lund Papers in Economic History* 138: 1-41; Zarulli V, Barthold Jones JA, Oksuzyan A, Lindahl-Jacobsen R, Christensen K, Vaupel JW. (2018). Women live longer than men even during severe famines and epidemics. *Proc Natl Acad Sci USA* 115(4): E832-E840.

23 Zarulli V. Biology makes women and girls survivors. July 15, 2018. http://sciencenordic.com/biology-makes-women-and-girls-survivors; Zarulli V, Barthold Jones JA, Oksuzyan A, Lindahl-Jacobsen R, Christensen K, Vaupel JW. (2018). Women live longer than men even during severe famines and epidemics. *Proc Natl Acad Sci USA* 115(4): E832-E840.

24 Andrew F. Smith. (2011). *Potato: A Global History*. London: Reaktion Books; Machida-Hirano R. (2015). Diversity of potato genetic resources. *Breed Sci* 65(1): 26-40; Camire ME, Kubow S, Donnelly DJ. (2009). Potatoes and human health. *Crit Rev Food Sci Nutr* 49(10): 823-840.

25 Comai L. (2005). The advantages and disadvantages of being polyploid. *Nat Rev Genet* (11): 836-846; Tanvir-Ul-Hassan Dar, Reiaz-Ul Rehman. (2017). *Polyploidy: Recent Trends and Future Perspectives*. New York: Springer.

26 Muenzer J, Jones SA, Tylki-Szymańska A, Harmatz P, Mendelsohn NJ, Guffon N, Giugliani R, Burton BK, Scarpa M, Beck M, Jangelind Y, Hernberg-Stahl E, Larsen MP, Pulles T, Whiteman DAH. (2017). Ten years of the Hunter Outcome Survey (HOS): Insights, achievements, and lessons learned from a global patient registry. *Orphanet J Rare Dis* 12(1): 82.

27 Whiteman DA, Kimura A. (2017). Development of idursulfase therapy for mucopolysaccharidosis type II (Hunter syndrome): The past, the present and the future. *Drug Des Devel Ther* 11: 2467-2480; Muenzer J, Giugliani R, Scarpa M, Tylki-Szymańska A, Jego V, Beck M. (2017). Clinical outcomes in idursulfase-treated patients with

mucopolysaccharidosis type II: 3-year data from the Hunter Outcome Survey (HOS). *Orphanet J Rare Dis* 12(1): 161; Sohn YB, Cho SY, Park SW, Kim SJ, Ko AR, Kwon EK, Han SJ, Jin DK. (2013). Phase I/II clinical trial of enzyme replacement therapy with idursulfase beta in patients with mucopolysaccharidosis II (Hunter syndrome). *Orphanet J Rare Dis* 8: 42.

28 코트니에 관해 더 궁금하다면 다음을 참조할 것. Ariella Gintzler. How Courtney Dauwalter won the Moab 240 outright: The 32-year-old gapped second place (and first male) by 10 hours. *Trail Runner Magazine*, October 18, 2017. https://trailrunnermag.com/people/news/courtney-dauwalter-wins-moab-240.html.

29 이는 다음 기사에서 인용한 것이다. Taylor Rojek. There's no stopping ultrarunner Courtney Dauwalter: The 33-year-old ultrarunner is smashing records—and she doesn't plan on slowing down. *Runner's World*, August 3, 2018.

30 Angie Brown. The longer the race, the stronger we get. *BBC Scotland*, January 17, 2019. https://www.bbc.com/news/uk-scotland-edinburgh-east-fife-46906365.

31 이는 다음 기사에서 인용한 것이다. Meaghan Brown. The longer the race, the stronger we get. *Outside*, April 11, 2017. https://www.outsideonline.com/2169856/longer-race-stronger-we-get.

32 이는 다음 기사에서 인용한 것이다. Helen Pidd. Cancer researcher becomes first women to win 4,000km cycling race. *The Guardian*. August 6, 2019. https://www.theguardian.com/sport/2019/aug/06/fiona-kolbinger-first-woman-win-transcontinental-cycling-race. 여기에는 콜빙거의 우승에 관한 읽을거리도 있다.

제5장 유전학적 우월성의 대가, 자가면역질환

1 Ghio AJ. (2017). Particle exposure and the historical loss of Native American lives to infections. *Am J Respir Crit Care Med* 195(12): 1673; Shchelkunov SN. (2011). Emergence and reemergence of smallpox: The need for development of a new generation smallpox vaccine. *Vaccine* 29(Suppl 4): D49-53; Voigt EA, Kennedy RB, Poland GA. (2016). Defending against smallpox: A focus on vaccines. *Expert Rev*

Vaccines 15(9): 1197-1211.

2 이 주제에 관심이 있다면 다음을 참조할 것. Frank Fenner, Donald A. Henderon, Isao Arita, Zdeněk Ježek, Ivan D. Ladnyi. (1988). *Smallpox and Its Eradication*. Geneva: World Health Organization; Jack W. Hopkins. (1989). *The Eradication of Smallpox: Organizational Learning and Innovation in International Health*. Boulder, CO: Westview Press.

3 Reardon S. (2014). Infectious diseases: Smallpox watch. *Nature* 509(7498): 22-24.

4 세계보건기구가 전 세계의 두창을 완전히 박멸한 놀라운 성취에 관해서는 다음을 참조할 것. World Health Organization. The Smallpox Eradication Programme—SEP (1966-1980). https://www.who.int/features/2010/smallpox/en/.

5 D'Amelio E, Salemi S, D'Amelio R. (2016). Anti-infectious human vaccination in historical perspective. *Int Rev Immunol* 35(3): 260-290; Hajj Hussein I, Chams N, Chams S, El Sayegh S, Badran R, Raad M, Gerges-Geagea A, Leone A, Jurjus A. (2015). Vaccines through centuries: Major cornerstones of global health. *Front Public Health* 3: 269.

6 Riedel S. (2005). Edward Jenner and the history of smallpox and vaccination. *Proc (Bayl Univ Med Cent)* 18(1): 21-25.

7 Damaso CR. (2018). Revisiting Jenner's mysteries, the role of the Beaugency lymph in the evolutionary path of ancient smallpox vaccines. *Lancet Infect Dis* 18(2): e55-e63.

8 Mucker EM, Hartmann C, Hering D, Giles W, Miller D, Fisher R, Huggins J. (2017). Validation of a *pan*-orthopox real-time PCR assay for the detection and quantification of viral genomes from nonhuman primate blood. *Virol J* 14(1): 210.

9 인간 생체실험의 윤리에 관한 논쟁은 다음 논문을 참조할 것. Davies H. (2007). Ethical reflections on Edward Jenner's experimental treatment. *J Med Ethics* 33(3): 174-176.

10 Riedel S. (2005). Edward Jenner and the history of smallpox and vaccination. *Proc (Bayl Univ Med Cent)* 18(1): 21-25.

11 Jenson AB, Ghim SJ, Sundberg JP. (2016). An inquiry into the causes and effects of the variolae (or Cow-pox. 1798). *Exp Dermatol* 25(3):

178-180.

12 제너에 관해 더 알고 싶다면 다음을 참조할 것. London School of Hygiene and Tropical Medicine. Edward Jenner (1749-1823). https://www.lshtm.ac.uk/aboutus/introducing/history/frieze/edward-jenner.

13 Rusnock A. (2009). Catching cowpox: The early spread of smallpox vaccination, 1798-1810. *Bull Hist Med* 83(1): 17-36.

14 Dinc G, Ulman YI. (2007). The introduction of variolation "A La Turca" to the West by Lady Mary Montagu and Turkey's contribution to this. *Vaccine* 25(21): 4261-4265; Rathbone J. (1996). Lady Mary Wortley Montague's contribution to the eradication of smallpox. *Lancet* 347(9014): 1566.

15 Barnes D. (2012). The public life of a woman of wit and quality: Lady Mary Wortley Montagu and the vogue for smallpox inoculation. *Fem Stud* 38(2): 330-362; Weiss RA, Esparza J. (2015). The prevention and eradication of smallpox: A commentary on Sloane (1755) "An account of inoculation." *Philos Trans R Soc Lond B Biol Sci* 370 (1666).

16 Dinc G, Ulman YI. (2007). The introduction of variolation "A La Turca" to the West by Lady Mary Montagu and Turkey's contribution to this. *Vaccine* 25(21): 4261-4265; Simmons BJ, Falto-Aizpurua LA, Griffith RD, Nouri K. (2015). Smallpox: 12,000 years from plagues to eradication: A dermatologic ailment shaping the face of society. *JAMA Dermatol* 151(5): 521.

17 Flanagan KL, Fink AL, Plebanski M, Klein SL. (2017). Sex and gender differences in the outcomes of vaccination over the life course. *Annu Rev Cell Dev Biol* 33: 577-599; Klein SL, Pekosz A. (2014). Sex-based biology and the rational design of influenza vaccination strategies. *J Infect Dis* 3: S114-119.

18 Weiss RA, Esparza J. (2015). The prevention and eradication of smallpox: A commentary on Sloane (1755) "An account of inoculation." *Philos Trans R Soc Lond B Biol Sci* 370: 1666.

19 Stone AF, Stone WD. (2002). Lady Mary Wortley Montagu: Medical and religious controversy following her introduction of smallpox inoculation. *J Med Biogr* 10(4): 232-236.

20 Weiss RA, Esparza J. (2015). The prevention and eradication of smallpox: A commentary on Sloane (1755) "An account of inoculation." *Philos Trans R Soc Lond B Biol Sci* 370: 1666.

21 서턴은 과학자나 의사로서 정식으로 훈련받지는 않았지만, 수천 명에게 인두접종을 실시하고 재미있는 것들을 많이 관찰했다. 그의 흥미로운 삶에 관해서는 다음을 참조할 것. Boylston A. (2012). Daniel Sutton, a forgotten 18th century clinician scientist. *J R Soc Med* 105(2): 85-87.

22 이는 다음 논문에서 인용한 것이다. Weiss RA, Esparza J. (2015). The prevention and eradication of smallpox: A commentary on Sloane (1755) "An account of inoculation." *Philos Trans R Soc Lond B Biol Sci* 370: 1666.

23 Bruce Alberts, Alexander Johnson, Julian Lewis, Martin Raff, Keith Roberts, and Peter Walter. (2002). *Molecular Biology of the Cell*. 4th ed. New York: Garland Science; Li J, Yin W, Jing Y, Kang D, Yang L, Cheng J, Yu Z, Peng Z, Li X, Wen Y, Sun X, Ren B, Liu C. (2019). The coordination between B cell receptor signaling and the actin cytoskeleton during B cell activation. *Front Immunol* 9: 3096.

24 Klein SL, Pekosz A. (2014). Sex-based biology and the rational design of influenza vaccination strategies. *J Infect Dis* 209 Suppl 3: S114-9; Klein SL, Marriott I, Fish EN. (2015). Sex-based differences in immune function and responses to vaccination. *Trans R Soc Trop Med Hyg* 109(1): 9-15.

25 Nalca A, Zumbrun EE. (2010). ACAM2000: The new smallpox vaccine for United States Strategic National Stockpile. *Drug Des Devel Ther* 4: 71-79; Nagata LP, Irwin CR, Hu WG, Evans DH. (2018). Vaccinia-based vaccines to biothreat and emerging viruses. *Biotechnol Genet Eng Rev* 34(1): 107-121; Petersen BW, Damon IK, Pertowski CA, Meaney-Delman D, Guarnizo JT, Beigi RH, Edwards KM, Fisher MC, Frey SE, Lynfield R, Willoughby RE. (2015). Clinical guidance for smallpox vaccine use in a postevent vaccination program. *MMWR Recomm Rep* 64(RR-02): 1-26; Habeck M. (2002). UK awards contract for smallpox vaccine. *Lancet Infect Dis* 2(6): 321; Stamm LV. (2015). Smallpox redux? *JAMA Dermatol* 151(1): 13-14; Wiser I, Balicer RD, Cohen D. (2007). An update on smallpox vaccine candidates and their role in bioterrorism related vaccination strategies. *Vaccine* 25(6): 976-984.

26 흑사병의 역사에 관해서는 상세히 기술한 나의 저서 Sharon Moalem with Jonathan M. Prince. (2007). *Survival of the Sickest: A Medical Maverick Discovers Why We Need Disease*. New York: William Morrow[『아파야 산다』]를 참조할 것.

27 인간과 동물을 감염시켜 질병을 일으키는 수많은 세균성 및 진균성 병원체는 철분의 획득 및 이용에 의존적이다. 흥미롭게도 이러한 병원체 대다수는 식물, 곤충, 그리고 다른 척추동물도 감염시킬 수 있다. 병원성 유지에 철분을 필요로 하는 세균에 관해서는 다음을 참조할 것. Moalem S, Weinberg ED, Percy ME. (2004). Hemochromatosis and the enigma of misplaced iron: Implications for infectious disease and survival. *Biometals* 17(2): 135-139; Holden VI, Bachman MA. (2015). Diverging roles of bacterial siderophores during infection. *Metallomics* 7(6): 986-995; Lyles KV, Eichenbaum Z. (2018). From host heme to iron: The expanding spectrum of heme degrading enzymes used by pathogenic bacteria. *Front Cell Infect Microbiol* 8: 198; Nevitt T. (2011). War-Fe-re: Iron at the core of fungal virulence and host immunity. *Biometals* 24(3): 547-558; Rakin A, Schneider L, Podladchikova O. (2012). Hunger for iron: The alternative siderophore iron scavenging systems in highly virulent *Yersinia*. *Front Cell Infect Microbiol* 2: 151.

28 Perry RD, Fetherston JD. (2011). Yersiniabactin iron uptake: Mechanisms and role in *Yersinia pestis* pathogenesis. *Microbes Infect* 13(10): 808-817.

29 Berglöf A, Turunen JJ, Gissberg O, Bestas B, Blomberg KE, Smith CI. (2013). Agammaglobulinemia: Causative mutations and their implications for novel therapies. *Expert Rev Clin Immunol* 9(12): 1205-1221.

30 Souyris M, Cenac C, Azar P, Daviaud D, Canivet A, Grunenwald S, Pienkowski C, Chaumeil J, Mejía JE, Guéry JC. (2018). TLR7 escapes X chromosome inactivation in immune cells. *Sci Immunol* 3(19).

31 데이비드 베터의 삶에 관해 더 알고 싶다면 다음을 참조할 것. Berg LJ. (2008). The "bubble boy" paradox: An answer that led to a question. *J Immunol* 181(9): 5815-5816; Hollander SA, Hollander EJ. (2018). The boy in the bubble and the baby with the Berlin heart: The dangers of "bridge to decision" in pediatric mechanical circulatory support. *ASAIO J* 64(6): 831-832. 또한 면역결핍재단(Immune Deficiency Foundation) 웹사이트에 그의 이야기와 질환에 관한 기사목록 및 내용요약이 정리되어 있다. https://primaryimmune.org/living-pi-explaining-pi-others/story-david.

32 Klein SL, Pekosz A. (2014). Sex-based biology and the rational design of influenza vaccination strategies. *J Infect Dis* 3: S114-119.

33 Rider V, Abdou NI, Kimler BF, Lu N, Brown S, Fridley BL. (2018). Gender bias in human systemic lupus erythematosus: A problem of steroid receptor action? *Front Immunol* 9: 611.

34 Donald E. Thomas. (2014). *The Lupus Encyclopedia: A Comprehensive Guide for Patients and Families*. Baltimore: Johns Hopkins University Press.

35 자가면역질환에 관해서는 미국 국립보건원의 다음 웹사이트를 참조할 것. https://www.niehs.nih.gov/health/materials/autoimmune_diseases_508.pdf.

36 Chiaroni-Clarke RC, Munro JE, Ellis JA. (2016). Sex bias in paediatric autoimmune disease—not just about sex hormones? *J Autoimmun* 69: 12-23; Gary S. Firestein, Ralph C. Budd, Sherine E. Gabriel, Iain B. McInnes, James R. O'Dell. (2017). *Kelley and Firestein's Textbook of Rheumatology*. New York: Elsevier.

37 Mackay IR. (2010). Travels and travails of autoimmunity: A historical journey from discovery to rediscovery. *Autoimmun Rev* 9(5): A251-258; Silverstein AM. (2001). Autoimmunity versus horror autotoxicus: The struggle for recognition. *Nat Immunol* 2(4): 279-281.

38 Cruz-Adalia A, Ramirez-Santiago G, Calabia-Linares C, Torres-Torresano M, Feo L, Galán-Díez M, Fernández-Ruiz E, Pereiro E, Guttmann P, Chiappi M, Schneider G, Carrascosa JL, Chichón FJ, Martínez Del Hoyo G, Sánchez-Madrid F, Veiga E. (2014). T cells kill bacteria captured by transinfection from dendritic cells and confer protection in mice. *Cell Host Microbe* 15(5): 611-622; Cruz-Adalia A, Veiga E. (2016). Close encounters of lymphoid cells and bacteria. *Front Immunol* 7: 405.

39 Daley SR, Teh C, Hu DY, Strasser A, Gray DHD. (2017). Cell death and thymic tolerance. *Immunol Rev* 277(1): 9-20; Kurd N, Robey EA. (2016). T-cell selection in the thymus: A spatial and temporal perspective. *Immunol Rev* 271(1): 114-26; Xu X, Zhang S, Li P, Lu J, Xuan Q , Ge Q. (2013). Maturation and emigration of single-positive thymocytes. *Clin Dev Immunol*. doi: 10.1155/2013/282870.

40 Berrih-Aknin S, Panse RL, Dragin N. (2018). AIRE: A missing link to explain female susceptibility to autoimmune diseases. *Ann N Y Acad Sci* 1412(1): 21-32; Dragin N, Bismuth J, Cizeron-Clairac G, Biferi MG, Berthault C, Serraf A, Nottin R, Klatzmann D, Cumano A, Barkats M, Le Panse R, Berrih-Aknin S. (2016). Estrogen-mediated downregulation of AIRE influences sexual dimorphism in autoimmune diseases. *J Clin Invest* 126(4): 1525-1537; Passos GA, Speck-Hernandez CA, Assis AF, Mendes-da-Cruz DA. (2018). Update on Aire and thymic negative selection. *Immunology* 153(1): 10-20; Zhu ML, Bakhru P, Conley B, Nelson JS, Free M, Martin A, Starmer J, Wilson EM, Su MA. (2016). Sex bias in CNS autoimmune disease mediated by androgen control of autoimmune regulator. *Nat Commun* 7: 11350.

41 Ishido N, Inoue N, Watanabe M, Hidaka Y, Iwatani Y. (2015). The relationship between skewed X chromosome inactivation and the prognosis of Graves' and Hashimoto's diseases. *Thyroid* 25(2): 256-261; Kanaan SB, Onat OE, Balandraud N, Martin GV, Nelson JL, Azzouz DF, Auger I, Arnoux F, Martin M, Roudier J, Ozcelik T, Lambert NC. (2016). Evaluation of X chromosome inactivation with respect to HLA genetic susceptibility in rheumatoid arthritis and systemic sclerosis. *PLoS One* 11(6): e0158550; Simmonds MJ, Kavvoura FK, Brand OJ, Newby PR, Jackson LE, Hargreaves CE, Franklyn JA, Gough SC. (2014). Skewed X chromosome inactivation and female preponderance in autoimmune thyroid disease: An association study and meta-analysis. *J Clin Endocrinol Metab* 99(1): E127-131.

42 Siegel RL, Miller KD, Jemal A. (2017). Cancer statistics, 2017. *CA Cancer J Clin* 67(1): 7-30.

43 암의 유형과 발병률의 총 목록은 감시·역학·결과 프로그램의 웹사이트를 참조할 것. https://seer.cancer.gov.

44 Abegglen LM, Caulin AF, Chan A, Lee K, Robinson R, Campbell MS, Kiso WK, Schmitt DL, Waddell PJ, Bhaskara S, Jensen ST, Maley CC, Schiffman JD. (2015). Potential mechanisms for cancer resistance in elephants and comparative cellular response to DNA damage in humans. *JAMA* 14(17): 1850-1860.

45 Vazquez JM, Sulak M, Chigurupati S, Lynch VJ. (2018). A zombie LIF gene in elephants is upregulated by TP53 to induce apoptosis in response to DNA damage. *Cell Rep* 24(7): 1765-1776.

46 Dunford A, Weinstock DM, Savova V, Schumacher SE, Cleary JP, Yoda A, Sullivan TJ, Hess JM, Gimelbrant AA, Beroukhim R, Lawrence MS, Getz G, Lane AA. (2017). Tumor-suppressor genes that escape from X-inactivation contribute to cancer sex bias. *Nat Genet* 49(1): 10-16; Wainer Katsir K, Linial M. (2019). Human genes escaping X-inactivation revealed by single cell expression data. *BMC Genomics* 20(1): 201; Carrel L, Brown CJ. (2017). When the Lyon(ized chromosome) roars: Ongoing expression from an inactive X chromosome. *Philos Trans R Soc Lond B Biol Sci* 372(1733).

제6장 여성을 배제하는 현대의학의 한계

1 이 주제에 관한 총론으로는 다음을 참조할 것. Lee H, Pak YK, Yeo EJ, Kim YS, Paik HY, Lee SK. (2018). It is time to integrate sex as a variable in preclinical and clinical studies. *Exp Mol Med* 50(7): 82; Ramirez FD, Motazedian P, Jung RG, Di Santo P, MacDonald Z, Simard T, Clancy AA, Russo JJ, Welch V, Wells GA, Hibbert B. (2017). Sex bias is increasingly prevalent in preclinical cardiovascular research: Implications for translational medicine and health equity for women: A systematic assessment of leading cardiovascular journals over a 10-year period. *Circulation* 135(6): 625-626; Rich-Edwards JW, Kaiser UB, Chen GL, Manson JE, Goldstein JM. (2018). Sex and gender differences research design for basic, clinical, and population studies: Essentials for investigators. *Endocr Rev* 39(4): 424-439; Shansky RM, Woolley CS. (2016). Considering sex as a biological variable will be valuable for neuroscience research. *J Neurosci* 36(47): 11817-11822; Weinberger AH, McKee SA, Mazure CM. (2010). Inclusion of women and gender-specific analyses in randomized clinical trials of treatments for depression. *J Womens Health* 19(9): 1727-1732.

2 성별에 따라 철분 요구량이 다른 것에 관해서는 다음을 참조할 것. National Institutes of Health. Health information: Iron. https://ods.od.nih.gov/factsheets/Iron-HealthProfessional. 아연에 관해서는 다음 웹사이트를 참조할 것. https://ods.od.nih.gov/factsheets/Zinc-HealthProfessional/.

3 더 자세한 정보는 다음을 참조할 것. U.S. Food and Drug Association. (February 1987). Format and content of the nonclinical pharmacology/toxicology section of an application. https://www.fda.gov/downloads/Drugs/GuidanceComplianceRegulatoryInformation/Guidances/UCM079234.pdf.

4 이는 FDA의 다음 웹사이트에서 인용한 것이다. https://www.fda.gov/scienceresearch/specialtopics/womenshealthresearch/ucm472932.htm.

5 임상시험의 여성 포함 및 배제에 관한 역사적 개관과 최근의 상황에 관해서는 다음을 참조할 것. Thibaut F. (2017). Gender does matter in clinical research. *Eur Arch Psychiatry Clin Neurosci* 267(4): 283-284; Zakiniaeiz Y, Cosgrove KP, Potenza MN, Mazure CM. (2016). Balance of the sexes: Addressing sex differences in preclinical research. *Yale J Biol Med* 89(2): 255-259; FDA. Gender studies in product development: Historical overview. https://www.fda.gov/ScienceResearch/SpecialTopics/WomensHealthResearch/ucm134466.htm.

6 다음을 참조할 것. National Institutes of Health. NIH policy and guidelines on the inclusion of women and minorities as subjects in clinical research. https://grants.nih.gov/grants/funding/women_min/guidelines.htm.

7 여성이 아직도 임상시험의 모든 단계에 적게 참여하는지를 두고 논쟁이 계속되고 있다. 남녀 모두에게 처방될 약물과 치료법에 대한 모든 임상시험에서 양성평등을 달성하기까지는, 특히 1상과 2상의 경우 아직 갈 길이 멀다. 이 주제에 관해 더 자세히 알고 싶다면 다음을 참조할 것. Gispen-de Wied C, de Boer A. (2018). Commentary on "Gender differences in clinical registration trials; is there a real problem?" by Labots et al. *Br J Clin Pharmacol* 84(8): 1639–1640; Labots G, Jones A, de Visser SJ, Rissmann R, Burggraaf J. (2018). Gender differences in clinical registration trials: Is there a real problem? *Br J Clin Pharmacol* 84(4): 700–707; Scott PE, Unger EF, Jenkins MR, Southworth MR, McDowell TY, Geller RJ, Elahi M, Temple RJ, Woodcock J. (2018). Participation of women in clinical trials supporting FDA approval of cardiovascular drugs. *J Am Coll Cardiol* 71(18): 1960–1969.

8 Norman JL, Fixen DR, Saseen JJ, Saba LM, Linnebur SA. (2017). Zolpidem prescribing practices before and after Food and Drug Administration required product labeling changes. *SAGE Open Med.* doi: 10.1177/2050312117707687; Booth JN III, Behring M, Cantor RS, Colantonio LD, Davidson S, Donnelly JP, Johnson E, Jordan K, Singleton C, Xie F, McGwin G Jr. (2016). Zolpidem use and motor vehicle collisions in older drivers. *Sleep Med* 20: 98–102.

9 Rubin JB, Hameed B, Gottfried M, Lee WM, Sarkar M; Acute Liver Failure Study Group. (2018). Acetaminophen-induced acute liver failure is more common and more severe in women. *Clin Gastroenterol Hepatol* 6(6): 936–946.

10 Clayton JA, Collins FS. (2014). Policy: NIH to balance sex in cell and animal studies. *Nature* 509(7500): 282–283; Miller LR, Marks C, Becker JB, Hurn PD, Chen WJ, Woodruff T, McCarthy MM, Sohrabji F, Schiebinger L, Wetherington CL, Makris S, Arnold AP, Einstein G, Miller VM, Sandberg K, Maier S, Cornelison TL, Clayton JA. (2017). Considering sex as a biological variable in preclinical research. *FASEB J* 31(1): 29–34; Ventura-Clapier R, Dworatzek E, Seeland U, Kararigas G, Arnal JF, Brunelleschi S, Carpenter TC, Erdmann J, Franconi F, Giannetta E, Glezerman M, Hofmann SM, Junien C, Katai M, Kublickiene K, König IR, Majdic G, Malorni W, Mieth C, Miller VM, Reynolds RM, Shimokawa H, Tannenbaum C, D'Ursi AM, Regitz-Zagrosek V. (2017). Sex in basic research: Concepts in the cardiovascular field. *Cardiovasc Res* 113(7): 711–724.

11 여성에게 건강상의 위험을 일으켜 1997~2000년에 미국 시장에서 퇴출된 처방약 목록에 관해서는 다음 웹사이트를 참조할 것. https://www.gao.

gov/new.items/d01286r.pdf.

12 Waxman DJ, Holloway MG. (2009). Sex differences in the expression of hepatic drug metabolizing enzymes. *Mol Pharmacol* 76(2): 215-228; Whitley HP, Lindsey W. (2009). Sex-based differences in drug activity. *Am Fam Physician* 80(11): 1254-1258.

13 Beierle I, Meibohm B, Derendorf H. (1999). Gender differences in pharmacokinetics and pharmacodynamics. *Int J Clin Pharmacol Ther* 37(11): 529-547; Datz FL, Christian PE, Moore J. (1987). Gender-related differences in gastric emptying. *J Nucl Med* 28(7): 1204-1207; Islam MM, Iqbal U, Walther BA, Nguyen PA, Li YJ, Dubey NK, Poly TN, Masud JHB, Atique S, Syed-Abdul S. (2017). Gender-based personalized pharmacotherapy: A systematic review. *Arch Gynecol Obstet* 295(6): 1305-1317.

14 Chey WD, Paré P, Viegas A, Ligozio G, Shetzline MA. (2008). Tegaserod for female patients suffering from IBS with mixed bowel habits or constipation: A randomized controlled trial. *Am J Gastroenterol* 103(5): 1217-1225; Tack J, Müller-Lissner S, Bytzer P, Corinaldesi R, Chang L, Viegas A, Schnekenbuehl S, Dunger-Baldauf C, Rueegg P. (2005). A randomised controlled trial assessing the efficacy and safety of repeated tegaserod therapy in women with irritable bowel syndrome with constipation. *Gut* 54(12): 1707-1713; Wagstaff AJ, Frampton JE, Croom KF. (2003). Tegaserod: A review of its use in the management of irritable bowel syndrome with constipation in women. *Drugs* 63(11): 1101-1120.

15 McCullough LD, Zeng Z, Blizzard KK, Debchoudhury I, Hurn PD. (2005). Ischemic nitric oxide and poly (ADP-ribose) polymerase-1 in cerebral ischemia: Male toxicity, female protection. *J Cereb Blood Flow Meta* 25(4): 502-512. To read more, see National Institutes of Health. Sex as biological variable: A step toward stronger science, better health. https://orwh.od.nih.gov/about/director/messages/sex-biological-variable.

16 Schierlitz L, Dwyer PL, Rosamilia A, Murray C, Thomas E, De Souza A, Hiscock R. (2012). Three-year follow-up of tension-free vaginal tape compared with transobturator tape in women with stress urinary incontinence and intrinsic sphincter deficiency. *Obstet Gynecol* 119(2 Pt 1): 321-327; Kalejaiye O, Vij M, Drake MJ. (2015). Classification of stress urinary incontinence. *World J Urol* 33(9): 1215-1220.

17 여성의 사정에 관해 더 궁금하면 다음을 참조할 것. Sharon Moalem. (2009). *How Sex Works: Why We Look, Smell, Taste, Feel and Act the Way We Do*. New York: HarperCollins[『진화의 선물, 사랑의 작동 원리』, 정종옥 옮김, 상상의숲, 2011]; Wimpissinger F, Stifter K, Grin W, Stackl W. (2007). The female prostate revisited: Perineal ultrasound and biochemical studies of female ejaculate. *J Sex Med* 4(5): 1388-1393.

18 Korda JB, Goldstein SW, Sommer F. (2010). The history of female ejaculation. *J Sex Med* 7(5): 1965-1675; Moalem S, Reidenberg JS. (2009). Does female ejaculation serve an antimicrobial purpose? *Med Hypotheses* 73(6): 1069-1071.

19 Biancardi MF, Dos Santos FCA, de Carvalho HF, Sanches BDA, Taboga SR. (2017). Female prostate: Historical, developmental, and morphological perspectives. *Cell Biol Int* 41(11): 1174-1183; Korda JB, Goldstein SW, Sommer F. (2010). The history of female ejaculation. *J Sex Med* 7(5): 1965-1975.

20 Heath D. (1984). An investigation into the origins of a copious vaginal discharge during intercourse: "Enough to wet the bed": That "is not urine." *J Sex Res* 20(2): 194-210.

21 John T. Hansen (2018). *Netter's Clinical Anatomy*. New York: Elsevier; Wimpissinger F, Tscherney R, Stackl W. (2009). Magnetic resonance imaging of female prostate pathology. *J Sex Med* 6(6): 1704-1711.

22 Sharon Moalem. (2009). *How Sex Works: Why We Look, Smell, Taste, Feel and Act the Way We Do*. New York: HarperCollins[『진화의 선물, 사랑의 작동 원리』].

23 Dietrich W, Susani M, Stifter L, Haitel A. (2011). The human female prostate-immunohistochemical study with prostate-specific antigen, prostate-specific alkaline phosphatase, and androgen receptor and 3-D remodeling. *J Sex Med* 8(10): 2816-2821.

24 본문에서 언급했듯이, 여성에게 스킨샘암종(여성 전립샘암)이 발병하는 증례는 극히 드물며, 일부는 혈청 전립샘 특이항원 수치가 상승한다. 이 주제에 관해 더 알고 싶다면 다음을 참조할 것. Dodson MK, Cliby WA,

Keeney GL, Peterson MF, Podratz KC. (1994). Skene's gland adenocarcinoma with increased serum level of prostate-specific antigen. *Gynecol Oncol* 55(2): 304-307; Korytko TP, Lowe GJ, Jimenez RE, Pohar KS, Martin DD. (2012). Prostate-specific antigen response after definitive radiotherapy for Skene's gland adenocarcinoma resembling prostate adenocarcinoma. *Urol Oncol* 30(5): 602-606; Pongtippan A, Malpica A, Levenback C, Deavers MT, Silva EG. (2004). Skene's gland adenocarcinoma resembling prostatic adenocarcinoma. *Int J Gynecol Pathol* 23(1): 71-74; Tsutsumi S, Kawahara T, Hattori Y, Mochizuki T, Teranishi JI, Makiyama K, Miyoshi Y, Otani M, Uemura H. (2018). Skene duct adenocarcinoma in a patient with an elevated serum prostate-specific antigen level: A case report. *J Med Case Rep* 12(1): 32; Zaviacic M, Ablin RJ. The female prostate and prostate-specific antigen. (2000). Immunohistochemical localization, implications of this prostate marker in women and reasons for using the term "prostate" in the human female. *Histol Histopathol* 15(1): 131-142.

25 Moalem S, Weinberg ED, Percy ME. (2004). Hemochromatosis and the enigma of misplaced iron: Implications for infectious disease and survival. *Biometals* 17(2): 135-139; Galaris D, Pantopoulos K. (2008). Oxidative stress and iron homeostasis: Mechanistic and health aspects. *Crit Rev Clin Lab Sci* 45(1): 1-23; Kander MC, Cui Y, Liu Z. (2017). Gender difference in oxidative stress: A new look at the mechanisms for cardiovascular diseases. *J Cell Mol Med* 21(5): 1024-1032; Pilo F, Angelucci E. (2018). A storm in the niche: Iron, oxidative stress and haemopoiesis. *Blood Rev* 32(1): 29-35.

26 Feder JN, Gnirke A, Thomas W, Tsuchihashi Z, Ruddy DA, Basava A, Dormishian F, Domingo R Jr, Ellis MC, Fullan A, Hinton LM, Jones NL, Kimmel BE, Kronmal GS, Lauer P, Lee VK, Loeb DB, Mapa FA, McClelland E, Meyer NC, Mintier GA, Moeller N, Moore T, Morikang E, Prass CE, Quintana L, Starnes SM, Schatzman RC, Brunke KJ, Drayna DT, Risch NJ, Bacon BR, Wolff RK. (1996). A novel MHC class I-like gene is mutated in patients with hereditary haemochromatosis. *Nat Genet* 13(4): 399-408.

27 인체 건강과 철분의 생물학적 관계에 관해서는 다음을 참조할 것. Sharon Moalem with Jonathan M. Prince. (2007). *Survival of the Sickest: A Medical Maverick Discovers Why We Need Disease*. New York: William Morrow[『아파야 산다』].

28 혈색소침착증에 대해 현재 새로운 치료법이 테스트되고 있지만, 식이요법과 더불어 정맥절개술 혹은 사혈이 아직도 가장 많이 이용되고 있다. 이 주제에 관해서는 다음을 참조할 것. Robert Root-Bernstein, Michele Root-Bernstein. (1997). *Honey, Mud, Maggots, and Other Medical Marvels: The Science Behind Folk Remedies and Old Wives' Tales*. Boston: Houghton Mifflin; Kowdley KV, Brown KE, Ahn J, Sundaram V. (2019). ACG Clinical Guideline: Hereditary Hemochromatosis. *AM J Gastroenterol* 114(8): 1202-1218. For a paper covering the history of bloodletting, see Seigworth GR. (1980). Bloodletting over the centuries. *N Y State J Med* 80(13): 2022-2028.

29 Mazzotti G, Falconi M, Teti G, Zago M, Lanari M, Manzoli FA. (2010). The diagnosis of the cause of the death of Venerina. *J Anat* 216(2): 271-274.

30 Wernli KJ, Henrikson NB, Morrison CC, Nguyen M, Pocobelli G, Blasi PR. (2016). Screening for skin cancer in adults: Updated evidence report and systematic review for the US Preventive Services Task Force. *JAMA* 316(4): 436-447; Wernli KJ, Henrikson NB, Morrison CC, Nguyen M, Pocobelli G, Whitlock EP. (2016). Screening for skin cancer in adults: An updated systematic evidence review for the U.S. Preventive Services Task Force. *USPSTF: Agency for Healthcare Research and Quality*. Available from http://www.ncbi.nlm.nih.gov/books/NBK379854/.

31 Geller AC, Miller DR, Annas GD, Demierre MF, Gilchrest BA, Koh HK. (2002). Melanoma incidence and mortality among US whites, 1969-1999. *JAMA* 288(14): 1719-1720; Rastrelli M, Tropea S, Rossi CR, Alaibac M. (2014). Melanoma: Epidemiology, risk factors, pathogenesis, diagnosis and classification. *In Vivo* 28(6): 1005-1011.

32 햇빛에 노출되지 않는 부위(예컨대 구강과 비강)에도 흑색종이 생길 수는 있지만, 대부분의 경우 자외선에 많이 노출된 위치에 발병한다. 이에 관해서는 다음을 참조할 것. Chevalier V, Barbe C, Le Clainche A,

Arnoult G, Bernard P, Hibon E, Grange F. (2014). Comparison of anatomical locations of cutaneous melanoma in men and women: A population-based study in France. *Br J Dermatol* 171(3): 595-601; Lesage C, Barbe C, Le Clainche A, Lesage FX, Bernard P, Grange F. (2013). Sex-related location of head and neck melanoma strongly argues for a major role of sun exposure in cars and photoprotection by hair. *J Invest Dermatol* 133(5): 1205-1211.

33 Chacko L, Macaron C, Burke CA. (2015). Colorectal cancer screening and prevention in women. *Dig Dis Sci* 60(3): 698-710; Li CH, Haider S, Shiah YJ, Thai K, Boutros PC. (2018). Sex differences in cancer driver genes and biomarkers. *Cancer Res* 78(19): 5527-5537; Radkiewicz C, Johansson ALV, Dickman PW, Lambe M, Edgren G. (2017). Sex differences in cancer risk and survival: A Swedish cohort study. *Eur J Cancer* 84: 130-140.

34 Resch JE, Rach A, Walton S, Broshek DK. (2017). Sport concussion and the female athlete. *Clin Sports Med* 36(4): 717-739; Covassin T, Moran R, Elbin RJ. (2016). Sex differences in reported concussion injury rates and time loss from participation: An update of the National Collegiate Athletic Association Injury Surveillance Program from 2004-2005 through 2008-2009. *J Athl Train* 51(3): 189-194.

35 Dick RW. (2009). Is there a gender difference in concussion incidence and outcomes? *Br J Sports Med* Suppl 1: i46-50; Yuan W, Dudley J, Barber Foss KD, Ellis JD, Thomas S, Galloway RT, DiCesare CA, Leach JL, Adams J, Maloney T, Gadd B, Smith D, Epstein JN, Grooms DR, Logan K, Howell DR, Altaye M, Myer GD. (2018). Mild jugular compression collar ameliorated changes in brain activation of working memory after one soccer season in female high school athletes. *J Neurotrauma* 35(11): 1248-1259.

36 Resch JE, Rach A, Walton S, Broshek DK. (2017). Sport concussion and the female athlete. *Clin Sports Med* 36(4): 717-739; Tierney RT, Sitler MR, Swanik CB, Swanik KA, Higgins M, Torg J. (2005). Gender differences in head-neck segment dynamic stabilization during head acceleration. *Med Sci Sports Exerc* 37(2): 272-279.

37 J. Larry Jameson, Anthony S. Fauci, Dennis L. Kasper, Stephen L.

Hauser, Dan L. Longo, Joseph Loscalzo. (2018). *Harrison's Principles of Internal Medicine*. Vols. 1 and 2. 20th ed. New York: McGraw-Hill Education.

38 Harmon KG, Drezner JA, Gammons M, Guskiewicz KM, Halstead M, Herring SA, Kutcher JS, Pana A, Putukian M, Roberts WO. (2013). American Medical Society for Sports Medicine position statement: Concussion in sport. 47(1): 15-26.

39 Sollmann N, Echlin PS, Schultz V, Viher PV, Lyall AE, Tripodis Y, Kaufmann D, Hartl E, Kinzel P, Forwell LA, Johnson AM, Skopelja EN, Lepage C, Bouix S, Pasternak O, Lin AP, Shenton ME, Koerte IK. (2017). Sex differences in white matter alterations following repetitive subconcussive head impacts in collegiate ice hockey players. *Neuroimage Clin* 17: 642-649.

40 Chauhan A, Moser H, McCullough LD. (2017). Sex differences in ischaemic stroke: Potential cellular mechanisms. *Clin Sci* 131(7): 533-552; King A. (2011). The heart of a woman: Addressing the gender gap in cardiovascular disease. *Nat Rev Cardiol* 8(11): 239-240; Angela H.E.M. Maas, C. Noel Bairey Merz, eds. (2017). *Manual of Gynecardiology: Female-Specific Cardiology*. New York: Springer; Regitz-Zagrosek V, Kararigas G. (2017). Mechanistic pathways of sex differences in cardiovascular disease. *Physiol Rev* 97(1): 1-37.

41 '다코쓰보'는 1990년 의사 사토 히카루(佐藤光) 씨가 일본어로 쓴 논문에 처음 등장했다. 이에 관해서는 다음을 참조할 것. Berry D. (2013). Dr. Hikaru Sato and Takotsubo cardiomyopathy or broken heart syndrome. *Eur Heart J* 34(23): 1695; Kurisu S, Kihara Y. (2012). Tako-tsubo cardiomyopathy: Clinical presentation and underlying mechanism. *J Cardiol* 60(6): 429-37; Tofield A. (2016). Hikaru Sato and Takotsubo cardiomyopathy. *Eur Heart J* 37(37): 2812.

42 미국에서 장기이식을 대기하고 있는 환자 수의 가장 최신 목록은 다음 웹사이트를 참조할 것. https://unos.org/data/transplant-trends/waiting-list-candidates-by-organ-type/.

43 Tsuboi N, Kanzaki G, Koike K, Kawamura T, Ogura M, Yokoo T. (2014). Clinicopathological assessment of the nephron number. *Clin Kidney J* 7(2): 107-114.

44 Lai Q, Giovanardi F, Melandro F, Larghi Laureiro Z, Merli M, Lattanzi B, Hassan R, Rossi M, Mennini G. (2018). Donor-to-recipient gender match in liver transplantation: A systematic review and meta-analysis. *World J Gastroenterol* 24(20): 2203-2210; Puoti F, Ricci A, Nanni-Costa A, Ricciardi W, Malorni W, Ortona E. (2016). Organ transplantation and gender differences: A paradigmatic example of intertwining between biological and sociocultural determinants. *Biol Sex Differ* 7: 35.

45 Martinez-Selles M, Almenar L, Paniagua-Martin MJ, Segovia J, Delgado JF, Arizón JM, Ayesta A, Lage E, Brossa V, Manito N, Pérez-Villa F, Diaz-Molina B, Rábago G, Blasco-Peiró T, De La Fuente Galán L, Pascual-Figal D, Gonzalez-Vilchez F; Spanish Registry of Heart Transplantation. (2015). Donor/recipient sex mismatch and survival after heart transplantation: Only an issue in male recipients? An analysis of the Spanish Heart Transplantation Registry. *Transpl Int* 28(3): 305-313; Zhou JY, Cheng J, Huang HF, Shen Y, Jiang Y, Chen JH. (2013). The effect of donor-recipient gender mismatch on short- and long-term graft survival in kidney transplantation: A systematic review and meta-analysis. *Clin Transplant* 27(5): 764-771.

46 Foroutan F, Alba AC, Guyatt G, Duero Posada J, Ng Fat Hing N, Arseneau E, Meade M, Hanna S, Badiwala M, Ross H. (2018). Predictors of 1-year mortality in heart transplant recipients: A systematic review and meta-analysis. *Heart* 104(2): 151-160; Puoti F, Ricci A, Nanni-Costa A, Ricciardi W, Malorni W, Ortona E. (2016). Organ transplantation and gender differences: A paradigmatic example of intertwining between biological and sociocultural determinants. *Biol Sex Differ* 7: 35.

맺음말: 우리의 더 나은 반쪽에 대한 연구

1 Yang YA, Chong A, Song J. (2018). Why is eradicating typhoid fever so challenging: implications for vaccine and therapeutic design. *Vaccines (Basel)* 6(3). See the following World Health Organization's site for more information as well: https://www.who.int/ith/vaccines/

typhoidfever/en/.

2 Fischinger S, Boudreau CM, Butler AL, Streeck H, Alter G. (2019). Sex differences in vaccine-induced humoral immunity. *Semin Immunopathol* 41(2): 239-249; Flanagan KL, Fink AL, Plebanski M, Klein SL. (2017). Sex and gender differences in the outcomes of vaccination over the life course. *Annu Rev Cell Dev Biol* 33: 577-599; Giefing-Kröll C, Berger P, Lepperdinger G, Grubeck-Loebenstein B. (2015). How sex and age affect immune responses, susceptibility to infections, and response to vaccination. *Aging Cell* 14(3): 309-321; Schurz H, Salie M, Tromp G, Hoal EG, Kinnear CJ, Möller M. (2019). The X chromosome and sex-specific effects in infectious disease susceptibility. *Hum Genomics* 13(1): 2.

3 Gershoni M, Pietrokovski S. (2017). The landscape of sex-differential transcriptome and its consequent selection in human adults. *BMC Biol* 15(1): 7.

4 전 세계 거의 모든 국가가 출생성비 자료를 내며, 국제연합(UN) 웹사이트에 정리되어 있다. 다음을 참조할 것. http://data.un.org/Data.aspx?d=PopDiv&f=variableID%3A52.

5 다음과 같은 연구 논문이 있다. Dulken B, Brunet A. (2015). Stemcell aging and sex: Are we missing something? *Cell Stem Cell* 16(6): 588-590; Marais GAB, Gaillard JM, Vieira C, Plotton I, Sanlaville D, Gueyffier F, Lemaitre JF. (2018). Sex gap in aging and longevity: Can sex chromosomes play a role? *Biol Sex Differ* 9(1); Ostan R, Monti D, Gueresi P, Bussolotto M, Franceschi C, Baggio G. (2016). Gender, aging and longevity in humans: An update of an intriguing/neglected scenario paving the way to a gender-specific medicine. *Clin Sci (Lond)* 130(19): 1711-1725. 여성과 남성의 인구통계학적 차이에 관해서는 다음 웹사이트를 참조할 것. https://unstats.un.org/unsd/gender/downloads/WorldsWomen2015_chapter1_t.pdf.

6 고령층의 성비가 1:1이 아니기 때문에 이와 같은 비교는 언제나 나이와 성별을 동시에 고려해야 한다. 더 상세한 연구는 다음을 참조할 것. Austad SN, Fischer KE. (2016). Sex differences in lifespan. *Cell Metab* 23(6): 1022-1033.

7 다나카 씨의 이야기가 궁금하다면 다음 웹사이트를 참조할 것. http://

www.guinnessworldrecords.com/news/2019/3/worlds-oldest-person-confirmed-as-116-year-old-kane-tanaka-from-japan; https://www.bbc.com/news/video_and_audio/headlines/47508517/oldest-living-person-kane-tanaka-celebrates-getting-the-guinness-world-record.

8 Pipoly I, Bokony V, Kirkpatrick M, Donald PF, Szekely T, Liker A. (2015). The genetic sex-determination system predicts adult sex ratios in tetrapods. *Nature* 527(7576): 91-94.